全国高职高专规划教材

电子线路CAD实用教程

Dianzi Xianlu CAD Shiyong Jiaocheng

刘新海 编著

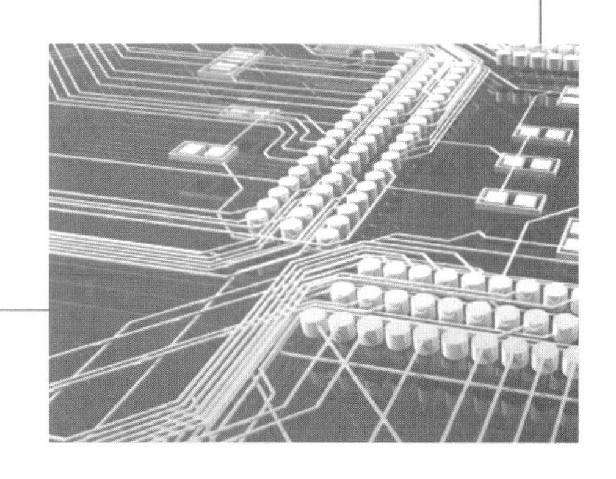

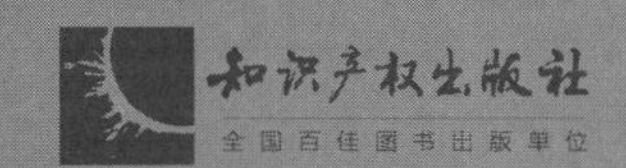

图书在版编目（CIP）数据

电子线路 CAD 实用教程/刘新海编著. —北京：知识产权出版社，2015.7

ISBN 978-7-5130-3597-2

Ⅰ.①电… Ⅱ.①刘… Ⅲ.①电子电路—计算机辅助设计—高等职业教育—教材 Ⅳ.①TN702

中国版本图书馆 CIP 数据核字（2015）第 145457 号

内容提要

本书依据目前高职高专院校对电类学生进行“计算机辅助设计中、高级绘图员技能鉴定”的要求和用人单位对职业类学生就业时需要掌握的电路板设计制作技能的要求而编写。全书采用任务驱动模式，学生通过各个任务可直观地了解多种情况下原理图的绘制及印制电路板（PCB）的设计方法。

本书适用于高职高专院校电类的学生及相关工程技术人员使用。

责任编辑：石陇辉　　**责任校对**：董志英

封面设计：刘　伟　　**责任出版**：刘译文

全国高职高专规划教材

电子线路 CAD 实用教程

刘新海　编著

出版发行：知识产权出版社有限责任公司　　**网　　址**：http://www.ipph.cn

社　　址：北京市海淀区马甸南村 1 号　　**邮　　编**：100088

责编电话：010-82000860 转 8175　　**责编邮箱**：shilonghui@cnipr.com

发行电话：010-82000860 转 8101/8102　　**发行传真**：010-82000893/82005070/82000270

印　　刷：三河市国英印务有限公司　　**经　　销**：各大网上书店、新华书店及相关专业书店

开　　本：787mm×1092mm　1/16　　**印　　张**：10.5

版　　次：2015 年 7 月第 1 版　　**印　　次**：2017 年 10 月第 2 次印刷

字　　数：221 千字　　**定　　价**：34.00 元

ISBN 978-7-5130-3597-2

前　言

Protel DXP 2004 SP2 作为基于电路设计的 EDA 软件，因其功能强大、使用简单，在目前企业实际设计、制作印制电路板（PCB）及计算机辅助设计领域都得到了广泛的应用。目前该软件也被应用于“计算机辅助设计中、高级绘图员技能鉴定”。

本书在顺德职业技术学院电子与信息工程学院应用电子技术、智能家电技术、电气自动化技术、通信技术等工科电类专业的多年教学改革经验的基础上，结合目前最新的职业教育教学改革要求，采用任务驱动模式，设计 6 个综合任务对原理图的绘制及 PCB 的设计等内容进行介绍。在设计任务时注重任务的相对完整性，从开始绘制原理图到最终 PCB 设计的完整流程贯穿于每一个任务，使学生能很快建立完整的设计概念，在内容上逐步完善中间环节。

第 1 章中，任务 1 练习从主库中选取元器件，同时掌握项目、原理图文件的建立方法及原理图中元器件的放置、连接、属性设置方法；掌握 PCB 文件的创建方法及 PCB 的设计过程；学会建立三维图形。随后的理论知识小节中补充元器件符号、封装、实际元件三者的关系及 PCB 的基础知识。

第 2 章中，任务 2 练习从主库之外的系统库中查找元器件的方法；练习网络标签的放置及网络表的生成方法。随后的理论知识小节中补充网络标签、端口、网络表的相关概念。

第 3 章中，任务 3 练习从主库之外的系统库中查找到的元器件不带封装的处理方法，即封装库的建立方法；练习元器件引脚的编辑方法，掌握元器件引脚标识符与封装焊盘标识符的对应关系；掌握元器件属性中添加封装的方法。随后的理论知识小节中补充手工及向导制作封装的方法。

第 4 章中，任务 4 练习所绘原理图中存在系统库中查找不到相应元器件的处理方法，即建立“元件库”的方法。随后的小节中补充不同类型元器件的绘制方法及菜单、工具的使用方法。

第 5 章中，任务 5 练习集成库的生成方法及布线规则和优先级的设定。

第 6 章中，任务 6 练习层次电路、自制标题栏及模板的应用。

第 7 章详细介绍抄画电路板及自制 PCB 的操作过程，以供少量手工制作印制电路板时参考。

附录 A 附有计算机辅助设计中级绘图员技能鉴定参考题。附录 B 附有计算机辅助设计高级绘图员技能鉴定参考题。

为了保持与软件的一致性，本书使用了软件中的符号标准及文字描述，部分电路符号与国标不相符。附录 C 给出了软件电路符号与国标的对照表。

本书在内容上兼顾了计算机辅助设计绘图员考级及自己动手抄板、制板的内容，以及用人单位对职业类毕业生相关技能的要求，可作为高等职业院校电子、电气、通信等电类专业学生的教材，也可供技术培训及从事电子产品设计与开发的工程人员参考。

编者

2015 年 4 月

目　录

第1章　印制电路板基础

任务1　简单电路印制电路板设计

1. 任务目的

通过简单电路印制电路板（PCB）设计，了解原理图、PCB 的相关概念。学会绘制原理图、PCB 的相关操作。

2. 任务要求

绘制电路原理图，同步生成 PCB 文件，布局并完成布线；从 3D 图观察设计效果。

3. 电路及元器件

本任务使用的电路图如图 1－1 所示。

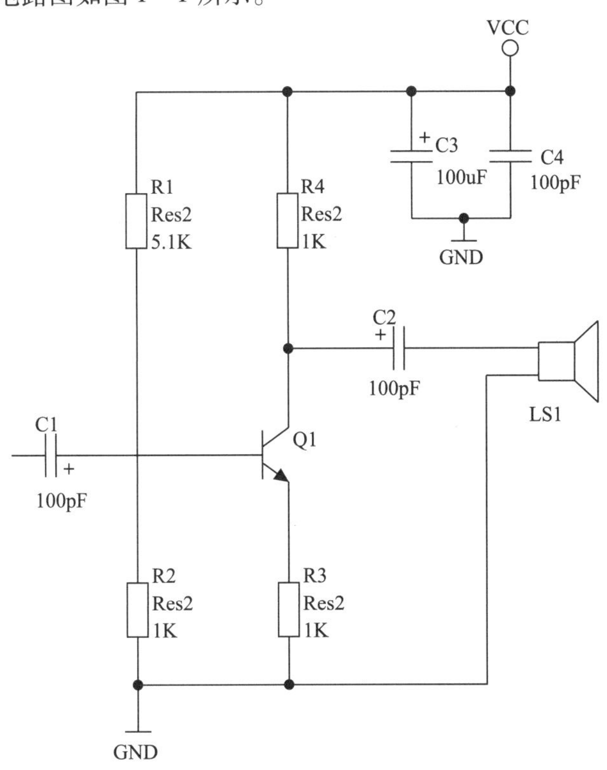

图 1－1　单管放大电路

本任务使用的元器件如表 1－1 所示。

表 1－1　任务 1 使用的元器件

元器件类型	元器件库中的名称	元器件的封装	所在元件库
电阻 R1 ~ R4	Res2	AXIAL－0. 4	Miscellaneous Devices. IntLib
电解电容 C1 ~ C3	Cap pol1	Cappr7. 5－16x35	Miscellaneous Devices. IntLib
无极性电容 C4	CAP	RAD－0. 3	Miscellaneous Devices. IntLib
晶体管（NPN）	NPN	BCY－W3	Miscellaneous Devices. IntLib
扬声器	Speaker	PIN2	Miscellaneous Devices. IntLib

4. 绘制步骤

（1）新建项目。

依次单击“文件→创建→项目→PCB 项目”即可创建出 PCB 项目，如图 1－2 所示。

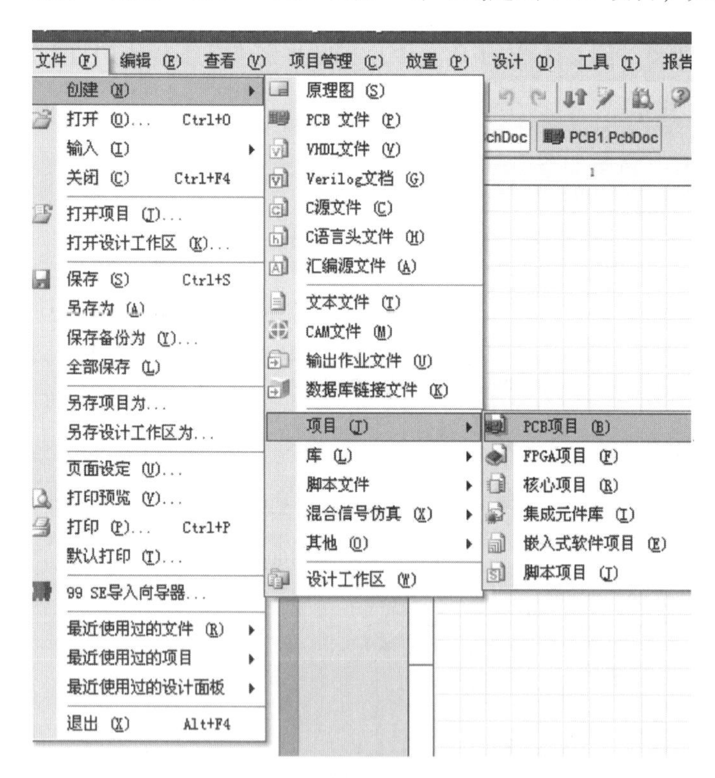

图 1－2　新建项目

（2）新建原理图文件。

依次单击“文件→创建→原理图”，即可创建出原理图文件，如图 1－3 所示。

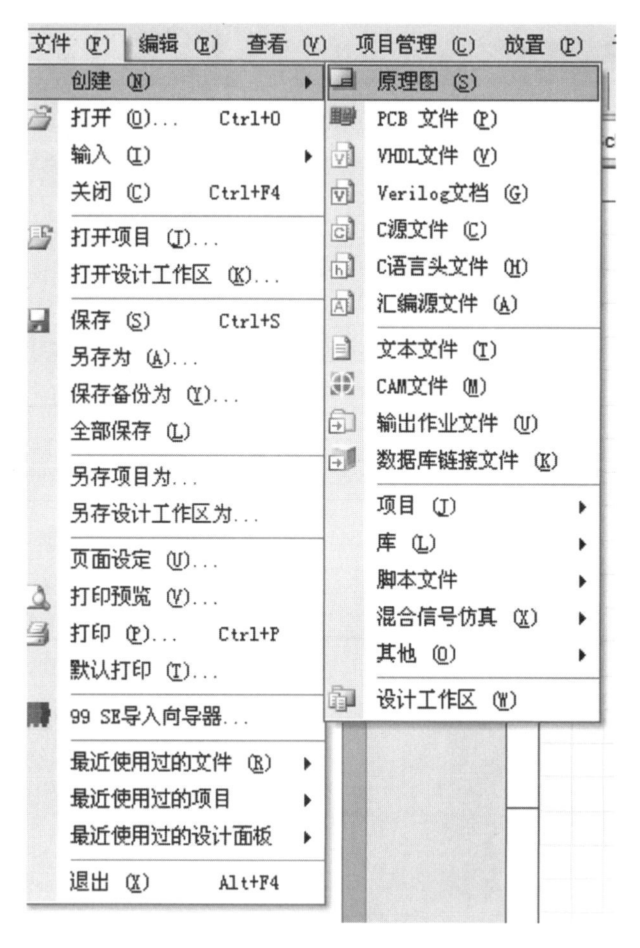

图 1－3　新建原理图

（3）绘制原理图。

制作本任务所用到的元器件在 Protel DXP 2004 软件的成品库内都能找到，它们位于名为 Miscellaneous Devices. IntLib（混合元器件库）的集成库内。

绘制的详细步骤如下。

1）将光标移动到图样右侧“元件库”的面板标签上，此时会弹出元件库面板，如图 1－4所示。

2）完成原理图。

① 将任务中所需要的元器件从元件库里拖出，如图 1－5 所示。可以在筛选框中输入所需元器件的名称（见表 1－1）。

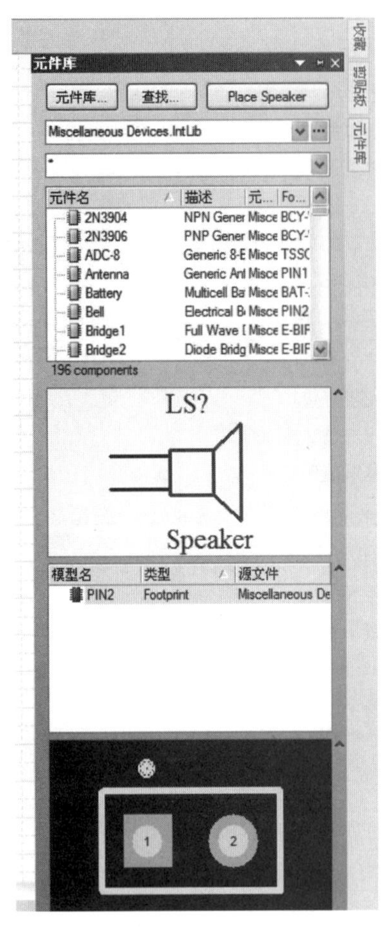

图 1－4　元件库

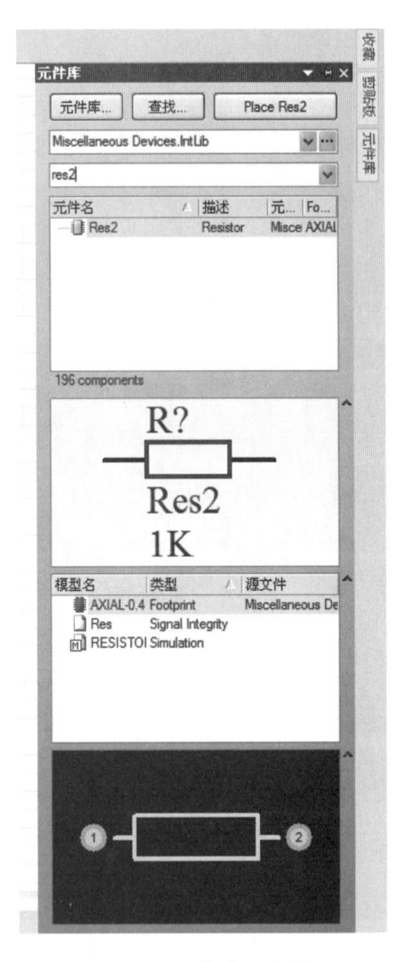

图 1－5　筛选元器件

② 筛选出所需的元器件后，可以双击元器件的图标，接着就可以把元器件拖动到原理图的工作界面了。而且双击后的元器件处于浮动状态，如图 1－6 所示。在浮动状态下按〈Tab〉键，会弹出元器件属性对话框，如图 1－7 所示。在属性对话框内，可以根据任务所给出的电路图上的要求修改出符合任务要求的元器件属性。

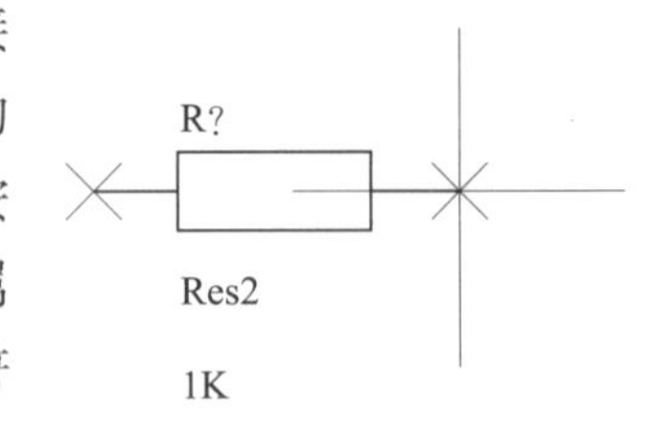

图 1－6　浮动状态的元器件

③ 在设置好元器件属性之后，元器件仍然处于浮动状态，按空格键元器件可以旋转，按〈X〉键元器件会左右翻转，按〈Y〉键元器件会上下翻转，当移动到合适的位置并调整到合适的状态时，按回车键或者单击鼠标左键，就可以把元器件放置到该位置上，此时称为固定状态。固定之前如果按键盘上的〈Esc〉键或者单击鼠标右键，则取消放置操作。固定之后还可以用鼠标左键按住元器件移动位置。电阻 R1 的放置效果如图 1－8 所示。

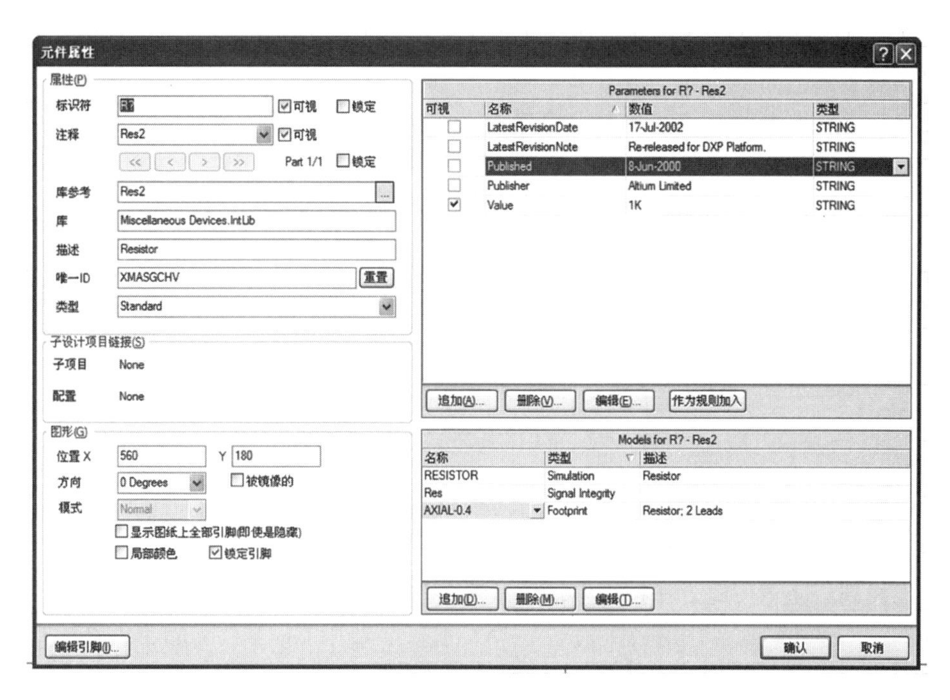

图 1－7　元器件属性对话框

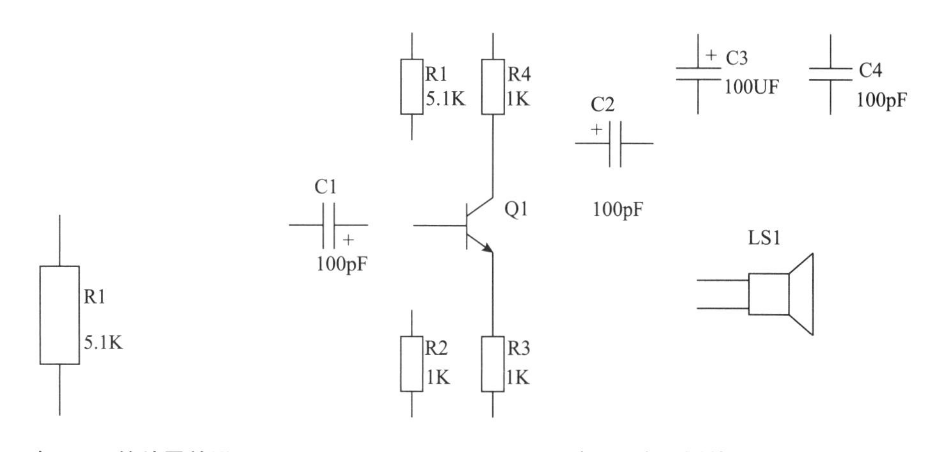

图 1－8　电阻 R1 的放置效果　　　**图 1－9　放置所有元器件**

④ 用同样的方法放置其余的元器件，注意电解电容的正负极方向的放置。全部元器件放置后的效果如图 1－9 所示。

⑤ 当放置好所有的元器件之后，可以开始用导线将各个元器件连接起来。用鼠标单击快捷菜单栏的导线按钮或者单击菜单"放置→导线"，光标变成"＊"状时，就可以连接各个元器件了。如果仔细观察的话，会发现光标捕捉到带有电连接性的点时，"＊"字就变大且变成红色。按照"左键确定、右键取消"的原则操作鼠标连线，如图 1－10 所示。

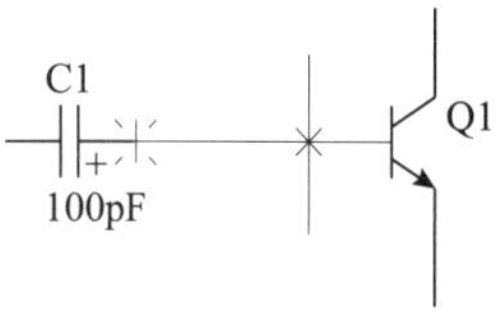

图 1－10　连接元器件

注意：

a. 元器件只有引脚的顶端具有电连接性，引脚的其他部分是没有电连接性的。

b. 对丁字连接线的节点，软件会自动加上，如果是十字的交叉线，就要看具体情况：若是交叉相连，则需要自己手工加上节点（在菜单栏点击“放置→手工放置节点”）。丁字连接与十字交叉连接如图 1－11 所示。

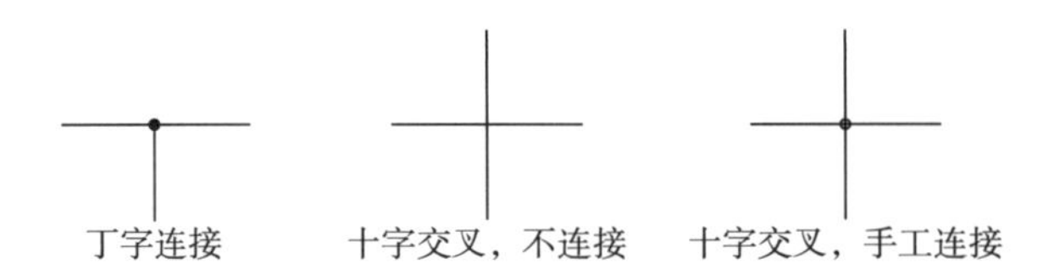

图 1－11　丁字连接与十字交叉连接

⑥ 将所有元器件连接起来后，便可以按照图 1－1 所示的位置放置电源（VCC）和地（GND）。电源和地可以在快捷菜单栏找到，如图 1－12 所示。或者单击菜单“放置→电源端口”找到。注意用此方法拉出电源和地需要按〈Tab〉键弹出电源端口属性窗口，修改出适合任务要求的属性和名称来放置。GND 属性一般用 Power Ground，VCC 一般用 Circle，如图 1－13 所示。选取出来的 GND 和 VCC 放置后的效果如图 1－14 所示。

图 1－12　从快捷菜单栏选取 GND 和 VCC

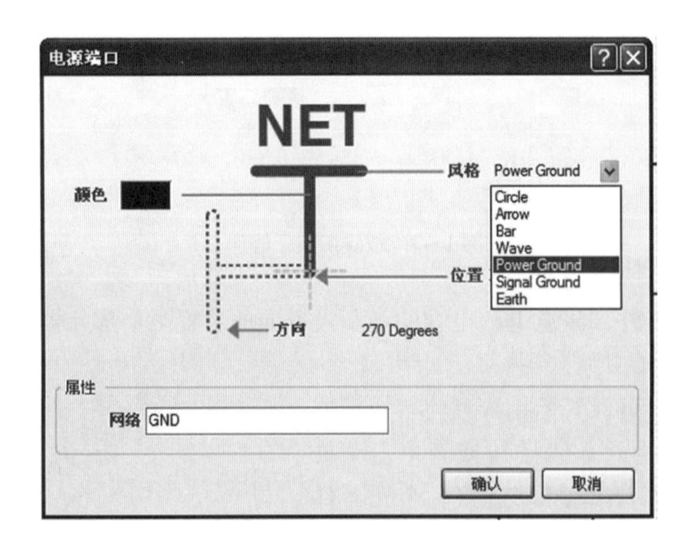

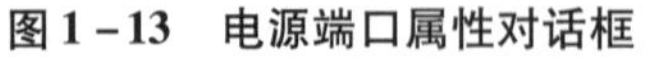

图 1－13　电源端口属性对话框

图 1－14　电源和地放置后的效果

⑦ 将 GND 和 VCC 放置到原理图上即完成原理图的制作。制作完成后的最终效果图如图1－15所示。

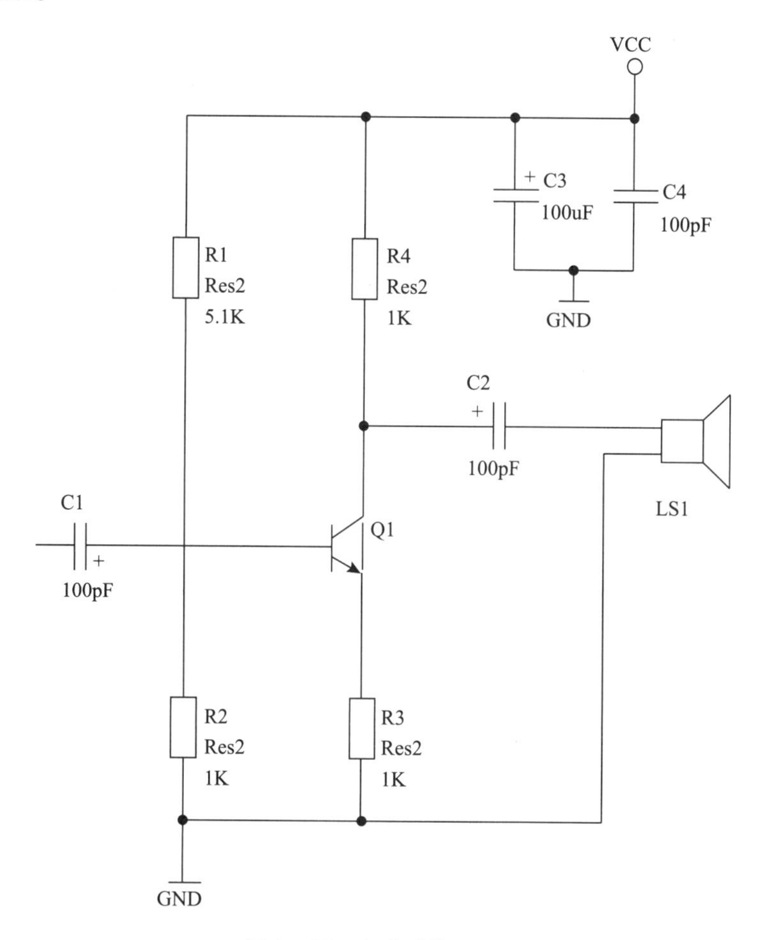

图 1－15　完成后的原理图

（4）制作 PCB 文件。

完成原理图的制作之后，就可以制作 PCB 文件了。单击菜单“文件→创建→PCB 文件”即可以新建出一个 PCB 文件。

要制作 PCB 文件，首先需要将原理图的内容同步到 PCB 文件内。这时候需要用到菜单栏中“设计”菜单。

单击视图上方原理图，回到原理图界面，如图 1－16 所示。然后单击“设计→Update PCB Document”（如图 1－17 所示），会弹出“工程变化订单”的对话框，如图1－18所示。单击对话框左下角的“使变化生效”按钮，验证其原理图连接的有效性。如果有效的话会显示绿钩，错误的话会显示红叉。验证无错误之后，单击图 1－18 对话框左下角的“执行变化”按钮，即可将原理图内容同步到 PCB，此时软件会将界面自动切换到 PCB 文件，并显示元器件与网络飞线，如图 1－19 所示。

图 1-16　原理图与 PCB 的界面切换

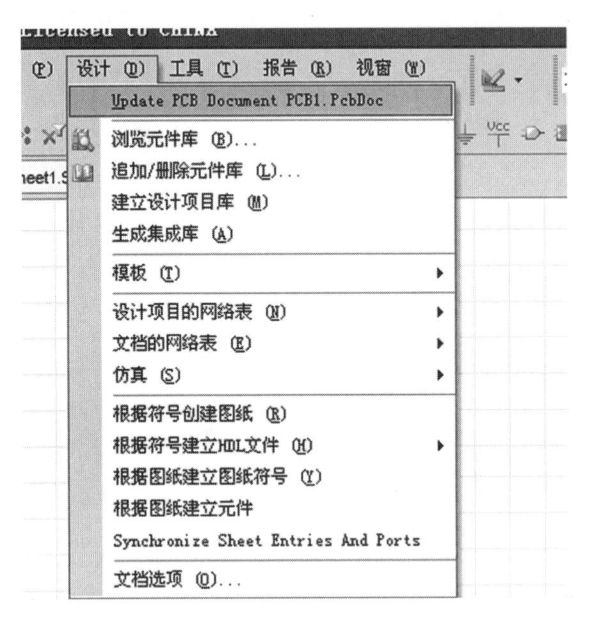

图 1-17　同步原理图内容

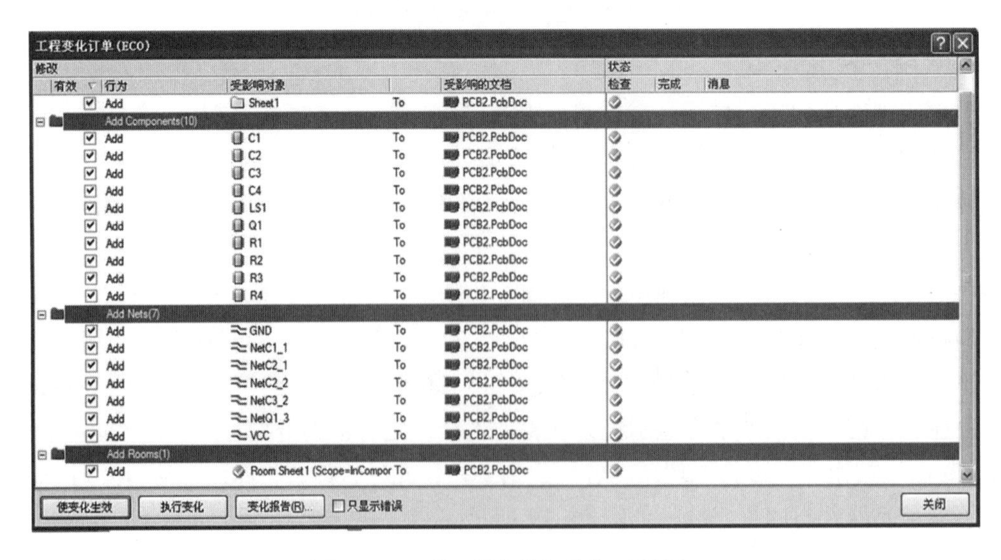

图 1-18　“工程变化订单”对话框

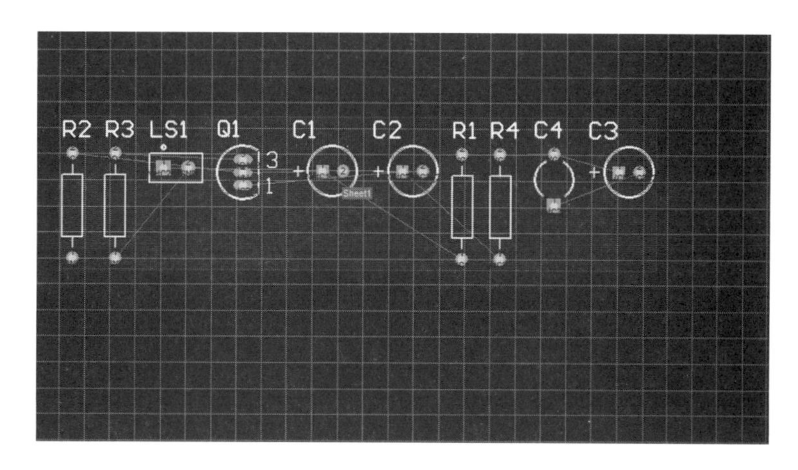

图 1-19　显示元器件及网络飞线

最后，用鼠标左键按住元器件盒的非元器件部分，将元器件盒拖放到电路板上，删除元器件盒后，用鼠标按住各元器件并拖动进行布局。元器件布局效果如图 1-20 所示。

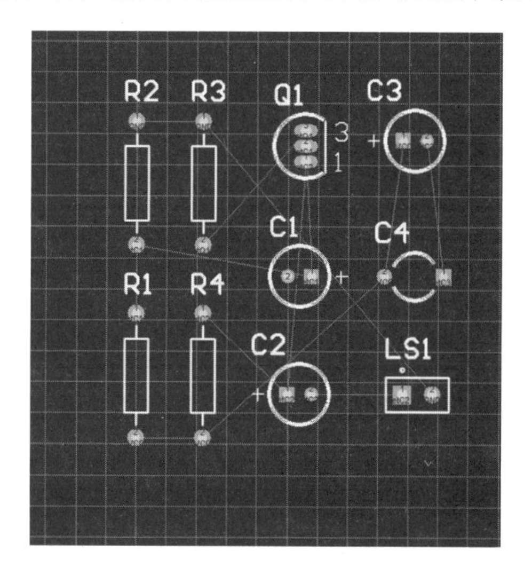

图 1-20　元器件布局效果

（5）PCB 的自动布线。

在完成元器件的布局之后，需要用布置导线将每一个元器件的端口按要求连接起来，这时候可以使用到“自动布线”的功能。单击菜单“自动布线→全部对象”，便会弹出布线策略的对话框，如图 1-21 所示。单击右下角“Route All”按钮，软件便会自动根据各个端口的连接快速进行布线。自动布线的结果如图 1-22 所示。

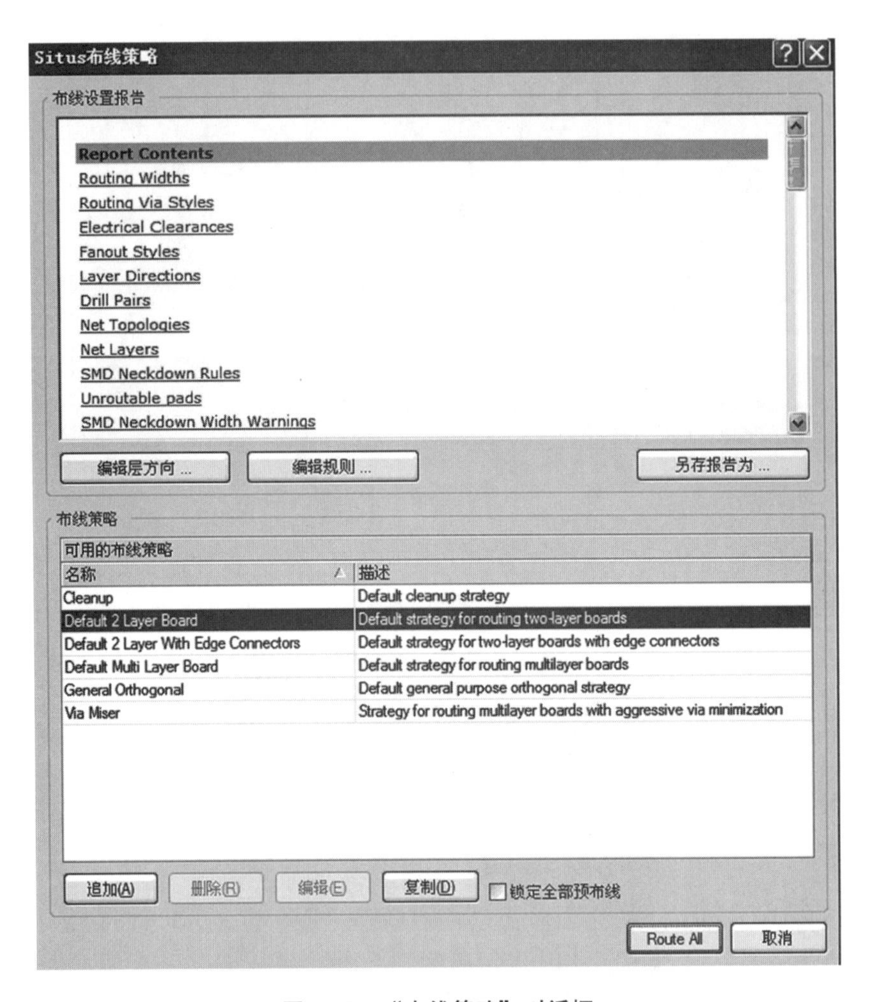

图 1-21 “布线策略”对话框

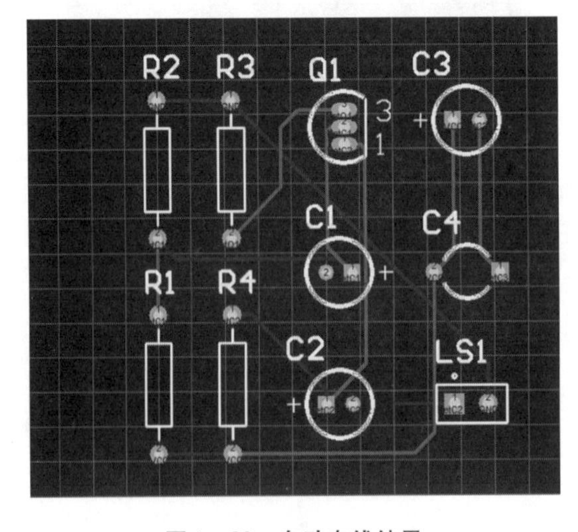

图 1-22 自动布线结果

（6）PCB 的 3D 效果展示。

在完成 PCB 的布局与布线之后，可以单击菜单“查看→显示三维 PCB”来观察设计出来的 PCB 的 3D 效果。用鼠标左键按住图形可以翻转 3D 模板来观看它的正反面，如图 1－23和图 1－24 所示。

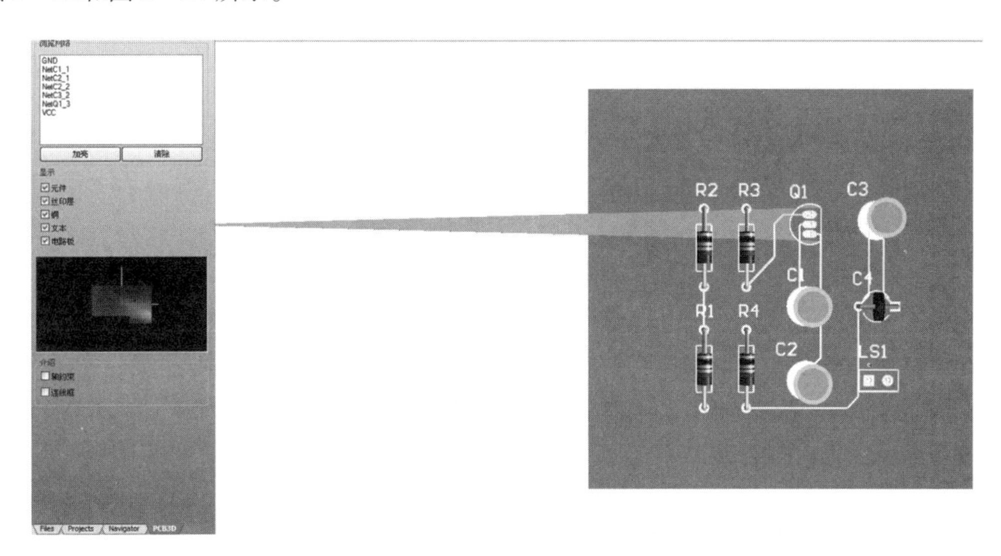

图 1－23　3D 效果图——顶层

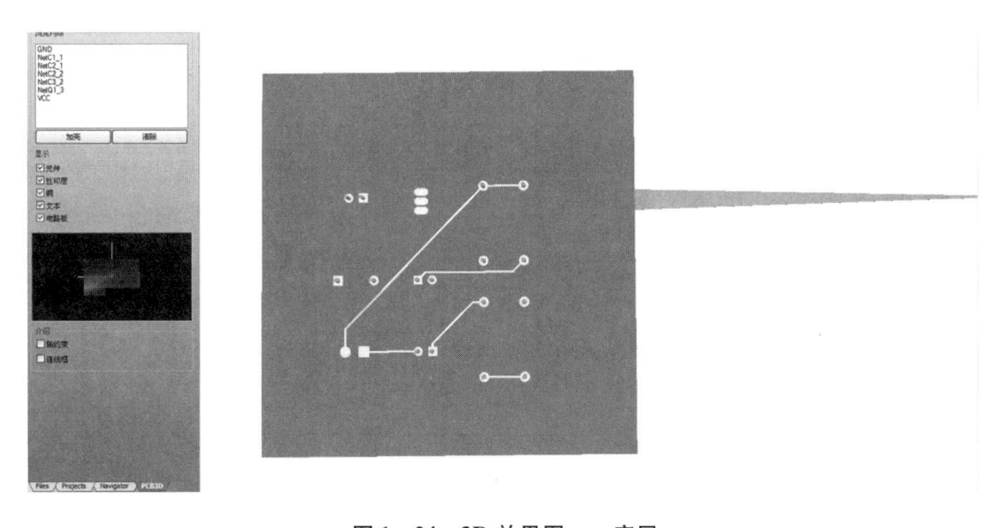

图 1－24　3D 效果图——底层

（7）最后单击菜单“文件→全部保存”，将文件保存到指定文件夹后即可，如图 1－25所示。

图 1-25 保存文件

1.1 认识 Protel DXP 2004 SP2

1.1.1 Protel 的发展

Altium 公司的前身为 Protel 国际有限公司。该公司创建于 1985 年，致力于开发基于个人计算机的、为印制电路板（PCB）设计提供辅助的软件。随着 PCB 设计软件包的成功，Altium 公司不断改进其产品的功能，包括原理图输入、PCB 自动布线和自动 PCB 元器件布局系统软件。

1991 年，Altium 公司发布了世界上第一个基于 Windows 的 PCB 设计系统，即 Advanced PCB。

1997 年，Altium 公司认识到越来越需要把所有核心 EDA 软件工具集成到一个软件包中，从而实现从设计概念到生产的无缝集成。因此，Altium 发布了专为 Windows NT 平台构建的 Protel 98，这是首次将所有 5 种核心 EDA 工具集成于一体的产品，这 5 种核心 EDA 工具包括原理图输入、可编程逻辑器件（PLD）设计、仿真、板卡设计和自动布线。随后，在 1999 年 Altium 公司又发布了 Protel 99 和 Protel 99 SE，这些版本提供了更高的设计流程自动化程度，进一步集成了各种设计工具，并引进了“设计浏览器”平台。设计浏览器平台允许对电子设计的各方面（包括设计工具、文档管理、元件库等）进行无缝集成，它是 Altium 建立涵盖所有电子设计技术的完全集成化设计系统理念的起点。

2002 年，Altium 公司重新设计了设计浏览器（Design Explorer，DXP）平台，并发布第一个在新 DXP 平台上使用的产品 Protel DXP。Protel DXP 是 EDA 行业内第一个可以在单个应用程序中完成整个板级设计的工具。随后，Altium 陆续发布了 DXP 2004 SP1、SP2、SP3、SP4 等产品服务包，进一步完善了软件功能，并提供了对多种语言的支持。

Altium 公司开发的 Altium Designer 6 是业界首例将设计流程、集成化 PCB 设计、可编程器件设计和基于处理器设计的嵌入式软件开发功能整合在一起的产品，是一种能同时进行 PCB 和现场可编程门阵列（Field Programmable Gate Array，FPGA）设计以及嵌入式设计的解决方案，具有将设计方案从概念转变为最终成品所需的全部功能，属于 EDA 设计的高端产品，系统配置要求较高。

1.1.2 软件安装的系统配置要求

1. 推荐的最佳系统要求

- Windows XP（专业版或家用版）；
- 3GHz 奔腾 4 处理器或同等性能；
- 1GB RAM；
- 2GB 硬盘空间（安装文件 + 用户文件）；
- 分辨率为 1280 × 1024 像素的双显示器，32 位彩色、64MB 图形卡。

2. 对系统配置的最低要求

- Windows 2000 专业版 SP2；
- 1.8GHz 处理器；
- 1GB RAM；
- 2GB 硬盘空间（安装文件 + 用户文件）；
- 分辨率为 1280 × 1024 像素的主显示器，最低屏幕分辨率为 1024 × 768 像素、32 位彩色、32MB 图形卡的显示器。

以上配置来源于 Protel 开发商 Altium 公司的软件使用说明。事实上，按如下配置，Protel DXP 2004 SP2 软件也可以正常运行。

- Windows 2000 专业版 SP2 或 Windows XP；
- 1.8GHz 处理器；
- 512MB RAM；

- 2GB 硬盘空间（安装文件 + 用户文件）；
- 分辨率为 1024 × 768 像素的显示器，32 位彩色、32MB 图形卡。

1.1.3　文档组织结构与文档管理

1. 文档组织结构

DXP 2004 SP2 的设计文件包括工作空间（Workspace）、工程（Project）和含有具体设计内容的文件（Document）3 个层次。工作空间文件是关于工作空间的文本文件，它起着链接的作用，记录它管辖下的各种文件有关信息，以便集成环境调用。工作空间可以包含多个工程，工程分为 PCB 工程、FPGA 工程、Integrated Library 工程等，在不同的工程中又包含着其他相应的各种具体内容文件。工程文件是关于工程的文本文件，记录属于它的各种文件及各种相关链接信息，以便集成环境调用。本书重点介绍 PCB 工程。图 1－26所示的文档组织结构为原理图与印制电路板。

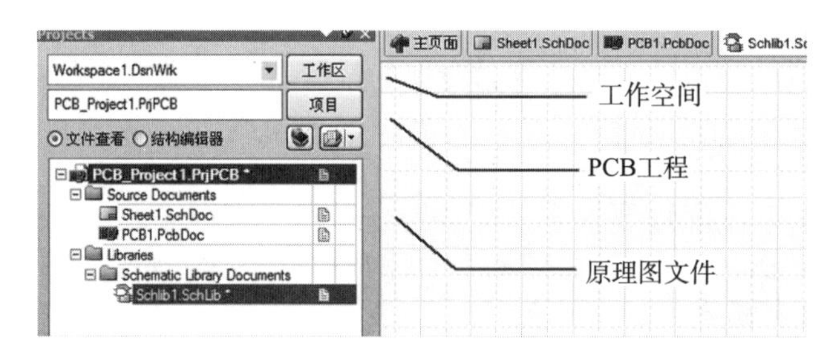

图 1－26　文档的组织结构

主要设计文件扩展名如表 1－2 所示。

表 1－2　主要设计文件扩展名

设计文件	扩展名	设计文件	扩展名
工作空间	. DsnWrk	原理图元器件库文件	. SchLib
PCB 工程	. PrjPCB	封装方式库文件	. PcbLib
原理图文件	. SchDoc	集成库文件	. IntLib
PCB 文件	. PcbDoc		

2. 文档创建

DXP 2004 SP2 以工作空间总领一个大型设计任务的所有文件。在开始一个新的大型设计任务时，遵循以下顺序创建设计文件：先新建工作空间，再在工作空间内添加工程，然后在相应的工程内添加含有具体设计内容的文件。然而，这并不意味着工作空间内的所有文件在存储器内是在一起的，事实上各个文件的存放位置可以是任意的，每个文件也是独立的，可以采用 Windows 命令进行操作（如复制、粘贴等）。

3. 文档保存

在设计过程中要养成隔时段保存文件的习惯。在关闭软件时，软件会弹出保存对话框，供用户保存与设计任务相关的各个层次的文件。图 1 – 27 为保存对话框。

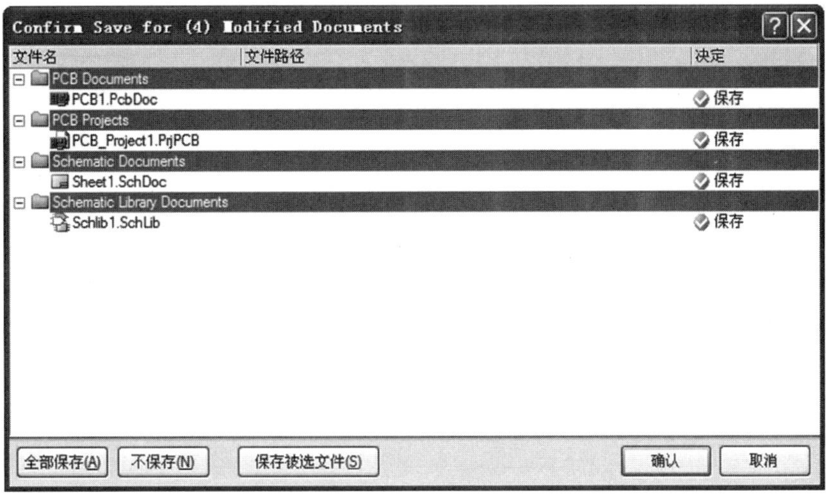

图 1 – 27　保存对话框

在图 1 – 27 中，5 个命令按钮的作用如下所述。

- 全部保存：保存全部文件；
- 不保存：不保存文件；
- 保存被选文件：只保存被选中的文件；
- 确认：在确认前面 3 项中的一项后，单击“确认”按钮，如果选择保存文档，则逐一选择路径保存文件，保存完毕后退出软件；如果选择不保存文件，则立即关闭软件；
- 取消：放弃关闭软件的操作，继续进行设计。

1.2　印制电路板制作基础

1.2.1　印制电路板介绍

1. 印制电路板

印制电路板（Printed Circuit Board）的英文简称是 PCB。通常把绝缘基材上提供元器件之间电气连接的导电图形称为印制线路，把绝缘基材上，按预定设计制成的印制线路、印制元器件或两者组合而成的导电图形称为印制电路，而把印制电路或印制线路的成品称为印制电路板。

几乎我们能见到的电子设备都离不开 PCB，小到电子手表、计算器，大到计算机、通信电子设备、军用武器系统。只要有集成电路等电子元器件，它们之间电气互连就都要用到 PCB。PCB 提供集成电路等各种电子元器件固定装配的机械支撑，实现集成电路等各种电子元器件之间的布线、电气连接和电绝缘，并提供所要求的电气特性，如高频传输线的特性阻抗等。

2. 印制电路板的种类

印制电路板的种类很多，按其结构可分为单面印制电路板、双面印制电路板、多层印制电路板和软性印制电路板。

（1）单面印制电路板是最早使用的印制电路板，仅一个表面具有导电图形，导电图形比较简单，主要用于一般电子产品。

（2）双面印制电路板是两个表面都有印制电路的图形、通过孔的金属化进行双面互连形成的印制电路板，主要用于较高档的电子产品和通信设备。

（3）多层印制电路板是由 3 层以上相互连接的导电图形层、层间用绝缘材料相隔、经黏合而成的印制电路板。多层印制电路板导电图形比较复杂，适合集成电路的需要，可使整机小型化，主要用于计算机和通信设备。

（4）软性印制电路板是以聚氟乙烯、聚酯等软性材料为绝缘基板制成的印制电路板，主要用于笔记本电脑、手机通信设备。

3. 印制电路板的结构

一块完整的印制电路板主要包括绝缘基板、铜箔、孔、阻焊层和文字印刷部分。印制电路板的绝缘基板是由高分子的合成树脂与增强材料组成的。合成树脂的种类多，通常用的有酚醛、环氧、聚四氟乙烯树脂等。增强材料一般有玻璃布、玻璃毡或纸等。它们决定了绝缘基板的机械性能和电气性能。

1.2.2 印制电路板的布局原则

所谓布局就是把电路图上所有的元器件都合理地安排到有限面积的 PCB 上。布局的关键是开关、按钮、旋钮等操作件，以及结构件（以下简称为特殊元器件）等，它们必须被安排在指定的位置上。对于其他元器件的位置安排，必须同时兼顾到布线的布线率、电气性能的最优化以及今后的生产工艺和造价等多方面因素。印制电路板布局的基本原则如下。

1. 考虑印制电路板的尺寸

在设计电路板的尺寸时，要首先确定产品是否是为大型设备配套服务的，如果是，则需要按照规定尺寸设计 PCB，如果不是，就可参考接下列原则设定尺寸，即 PCB 尺寸不能过大，也不能过小。如果过大，印制导线长，阻抗增加，抗噪声能力下降，且成本增加；如果过小，则散热不好，且邻近导线易受干扰。在确定 PCB 尺寸后，再确定特殊元器件的位置，最后对一般元器件进行布局。

2. 划分电路单元

在一个大型设备中，可能包含多个电路功能单元。按照信号的性质（频率、功率等），可将电路分为传感器单元、低频模拟单元、高频模拟单元、数字单元、电源单元等，应分单元进行布局。

3. 特殊元器件的布局

（1）尽可能缩短高频元器件之间的连线，设法减少它们相互间的电磁干扰。易受干扰的元器件不能相互挨得太近，输入和输出元器件应尽量远离。

（2）在某些元器件或导线之间可能有较多的电位差，应加大它们之间的距离，以免放电引起意外。带高电压的元器件应尽量布置在调试时手不易触及的地方。

（3）对质量超过 15g 的元器件，应当用支架加以固定，然后进行焊接。对那些又大又重、发热量大的元器件（如电源变压器），不宜装在印制电路板中，而应安装在整机的机箱底板上，且应考虑散热问题。热敏元器件应远离发热元器件。

（4）对于电位器、可调电感线圈、可变电容器、微动开关等可调元器件的布局，应考虑整机的结构要求。若是机内调节，则应放在印制电路板上方便于调节的地方；若是机外调节，则其位置要与调节旋钮在机箱面板上的位置相适应。

（5）应留出印制电路板定位孔及固定支架所占用的位置。

4. 一般元器件的布局

（1）按照电路的信号流向（如从输入到输出）安排各个功能电路单元的位置，使布局便于信号流通，并使信号尽可能保持一致的方向。

（2）对每一个单元电路，应以其核心元器件为中心，围绕它来进行布局。应将元器件均匀、整齐、紧凑地排列在 PCB 上。尽量减少和缩短各元器件之间的引线和连接。

（3）在高频下工作的电路，要考虑元器件之间的分布参数。一般电路应尽可能使元器件平行排列。这样，不但美观，而且装焊容易，易于批量生产。

（4）位于印制电路板边缘的元器件，离印制电路板边缘一般不应小于 2mm。印制电路板的最佳形状为矩形，长宽比为 3∶2 或 4∶3。当印制电路板板面尺寸大于 200mm × 150mm 时，应考虑其承受的机械强度。

1.2.3　印制电路板的布线原则

布线是在布局之后，设计铜箔的走线图，按照原理图连通所有的走线。显然，布局的合理程度直接影响布线的成功率，往往在布线过程中还需要对布局进行适当调整。布线设计可以采用双层走线和单层走线，对于极其复杂的设计也可以考虑采用多层布线方案。但为了降低产品的造价，应尽量采用单层布线方案。对于个别无法布通的走线，可以采用标准间距短跳线或长跳线（软线）。布线的基本原则是，分功能单元布线，各单元自成回路，最后一点接地。具体说明如下。

（1）输入、输出导线应尽量避免相邻平行，如果需要平行，则最好在线间加地线，以免发生寄生反馈，引起自激振荡。

（2）PCB 导线的最小宽度主要由导线与绝缘基板间的黏附强度和流过它们的电流值决定。当铜箔厚度为 0.05mm、宽度为 1mm 时，允许通过 1A 的电流；当铜箔宽度为 2mm 时，允许通过 1.9A 的电流。一般来说，线宽应取 0.5mm、1mm、1.5mm、2mm、2.5mm

这些标准值。对大功率设备板上的地线和电源线，可根据功率大小适当增加线宽。在同一电路板中，电源线、地线比信号线要宽。

（3）导线的最小间距主要由最坏情况下的线间绝缘电阻和击穿电压决定。当导线间距为 1.5mm 时，线间绝缘电阻大于 20MΩ，线间最大耐压可达 300V；当导线间距为 1mm 时，线间最大耐压为 200V。因此，在中低压（线间电压不大于 200V）的电路板上，线间距取 1.0 ~ 1.5mm 就足够了。在低压电路（如数字电路系统中），不必考虑击穿电压，只要产生工艺允许，线间距可以很小。

（4）印制导线拐弯处应平缓过渡，在高频电路中，直角或尖角会影响电气性能。此外，应尽量避免使用大面积铜箔，否则，长时间受热时易发生铜箔膨胀和脱落现象。必须用大面积铜箔时，最好用栅格状，这样有利于排除铜箔与基板间黏结剂受热产生的挥发性气体。

（5）如果是高速电路，就要考虑传输线效应和信号完整性问题。

1.2.4 PCB 的抗干扰措施

印制电路板的抗干扰设计与具体电路有着密切的关系。这里仅就 PCB 抗干扰设计的几项常用措施做一些说明。

1. 电源线的设计

根据印制电路板电流的大小，应尽量加大电源线宽度，减小导线电阻。同时，使电源线、地线的走向和数据传输的方向一致，这样有足够增强抗噪声的能力。

2. 地线的设计

一般来说，电子设备应该有 3 条分开的地线：信号地线、噪声地线和安全地线。信号地线又分为低频地线和高频地线。低频地线有两种接法，即串联式一点接地和并联式一点接地，分别如图 1－28 和图 1－29 所示。当采用串联式一点接地方案时，应注意最后的接地点要放在弱信号一端。可以看出，采用并联式一点接地方案的布线难度明显增加。对于高频电路，应采用就近多点接地。

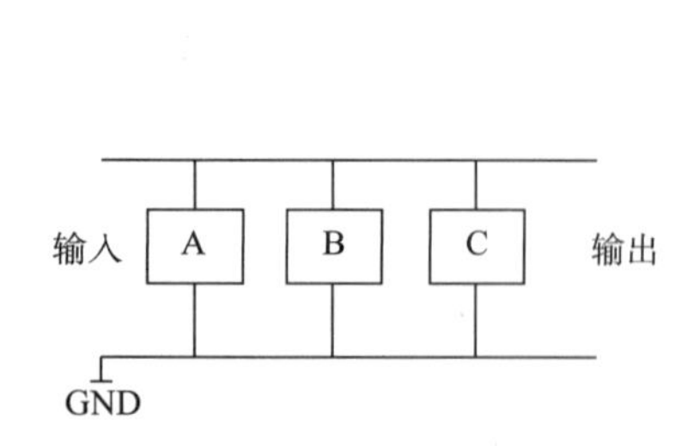

图 1－28　串联式一点接地

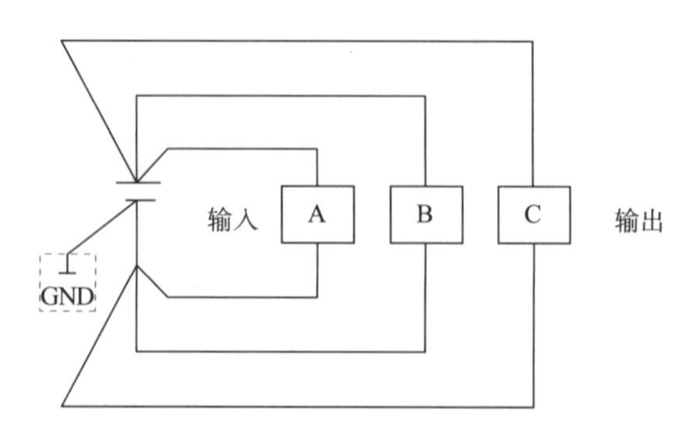

图 1－29　并联式一点接地

接地线应尽量加宽，尽量减小接地电阻，使它通过 3 倍于印制电路板上的允许电流。如有可能，接地线应在 2 ~ 3mm 以上。

3. 去耦电容的配置

PCB 设计的常规做法之一是在印制电路板的各个关键部位配置适当的去耦电容。去耦电容的配置原则如下。

（1）电源输入端跨接大小合适（根据噪声频率确定电容值）的电解电容或钽电容。原则上，每个集成电路芯片都应布置一个 0.01pF 的瓷片电容，如遇印制电路板空隙不够，就可每 4 ~ 8 个芯片布置一个 1 ~ 10pF 的钽电容。

（2）对于抗噪能力弱、关断时电源变化大的器件，如 RAM、ROM 存储器件，应在芯片的电源线和地线之间直接接入去耦电容。

（3）电容引线不能太长，尤其是高频旁路电容。

1.2.5　元器件实物、符号及其封装方式的识别

1. 元器件实物

元器件实物是指在组装电路时所用的元器件，如图 1 – 30 所示的电阻、图 1 – 31 所示的电容和图 1 – 32 所示的电感。

图 1 – 30　电阻

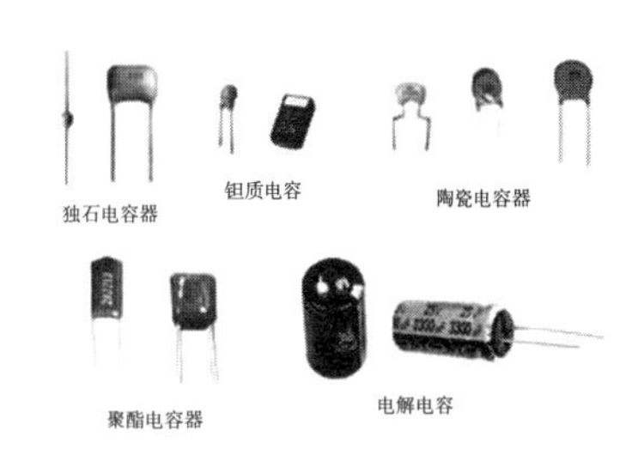

图 1 – 31　电容

图 1 – 32　电感

2. 元器件符号

元器件符号是在电路图中代表元器件的一种符号。图 1－33 是电阻、电容和电感的符号。在符号中可以体现元器件的一些特征。例如，在图 1－33 中，R1 代表普通电阻，R2 代表可变电阻；C1 代表没有极性的电容，如瓷片电容、纸质电容、涤纶电容等，C2 代表有极性的电容，如电解电容等；L1 代表空心电感，L2 代表有铁心的电感。

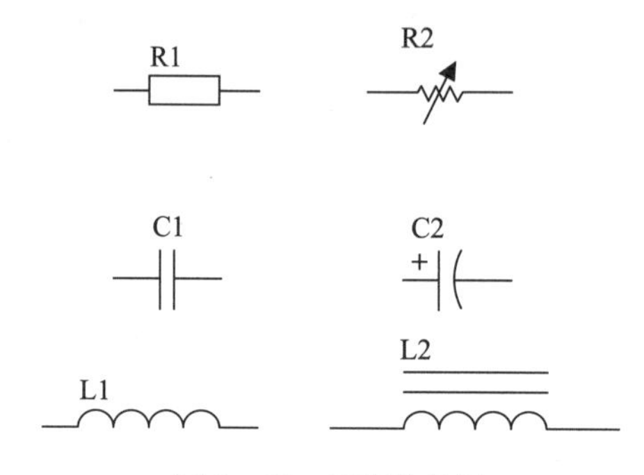

图 1－33　元器件符号

3. 元器件封装方式

元器件封装方式是根据印制电路板上要装配的元器件实物的外形轮廓大小和引脚之间的距离映射出来的图形。它要准确反映元器件的尺寸，尤其是引脚之间的距离，以便插装。元器件封装方式如图 1－34 所示。同一种器件会有不同的封装方式。例如，图 3－30中的电阻，根据引脚距离和引脚细粗，有 Axial－0. 3、Axial－0. 4、Axial－0. 6 等封装方式。不同元器件也可以有相同的封装方式。例如，图 1－34 中的器件 U1，如果不与具体电路关联，它可能是 74LS00，也可能是 LM324，也就是说，不同种类的元器件封装方式可能一样，但是引脚的实际含义是不同的。C1 是没有极性的电容的封装方式，C2 是电解电容的封装方式。

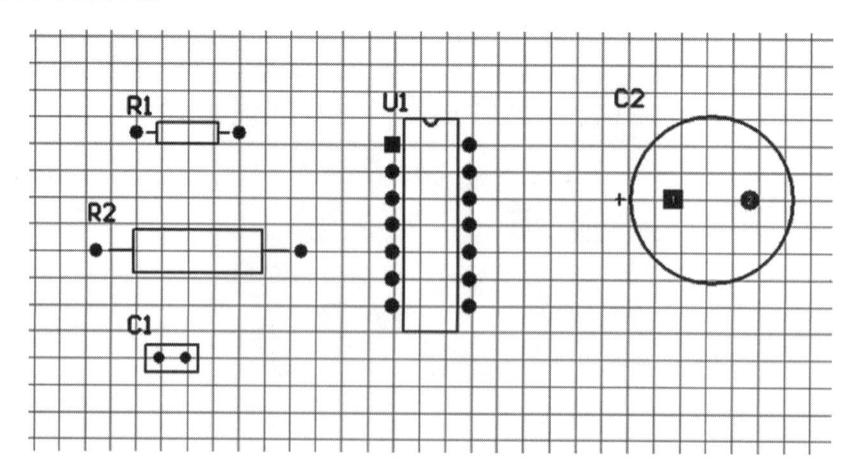

图 1－34　元器件的封装方式

1.2.6 插孔式元器件和表面封装元器件的识别

1. 插孔式元器件

插孔式元器件（Through－hold Mounting Device）英文简称 TMD。图 1－35、图 1－36 所示的晶体管和二极管以及图 1－30、图 1－31 和图 1－32 中的电阻、电容和电感都是插孔式元器件。在安装时，应将这些元器件安装在顶面，而在印制电路板的底面进行焊接。

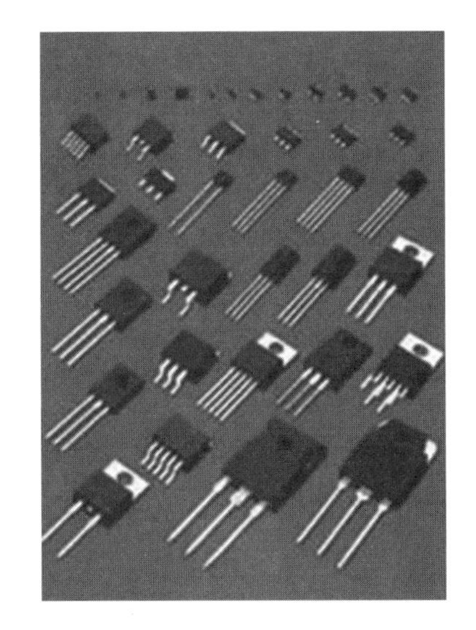

图 1－35　晶体管

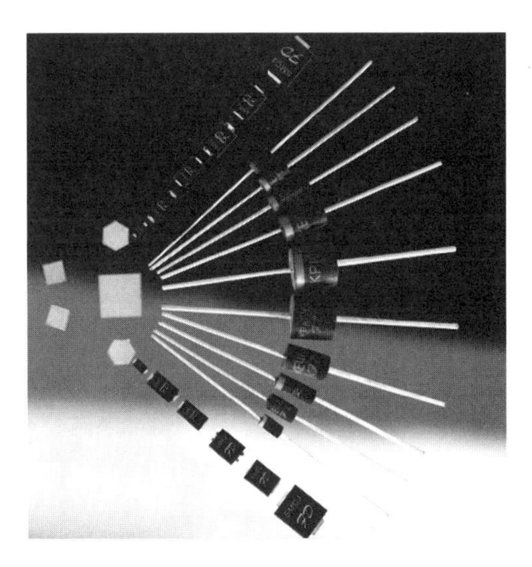

图 1－36　二极管

2. 表面封装元器件

表面封装元器件（Surface Mounting Device）英文简称 SMD，又称为贴片式元器件。贴片式元器件没有安装孔，根据需要，可以安装在元器件面，也可以安装在焊接面。图 1－37为贴片式电阻，图 1－38 为贴片式电容。

图 1－37　贴片式电阻

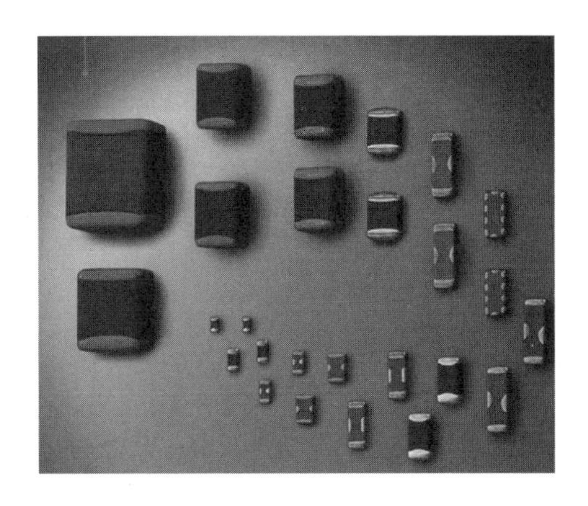

图 1－38　贴片式电容

注意：

（1）封装时要有项目文件。

（2）在原理图同步到 PCB 之前要先保存 PCB 等文件。

（3）原理图上不能有重名元件（注意修改“?”值）、注意电容极性。

（4）禁止在布线层画电气边框。

1.3 习　　题

（1）请将图 1－39 制作成 PCB。

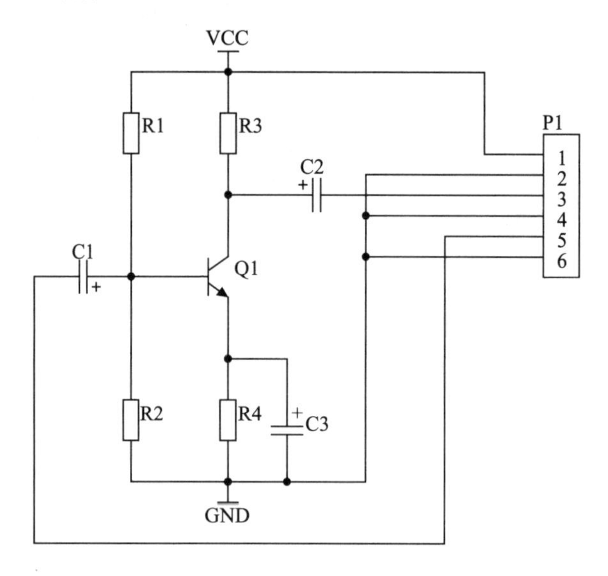

图 1－39　习题 1

（2）请将图 1－40 制作成 PCB。

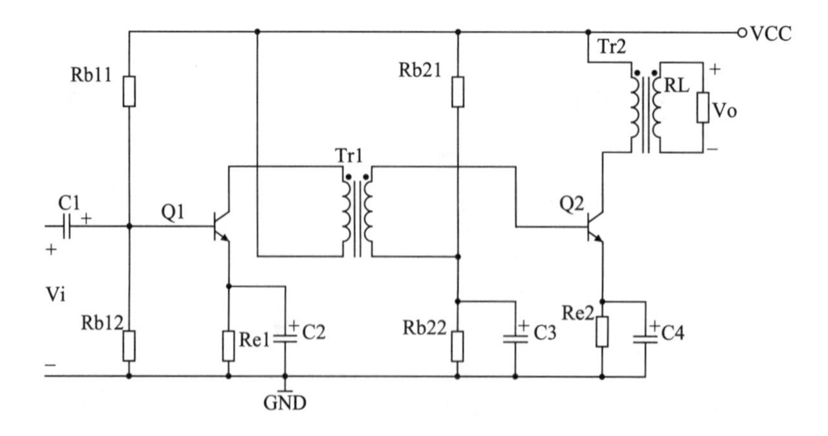

图 1－40　习题 2

（3）请将图 1－41 制作成 PCB。

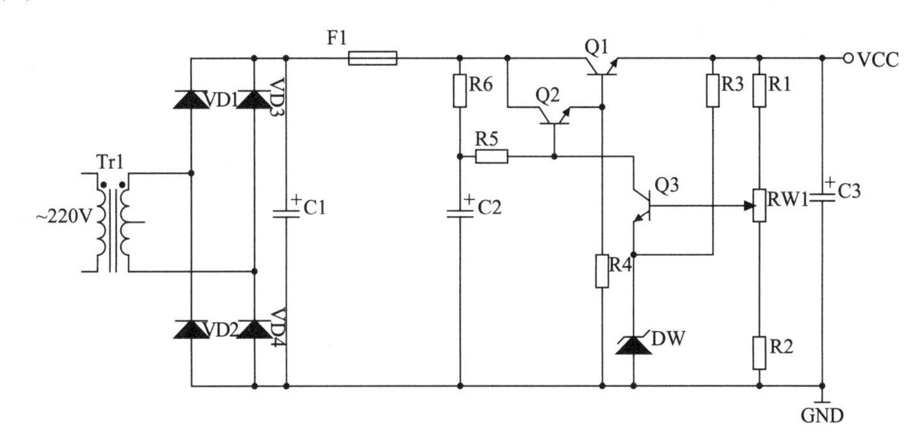

图 1－41　习题 3

提示： Q3 需将其属性对话框中的“被镜像”选项选中。

（4）请将图 1－42 制作成 PCB。

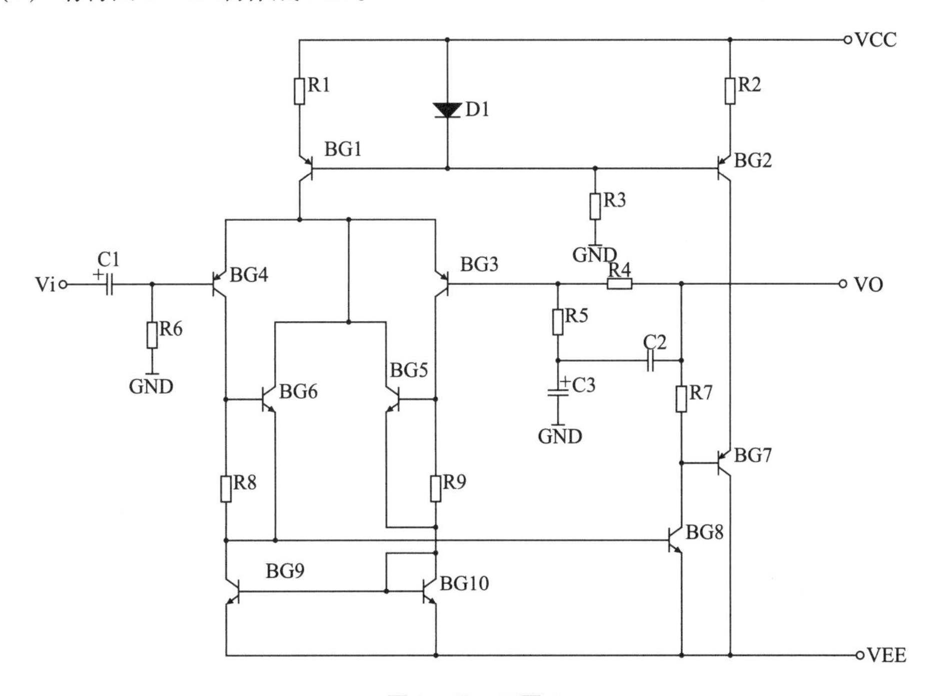

图 1－42　习题 4

第2章　模数转换电路的PCB设计

任务2　绘制模数转换电路原理图并设计PCB

1. 任务目的

通过模数转换电路PCB设计，掌握网络标签的放置、总线及总线分支的放置、输入输出端口的放置。

2. 任务要求

制作电路原理图，正确放置网络标签及端口，并同步生成PCB文件。

3. 电路及元器件

本任务使用的电路图如图2－1所示。

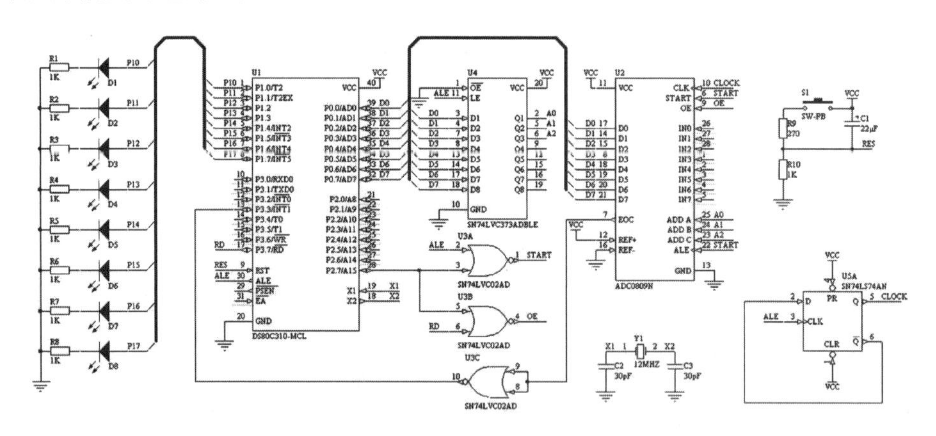

图2－1　模数转换电路

本任务使用的元器件所在库如表2－1所示。

表2－1　元器件所在库

元器件名称	所在元件库
DS80C310－MCL	Dallas Microcontroller 8－Bit. IntLib
ADC0809N	TI Converter Analog to Digital. IntLib
SN74LVC373ADBLE	TI Logic Latch. IntLib
SN74LVC02AD	TI Logic Gate2. IntLib
SN74LS74AN	TI Logic Flip－Flop. IntLib
其他元器件	Miscellaneous Devices. IntLib

4. 绘制步骤

（1）新建项目。

（2）新建原理图。

（3）单击所选的元件库，根据要求选择需要的元器件。例如，要选择 ADC0809N 集成块，在元件库里按“查找”按钮（见图 2－2），弹出元件库查找对话框（见图 2－3），在空白处输入 ADC0809N，在“范围”中选择“路径中的库”，找到 ADC0809N 集成块，（见图 2－4），弹出如图 2－5 所示窗口，单击“是”放置选择的元器件。

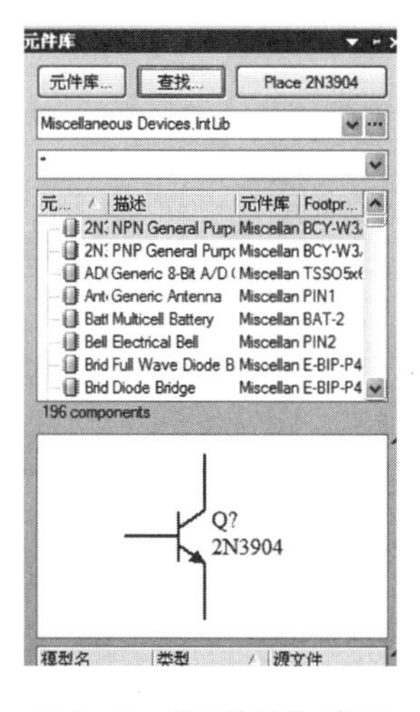

图 2－2　“元件库”窗口

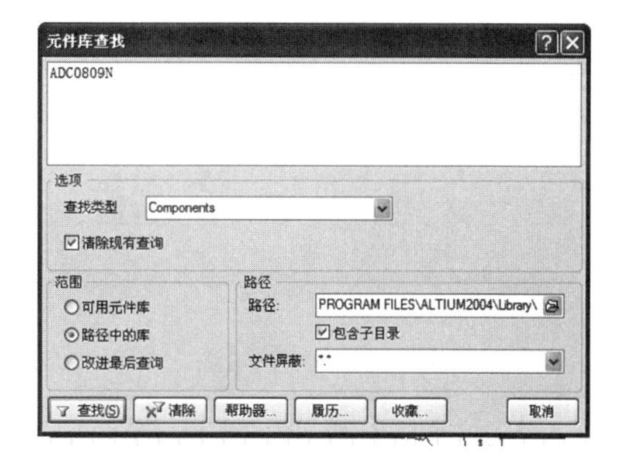

图 2－3　“元件库查找”对话框

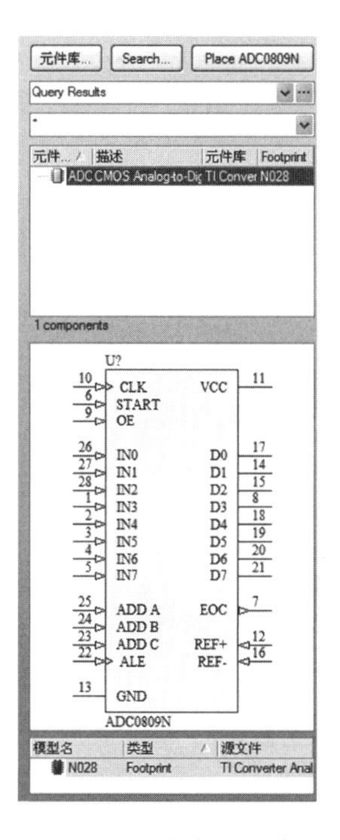

图 2－4　查找元器件

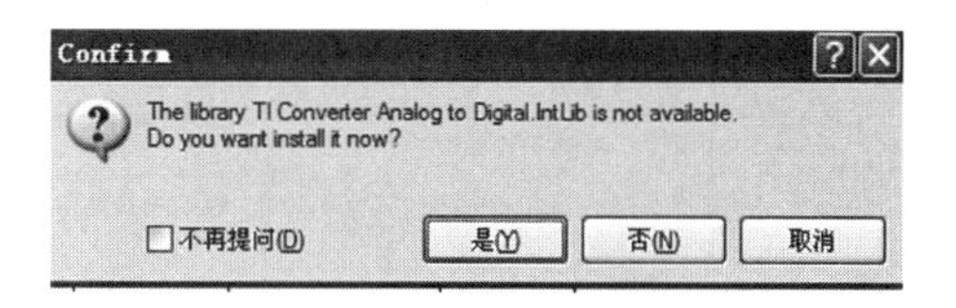

图 2－5　确认选择查找的元器件

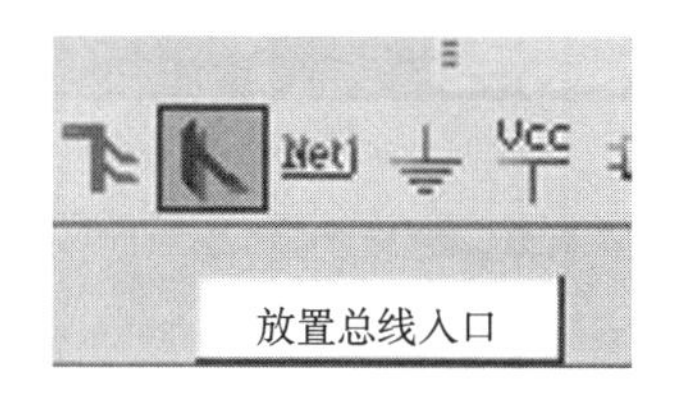

图 2－6　“放置总线入口”图标

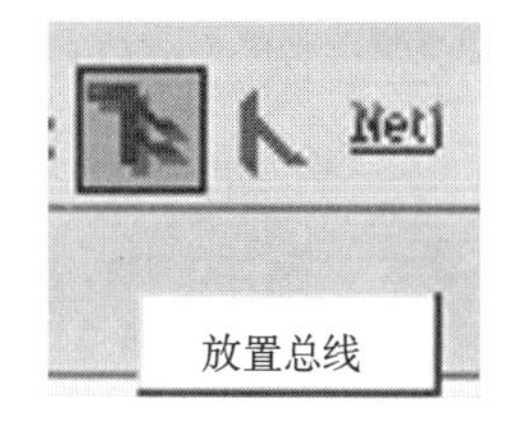

图 2－7　“放置总线”图标

（4）单击“放置总线入口”图标（见图 2－6），把总线入口放到相应的位置，然后再单击“放置总线”图标（见图 2－7），最后进行总线连接，如图 2－8 所示。

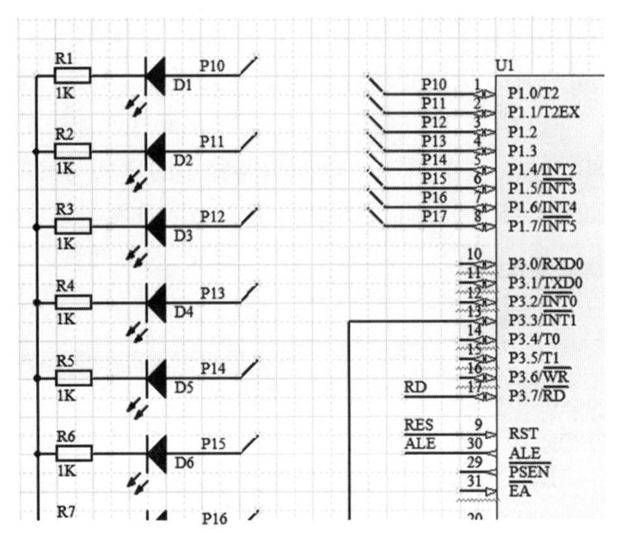

图 2－8　连接总线

（5）单击“放置网络标签”图标（见图 2－9），双击网络标签，修改网络标签相应的数据，然后把网络标签放在相应的地方，如图 2－10所示。出现红色交叉表示有连接关系，才算连接成功。

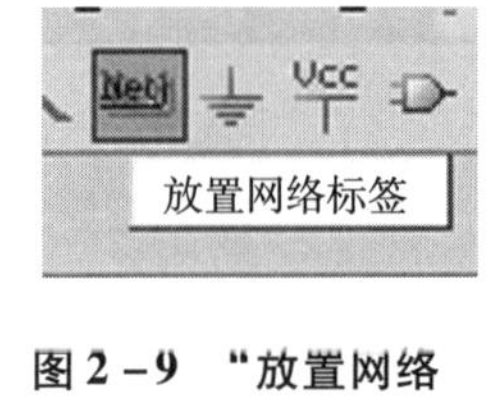

图 2－9 “放置网络标签”图标

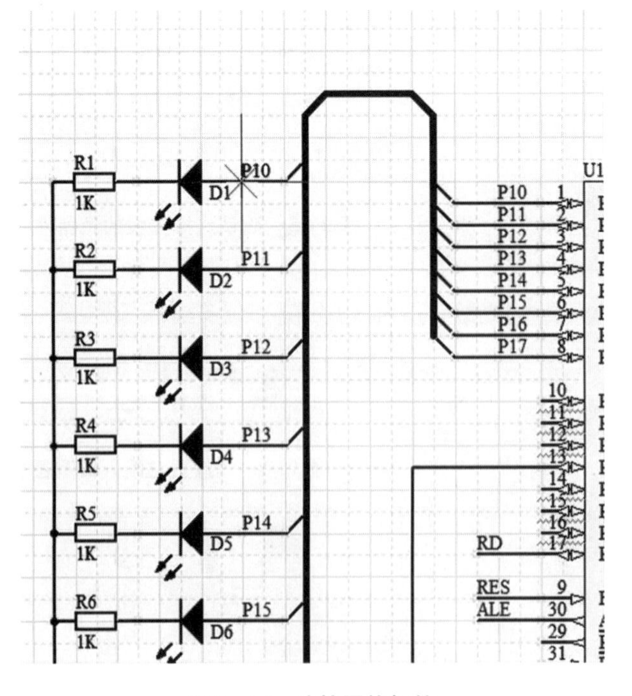

图 2－10　连接网络标签

（6）完成原理图的制作后，对原理图进行保存。

注意：

画总线时按〈shift + 空格〉可转换直角和斜角。

2.1　网络标签与端口

2.1.1　网络标签

1. 网络的概念

在电子学中，网络表示电气互连关系。如图 2 - 11 所示，元件 U2 的 25 引脚与元件 U4 的 2 引脚在电气上相连，一般称之为一个网络。

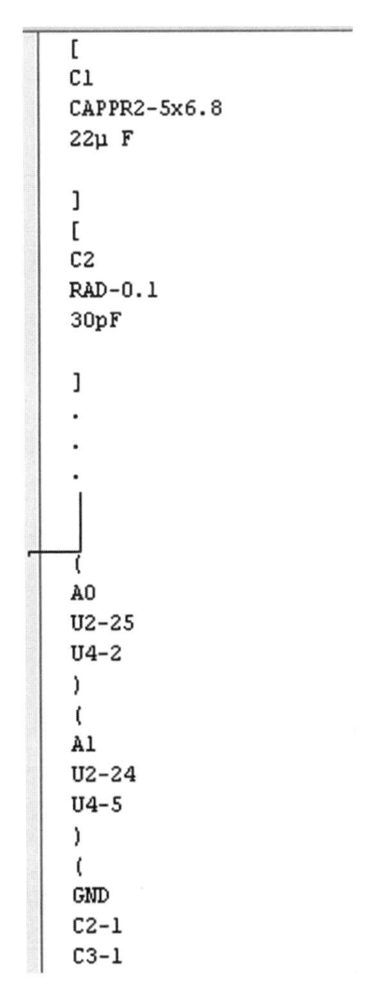

```
[
C1
CAPPR2-5x6.8
22μ F

]
[
C2
RAD-0.1
30pF

]
.
.
.
(
A0
U2-25
U4-2
)
(
A1
U2-24
U4-5
)
(
GND
C2-1
C3-1
```

图 2 - 11　网络表

2. 网络标签的放置

不同的网络用网络标签（Net Label）加以区别，执行菜单“放置→网络标签”，可以添加网络标签，在放置过程中按 <Tab> 键，会出现如图 2－12 所示的网络标签属性对话框。在 Net 处填写网络标签，已经放置过的网络标签会在该列表中列出供用户选择。

注意：

一定要将网络标签的定位点放在需要标注的导线上或者元器件引脚的顶部，否则无效，而且一个网络只能有一个标签。

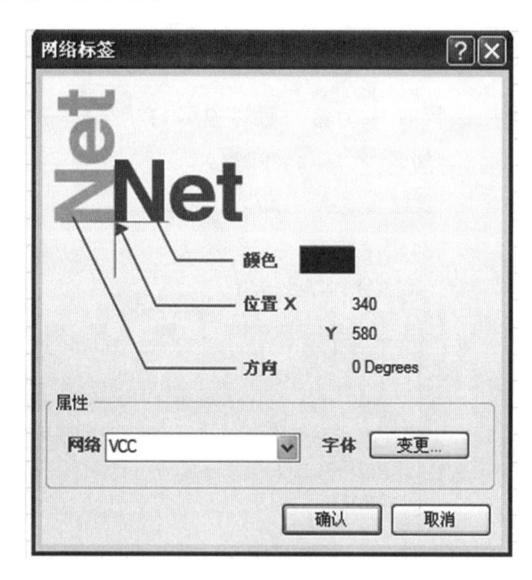

图 2－12 “网络标签”属性对话框

每个网络都需要一个网络标签加以标记，但并不是所有的网络都需要用户添加标签，用户只需要给自己关注的网络添加标签，其他的网络标签由系统自动生成。电源端口的名称和网络标签有同样的效用，都可以标记网络。在同一张图样上，如果两者同名，在电气上就是相连的。

3. 网络标签的意义

给网络加标注有以下 3 个方面的意义。

（1）代替导线实现电气连接。这对于长距离的导线连接和计算机总线尤其有意义。

（2）在后期印制电路板的制作时，需要根据网络标签来相应设置布线宽度等。例如，地线宽度要加宽，以减小地电流引起的干扰等。

（3）在后期进行电路仿真时，要采用网络标签提取用户感兴趣的数据与波形。

4. 网络表的生成和网络表的内容

（1）网络表的生成。

执行菜单“Design→Netlist For Project→Protel”，则在工程中生成与工程同名的 . NET 文件，如图 2－13 所示。

图 2-13　网络表文件

（2）网络表的内容。

网络表包含两部分内容，即元器件资料和网络连接关系。首先是元器件资料，每一对方括号描述一个元器件的属性，包括元器件名称、封装方式等。例如，C1 的封装方式是 CAPPR2-5x6.8，容量为 22μF。有多少个元器件就有多少对方括号。

然后是网络连接关系，每一对圆括号描述一个网络的内容，有多少个网络就有多少对圆括号。

从网络表上可以看到前面添加的网络标号 A0、GND 等。此处需要注意一个问题，网络表提取的是原理图的内容，在每次修改原理图后需要重新生成网络表，网络表的内容才得以更新。Protel DXP 2004 SP2 不同于 Protel 99 SE，在本版本的 PCB 环境中，不再有菜单提供网络表加载，而是直接从原理图上将内容同步到 PCB 中。用户在该操作过程中可以看到与网络表相对应得内容。

2.1.2　端　　口

1. 电源端口的放置

有 4 种方法放置电源的端口。

（1）执行菜单“放置→电源端口”。

（2）在工作区内执行右键菜单“放置→电源端口”。

（3）使用 Utilities 工具。

（4）使用快捷键 <O>。

2. 电源端口的属性修改

电源端口的属性对话框如图 2-14 所示。电源端口的主要属性有两项，即 NET（端口名称）和 Style（端口形状）。端口形状共有 7 种，从上到下依次是 Circle（圆圈）、Arrow（箭头）、Bar（小横杠）、Wave（波状）、Power Ground（电源地）、Signal Ground（信号地）和 Earth（大地）。NET 文本框中的内容就是电源端口所在网络的标签。

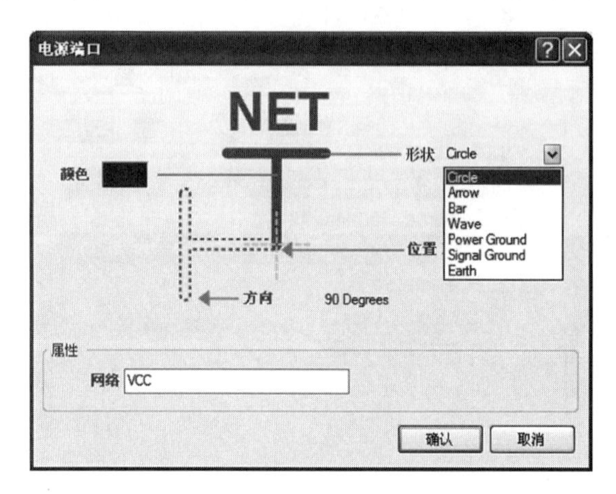

图 2-14　电源端口属性对话框

将电源端口放置到原理图上，如图 2-15 所示。

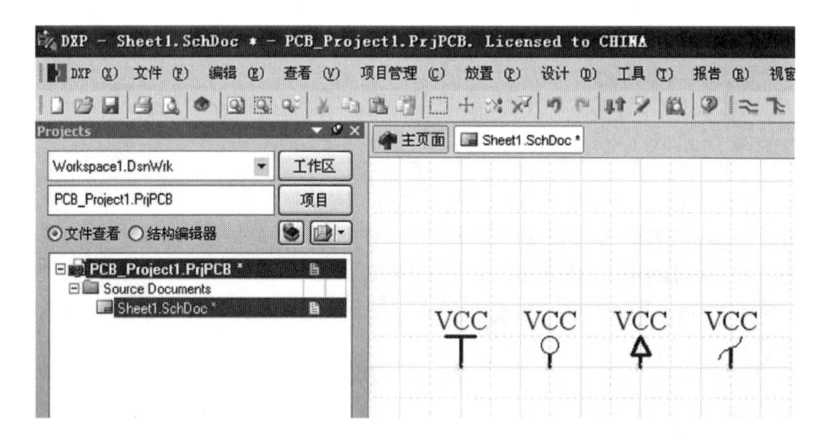

图 2-15　放置到原理图上的电源端口

2.2 总　　线

总线（Bus）有以下作用。

（1）标记导线。总线用来标记一族导线。总线连接如图 2-16 所示，图中使用网络标签 A7～A0 是为了代替图 2-17 中的物理导线来实现逻辑电气连接，每个网络标签的前缀相同，后缀是连续的数字，在这种情况下可以使用总线。使用总线是为了便于阅读，帮助工程人员看清连接走向，删除总线以及总线网络编号 A［7...... 0］对电路的连接性没有任何影响。

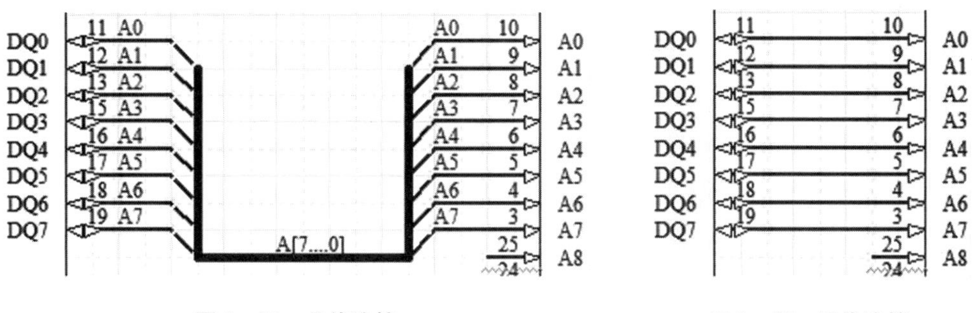

图 2－16　总线连接　　　　图 2－17　导线连接

（2）连接端口及子图入口，实现图样之间的连接。如图 2－18（a）、（b）所示的 D［0...... 7］网络的总线连接，端口 1 和端口 2 分别在同一个工程下的两张原理图上，通过这种方式可以实现电连接。

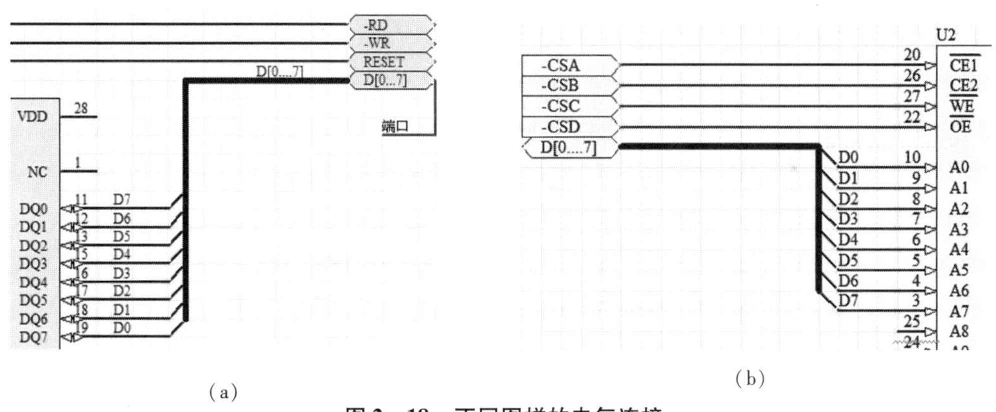

（a）　　　　（b）

图 2－18　不同图样的电气连接

注意：

在同一张图样上，网络标签和同名的网络端口是互相连同的。在整个工程中同名的电源端口都是连通的。

2.3　习　　题

（1）请将图 2－19 制作成 PCB 并生成网络表。

提示：V＋、V－要用具有电气连接特性的网络标签。

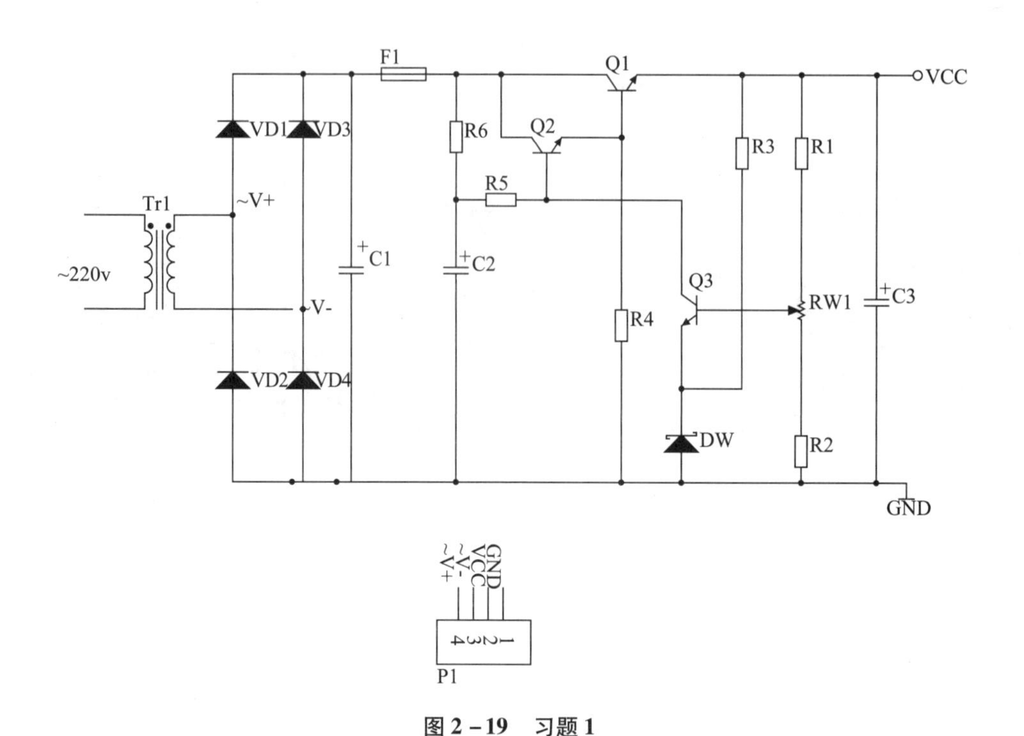

图 2－19　习题 1

（2）请将图 2－20 制作成 PCB 并生成网络表。

提示：注意网络标签在接口的放置及接口部分引脚短接的方法。

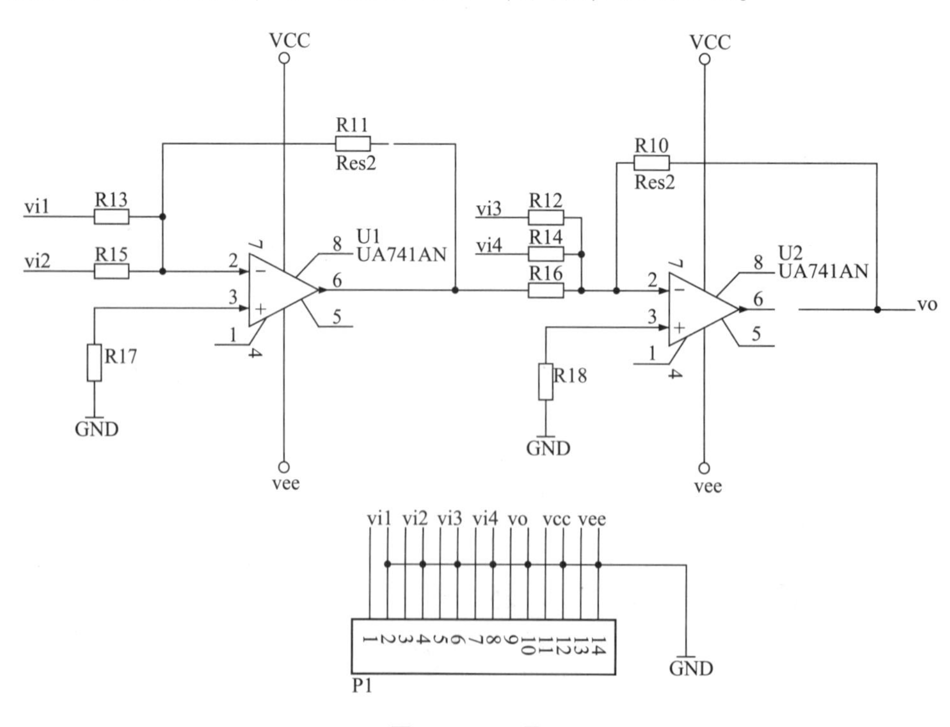

图 2－20　习题 2

（3）请将图 2－21 制作成 PCB 并生成网络表。

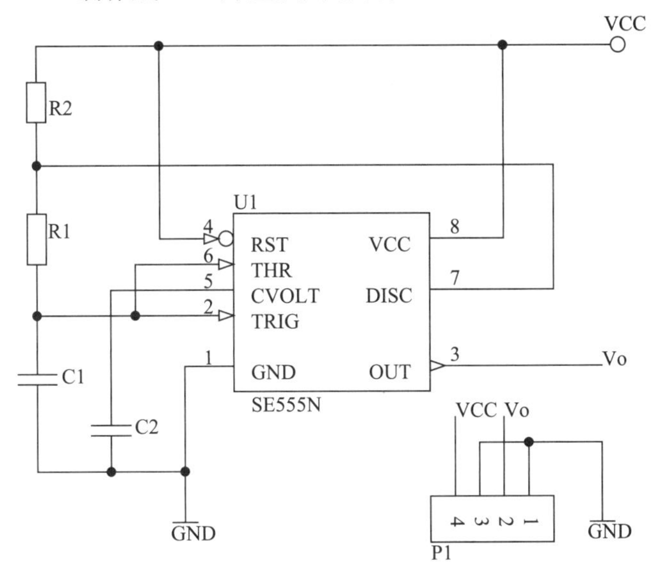

图 2－21　习题 3

（4）请将图 2－22 制作成 PCB 并生成网络表。

提示： 在属性对话框去掉“锁定引脚”项，可对引脚进行移动操作；从“编辑”引脚对话框中可修改引脚名称、是否显示等；双击电源引脚在出现的对话框中可将电源和地分别连接到“VCC”和“GND”。

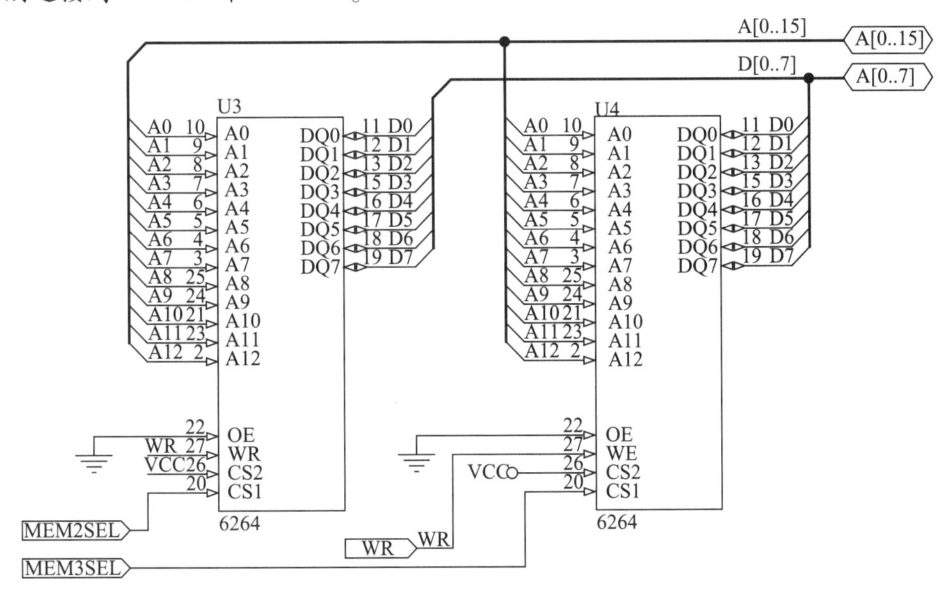

图 2－22　习题 4

（5）请将图 2－23 制作成 PCB 并生成网络表。

提示： 需编辑引脚并将各元器件的电源、地连接到“VCC”和“GND”。

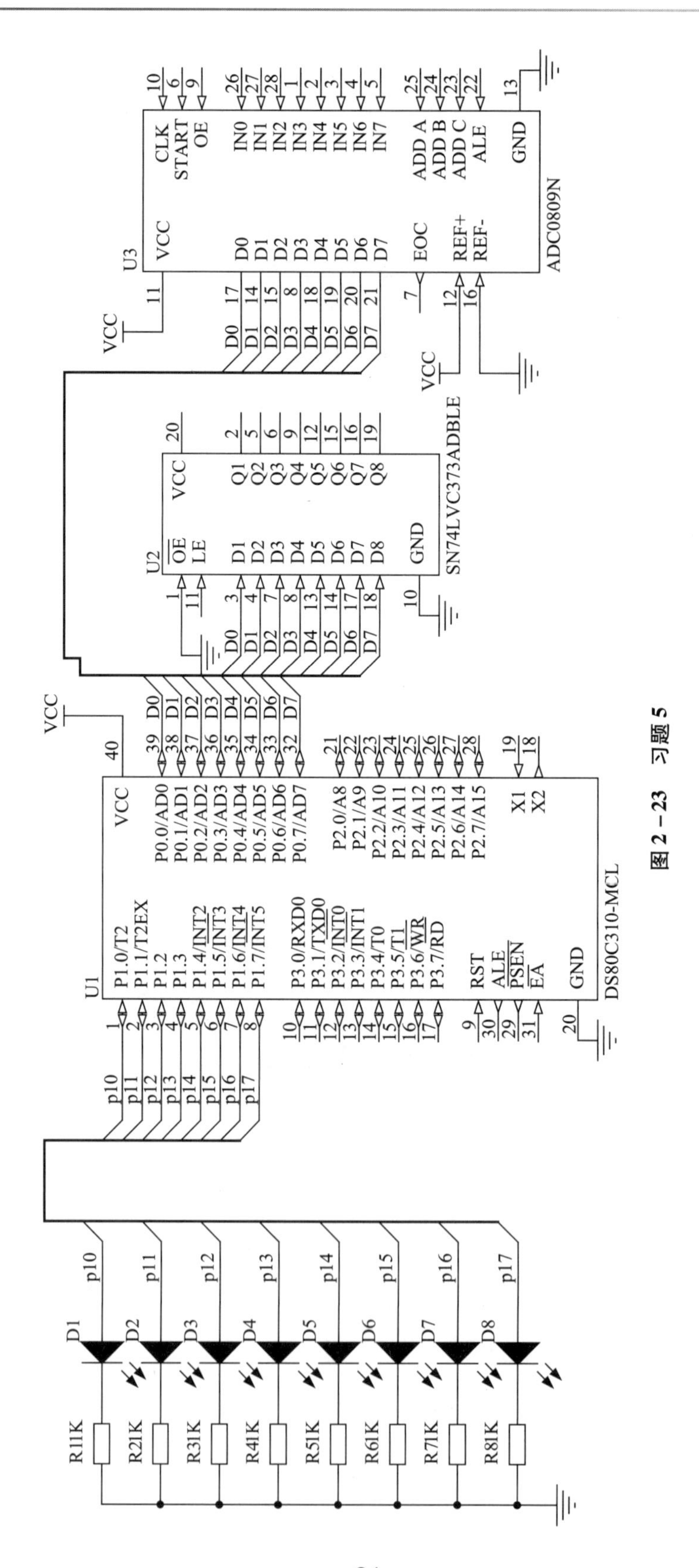
U3
ADC0809N
CLK
START
OE
IN0
IN1
IN2
IN3
IN4
IN5
IN6
IN7
ADD A
ADD B
ADD C
ALE
GND
VCC
D0
D1
D2
D3
D4
D5
D6
D7
EOC
REF+
REF-
U2
SN74LVC373ADBLE
OE
LE
Q1
Q2
Q3
Q4
Q5
Q6
Q7
Q8
U1
DS80C310-MCL
P1.0/T2
P1.1/T2EX
P1.2
P1.3
P1.4/INT2
P1.5/INT3
P1.6/INT4
P1.7/INT5
P3.0/RXD0
P3.1/TXD0
P3.2/INT0
P3.3/INT1
P3.4/T0
P3.5/T1
P3.6/WR
P3.7/RD
RST
ALE
PSEN
EA
P0.0/AD0
P0.1/AD1
P0.2/AD2
P0.3/AD3
P0.4/AD4
P0.5/AD5
P0.6/AD6
P0.7/AD7
P2.0/A8
P2.1/A9
P2.2/A10
P2.3/A11
P2.4/A12
P2.5/A13
P2.6/A14
P2.7/A15
X1
X2
p10
p11
p12
p13
p14
p15
p16
p17
R11K
R21K
R31K
R41K
R51K
R61K
R71K
R81K

图 2－23　习题 5

第3章　8位解码器电路的PCB设计

任务3　绘制8位解码器电路原理图并设计PCB

1. 任务目的

通过8位解码器电路PCB设计，掌握封装库的建立、元件封装的绘制及设置方法。明确引脚标识符与焊盘标识符的对应关系。

2. 任务要求

制作电路原理图，创建封装库，绘制元件封装并正确设置；同步生成PCB文件。

3. 电路及元器件

本任务使用的电路图如图3－1所示。

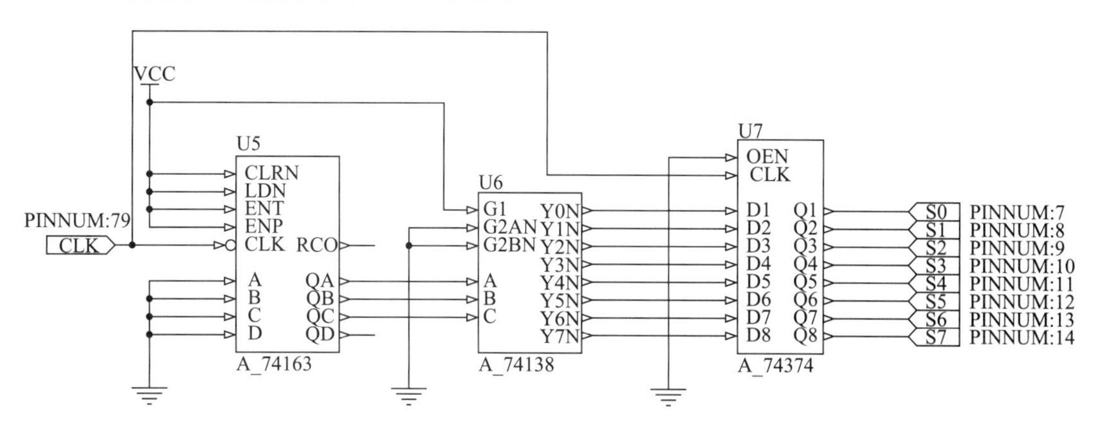

图3－1　8位解码器电路

本任务使用的元器件所在库如表3－1所示。

表3－1　元器件所在库

元器件	所在元件库
A_ 74163	Altera FPGA. IntLib
A_ 74138	Altera FPGA. IntLib
A_ 74374	Altera FPGA. IntLib
其他元器件	Miscellaneous Devices. IntLib

4. 步骤

（1）建立项目、原理图。

（2）打开元件库，单击“查找”按钮，如图 3 – 2 所示。

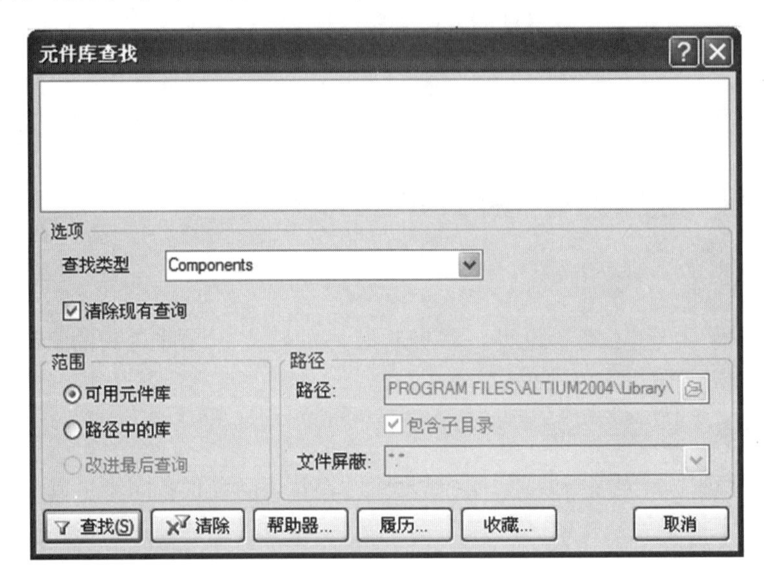

图 3 – 2　打开元件库

（3）输入需要查找的元器件名，选择“路径中的库”，如图 3 – 3 所示。

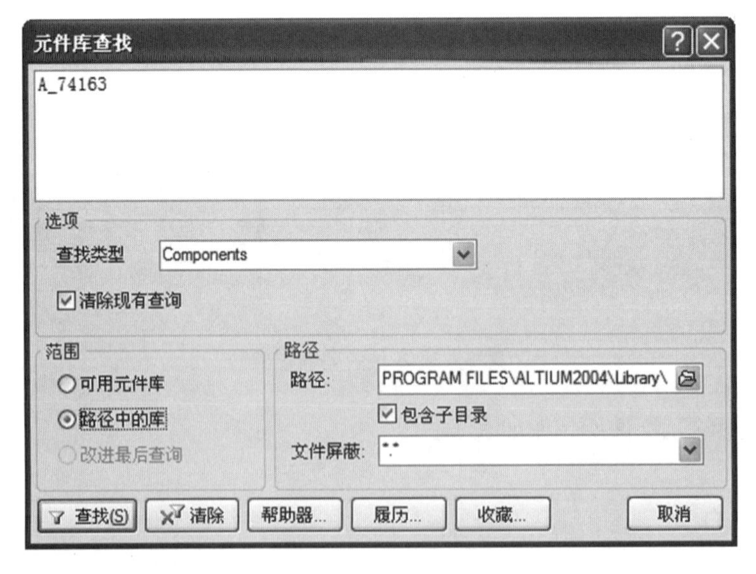

图 3 – 3　查找元器件

（4）找到该元器件后，单击“Place A_ 74163”按钮，在弹出的对话框中选择“是”加载封装库，如图 3 – 4 所示。剩下的元器件以此类推，操作如图 3 – 5 所示。

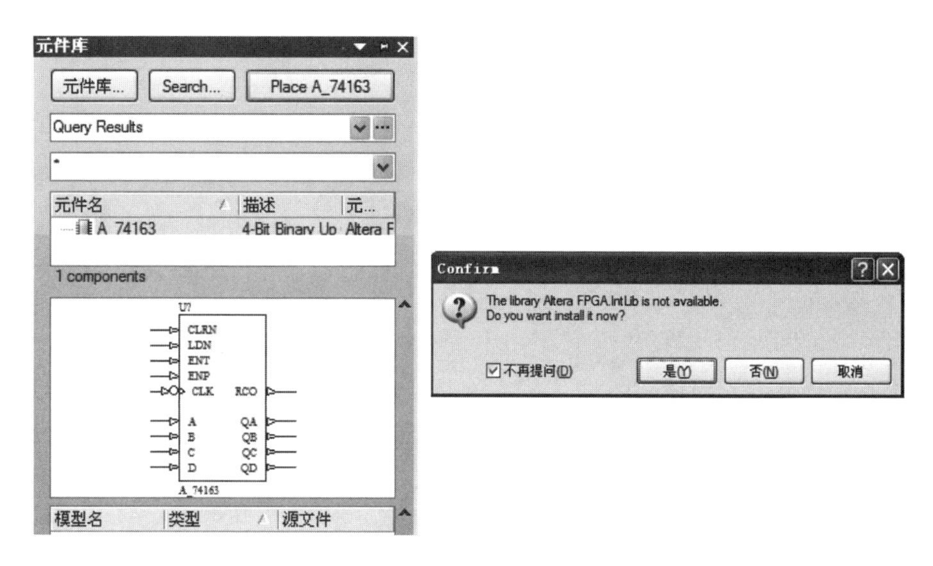

图3-4　加载元器件

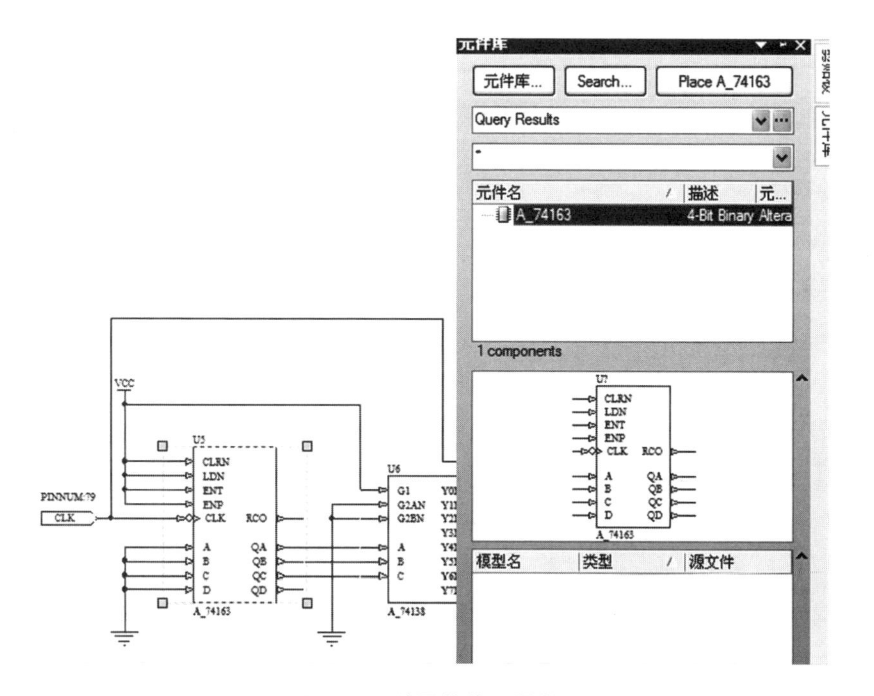

图3-5　放置其他元器件

(5) 单击菜单“放置→端口”，然后按 <Tab> 键，弹出端口属性对话框，在“名称”那里可以修改端口名称，在右边的“I/O类型”中修改端口类型，如图3-6所示。

(6) 单击菜单“放置→文本字符”串，按 <Tab> 键，打开“注释”对话框，修改文本，例如“PINNUM：79”，然后确认，把文本放到需要注释的端口上方，如图3-7所示。

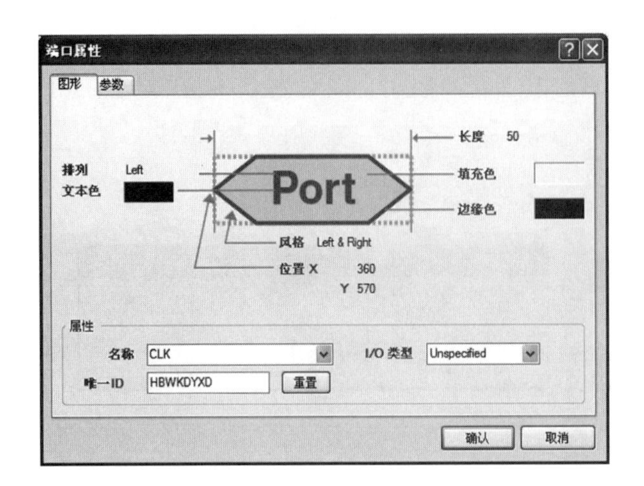

图 3－6　端口设置

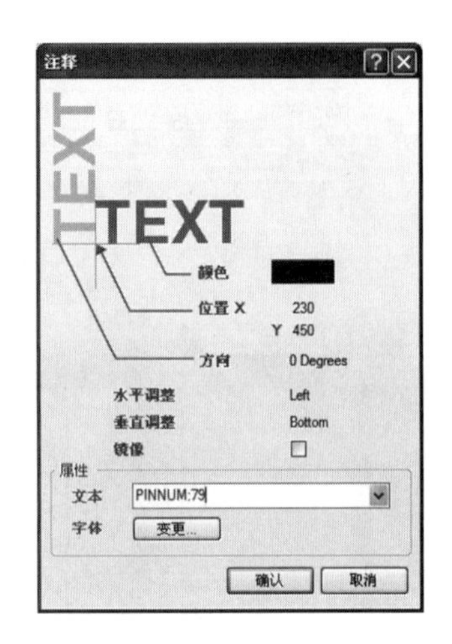

图 3－7　字符串设置

（7）双击原理图中的元器件，弹出“元件属性”对话框（见图 3－8），单击左下角的“编辑引脚”按钮，在弹出的“元件引脚编辑器”中修改的标识符，结果如图3－9所示。(引脚标识符与焊盘标识符一致)

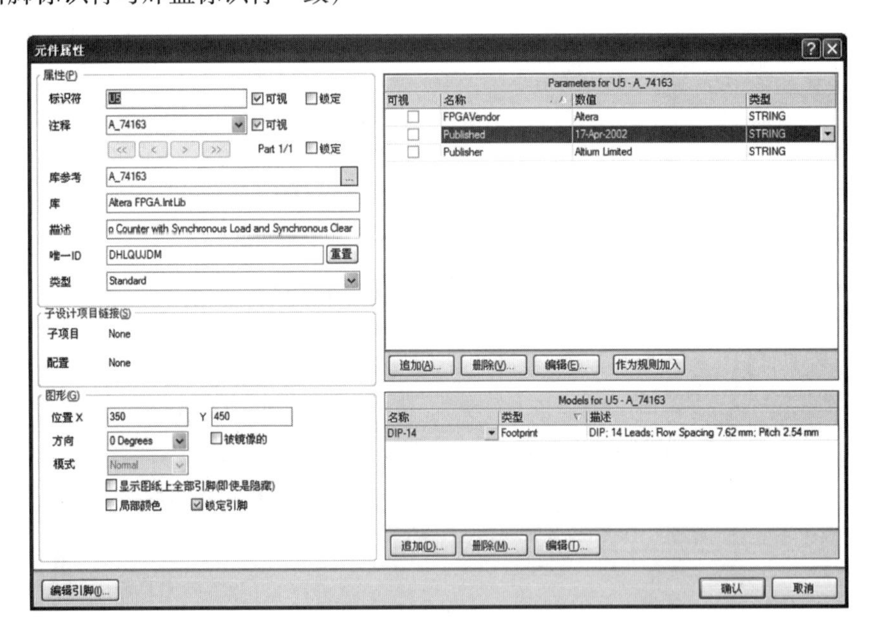

图 3－8　“元件属性”对话框

（8）新建封装库。

1）新建 A_ 74138 和 A_ 74163 的封装 dip14。

2）新建 A_ 74374 的封装 dip18。

（9）在“元件属性”对话框（见图 3－8）中设置元件封装。

（10）建立 PCB 文件。

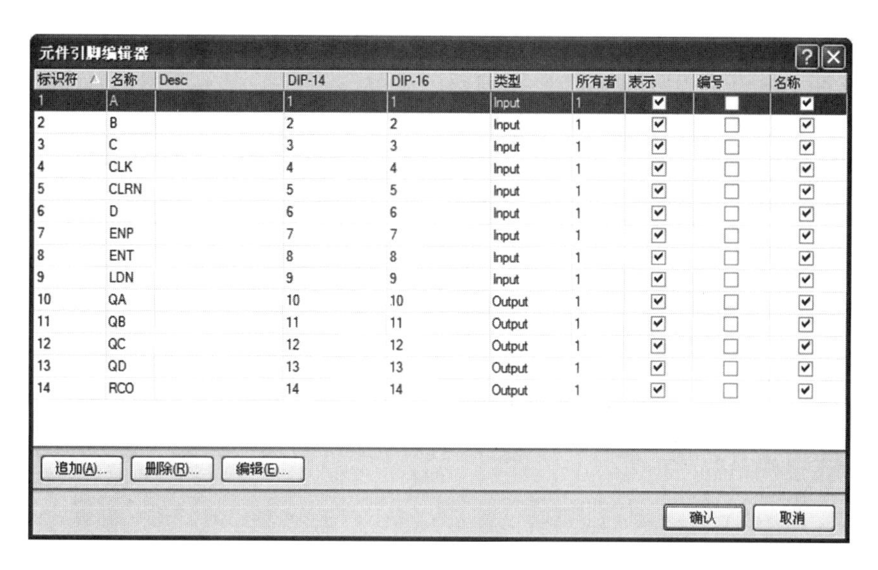

标识符	名称	Desc	DIP-14	DIP-16	类型	所有者	表示	编号	名称
1	A		1	1	Input	1	☑	☐	☑
2	B		2	2	Input	1	☑	☐	☑
3	C		3	3	Input	1	☑	☐	☑
4	CLK		4	4	Input	1	☑	☐	☑
5	CLRN		5	5	Input	1	☑	☐	☑
6	D		6	6	Input	1	☑	☐	☑
7	ENP		7	7	Input	1	☑	☐	☑
8	ENT		8	8	Input	1	☑	☐	☑
9	LDN		9	9	Input	1	☑	☐	☑
10	QA		10	10	Output	1	☑	☐	☑
11	QB		11	11	Output	1	☑	☐	☑
12	QC		12	12	Output	1	☑	☐	☑
13	QD		13	13	Output	1	☑	☐	☑
14	RCO		14	14	Output	1	☑	☐	☑

图 3－9　“元件引脚编辑器”对话框

3.1　封装库的制作

3.1.1　手动制作元器件的封装方式

1. 封装方式编辑器

Protel DXP 2004 SP2 的成品封装库在软件安装途径下的 Altium 2004 SP2 \ Library \ Pcb 目录中。执行菜单“文件→打开”，打开其中的 Miscellaneous Devices PCB. PcbLib 库，这是常用电子元器件的封装库，如图 3－10 所示。

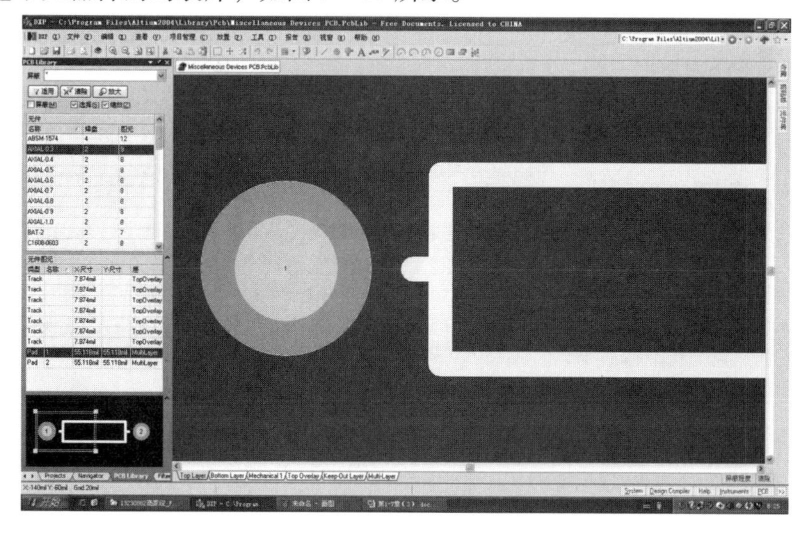

图 3－10　常用电子元器件封装库

单击“PCB Library”面板选项卡，可切换到封装方式编辑器窗口。

元器件的封装方式由焊盘和外形轮廓线两部分组成。单击工作区内某个基元，则左边元器件管理器面板上元件图元区域相应地高亮显示该基元的部分属性。例如，单击焊盘 1，在元件图元区域可以看到，焊盘的编号、X 方向的尺寸、Y 方向的尺寸、焊盘所在的层；再例如，单击任意一段黄色的线段，可以看到该线段的宽度及其所在的层。执行菜单“报告→测量距离”，可测量焊盘 1 和焊盘 2 之间的距离。

2. 手动封装元器件

本小节以电阻的封装方式（AXIAL－0.4）为例介绍手动制作元器件的封装。

（1）新建封装库文件。单击菜单“文件→创建→库→PCB 库”，如图 3－11 所示，即可创建出封装库文件，在“名称”处填写“AXIAL－0.4”，如图 3－12 所示。

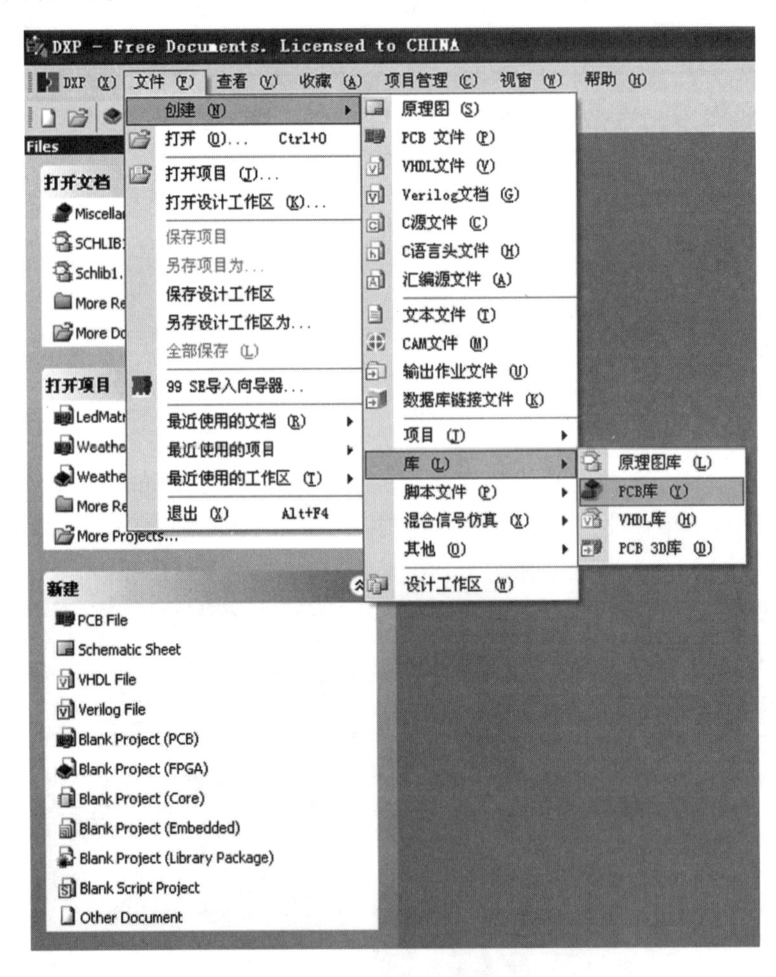

图 3－11　新建封装库文件

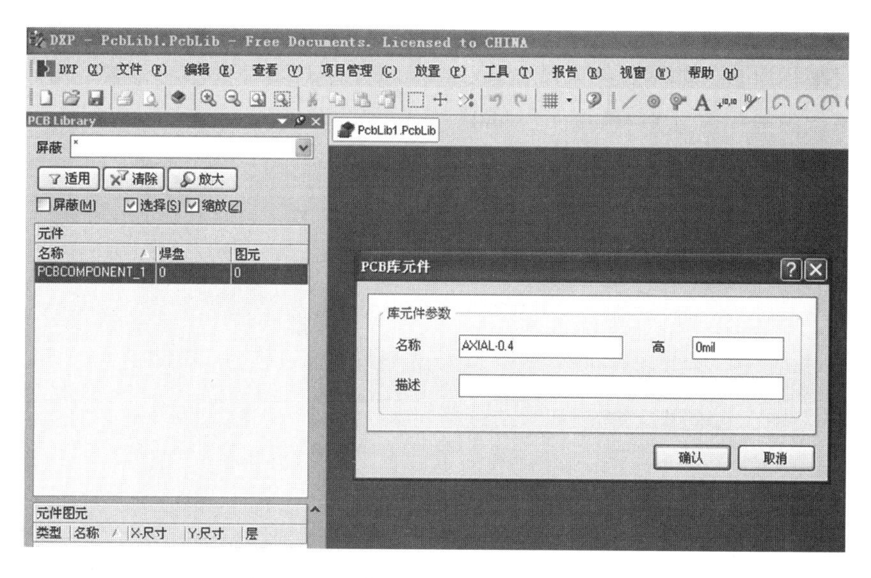

图 3－12　新建 AXIAL－0.4 封装库

（2）更改封装方式名称。在元器件管理器面板的元件区域用鼠标右键单击 PCBCOMPONENT_ 1，单击其中的“属性”子菜单，在随后出现的对话框名称文本框中填入“AXIAL－0.4”，然后单击“确认”按钮确定，更改封装方式名称。

（3）放置第一个焊盘。执行菜单“放置→焊盘”，在焊盘浮动的情况下，按 <Tab> 键，出现焊盘属性的对话框。参考成品库内的属性，设置“孔径”为 33.465mil，“X－尺寸”（水平方向尺寸）为 55.118mil，“Y－尺寸”（垂直方向尺寸）为 55.118mil，“形状”为 Round，“层”（所在层）为 Multilayer，“标识符”为 1，如图 3－13 所示。

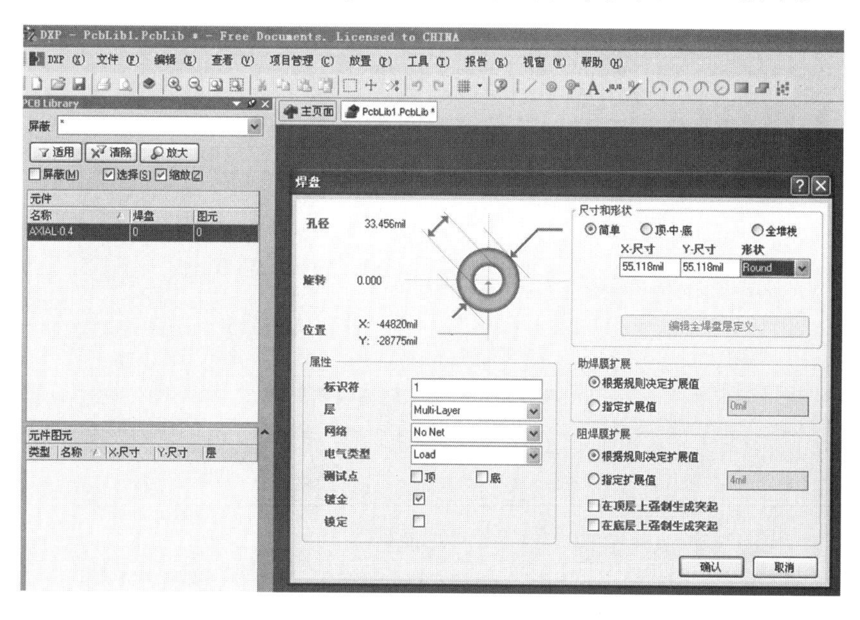

图 3－13　设置焊盘属性

（4）设置第一个焊盘为参考点。执行菜单“编辑→设定参考点 →引脚 1”，将焊盘 1 设置为相对坐标原点，如图 3－14 所示。将坐标移动到焊盘 1 的中心位置，可以观察到在状态栏中该点的坐标值（X：0mil Y：0mil）。

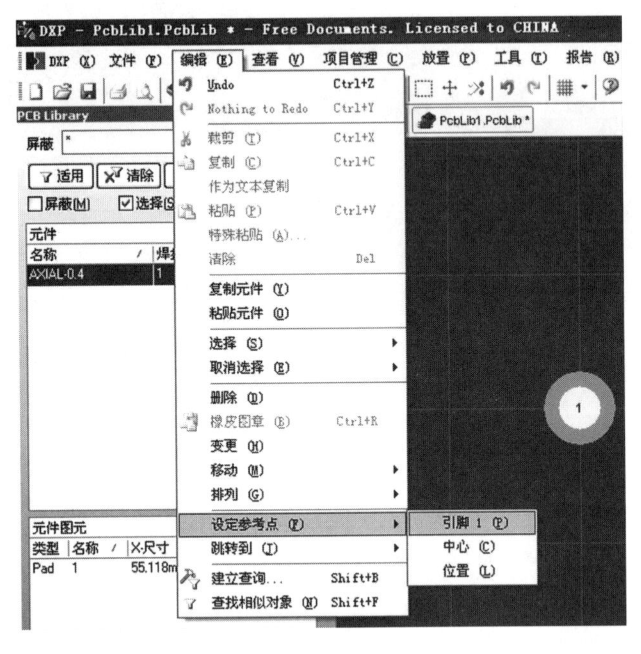

图 3－14 设置参考点

（5）在“查看”菜单中可设置捕获网格的大小，如图 3－15 所示。捕获网格的大小设置为 400mil，如图 3－16 所示。

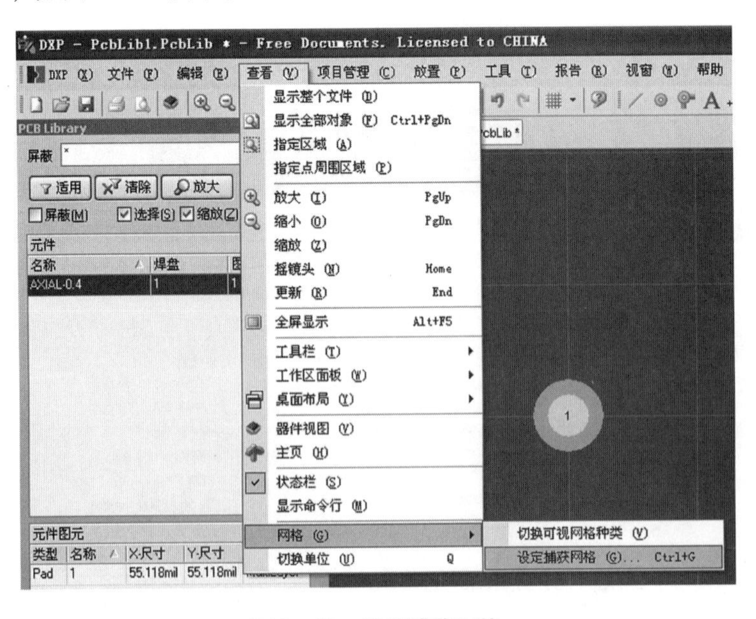

图 3－15 设置捕获网格

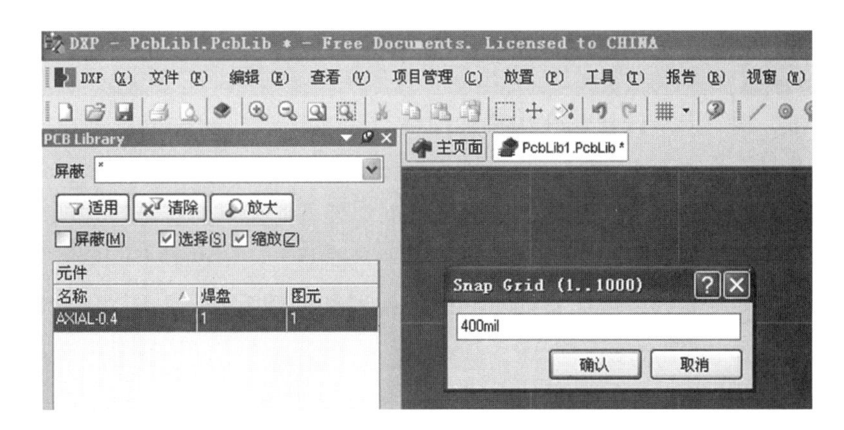

图 3 – 16　修改捕捉网格

(6) 设置第二个焊盘。按图 3 – 17 所示的位置放置第二个焊盘。注意焊盘的属性。

(7) 再将捕获的网格的值改为 5mil。

(8) 将工作层换到 Top Overlay。

(9) 画出外形轮廓线。执行菜单“设置→直线”，画出轮廓线，如图 3 – 17 所示。

(10) 保存文件。

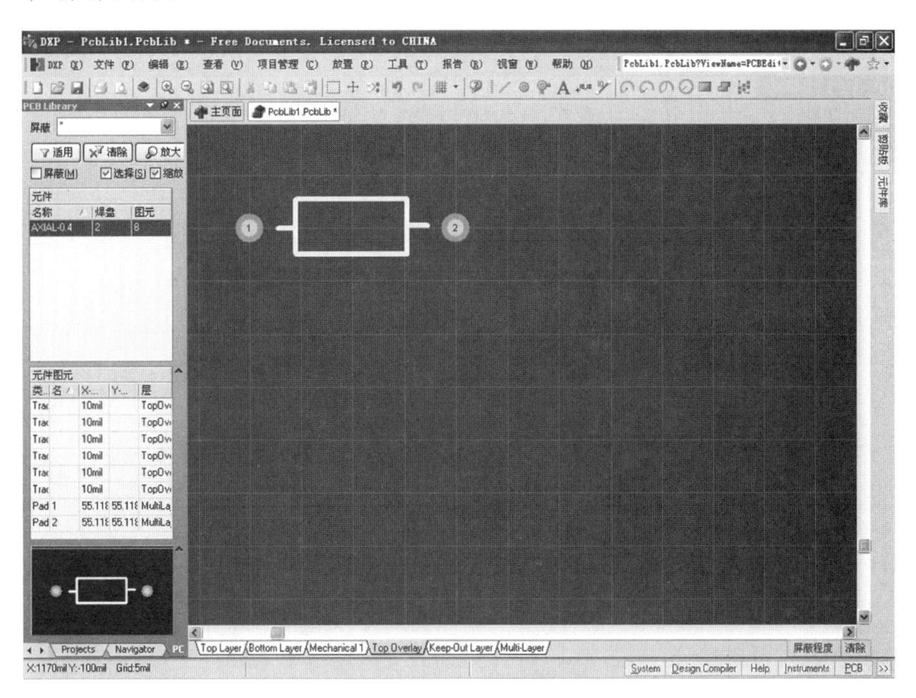

图 3 – 17　AXIAL – 0. 4 封装制作完成

3. 1. 2　利用向导制作封装方式

本小节利用向导制作 DIP – 14 (Dual in – Line package，双列直插封装方式)。切换到新建的封装方式库 PcbLibl. PcbLib，参考下列步骤制作 DIP－14。

（1）执行菜单“工具→新元件”，出现封装方式向导对话框。

（2）单击“下一步”按钮，在出现的对话框中选择模板和单位。此处选择 Imperial（mil），即英制。

（3）单击“下一步”按钮，在出现的对话框中设置焊盘尺寸。设置焊盘安装孔大小为 35. 433mil，焊盘 X 方向尺寸为 59. 055mil，Y 方向上尺寸为 59. 055mil。

（4）单击“下一步”按钮设置焊盘间距。设置两列焊盘之间的距离为 600mil，在同列中焊盘与焊盘之间的距离为 100mil。

（5）单击“下一步”按钮设置轮廓线宽度。

（6）单击“下一步”按钮设置引脚总数，此处设为 14。

（7）单击“下一步”按钮命名封装方式，设置器件的名称，此处设为 Dip－14。

（8）单击“下一步”按钮，在出现的对话框中单击“完成”按钮，完成元器件的制作，向导结束。利用向导制作的 DIP－14 如图 3－18 所示。注意，作为标志，第一个焊盘的形状是矩形。左边元器件浏览器 Components 栏内出现了 DIP－14。

注意：

要测量引脚之间的距离和引脚的尺寸时，单位为 mm。合理的联想将有效提高绘制速度。例如，测量某两个引脚之间的距离为 2. 53mm，则应按 2. 54mm 处理，即 100mil。

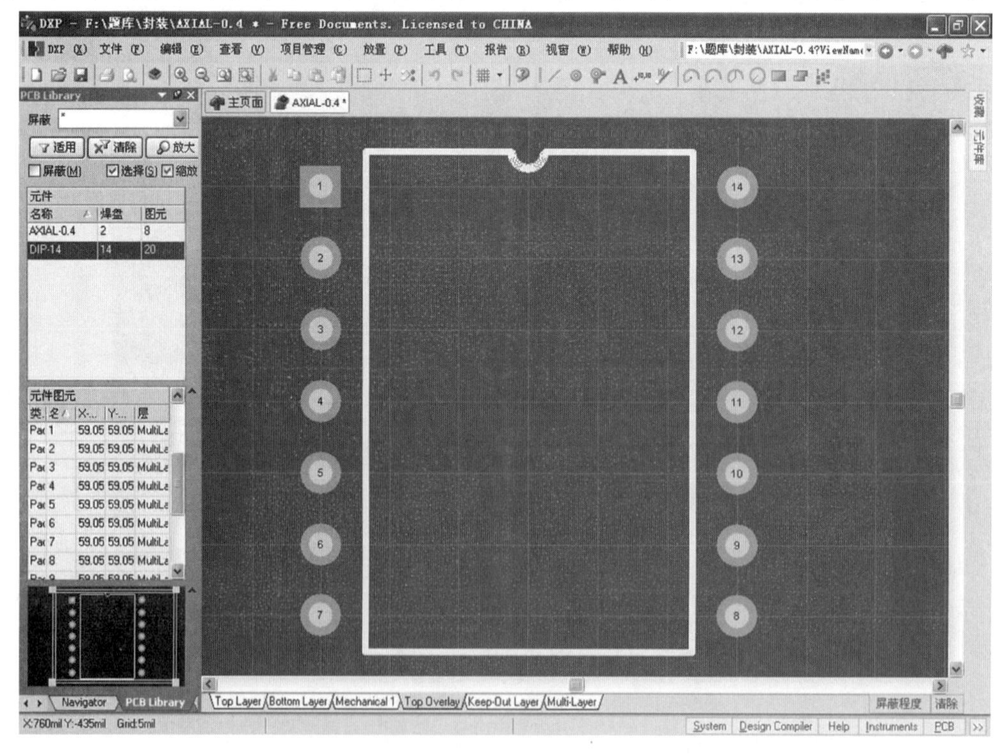

图 3－18　DIP－14 封装制作完成

3.1.3　封装方式库的常用操作

Protel DXP 2004 SP2 封装方式库编辑器提供 9 个菜单。主菜单如图 3 – 19 所示，包括“文件”“编辑”“查看”“项目管理”“放置”“工具”“报告”“视窗”和“帮助”。其中的“放置”提供放置功能，包括放置圆弧（由圆心定义圆弧、由圆周定义圆弧、由圆周定义但角度可变圆弧和整圆）、矩形填充、铜区域、直线、字符串、焊盘、过孔等。“放置”的下拉菜单如图 3 – 20 所示。

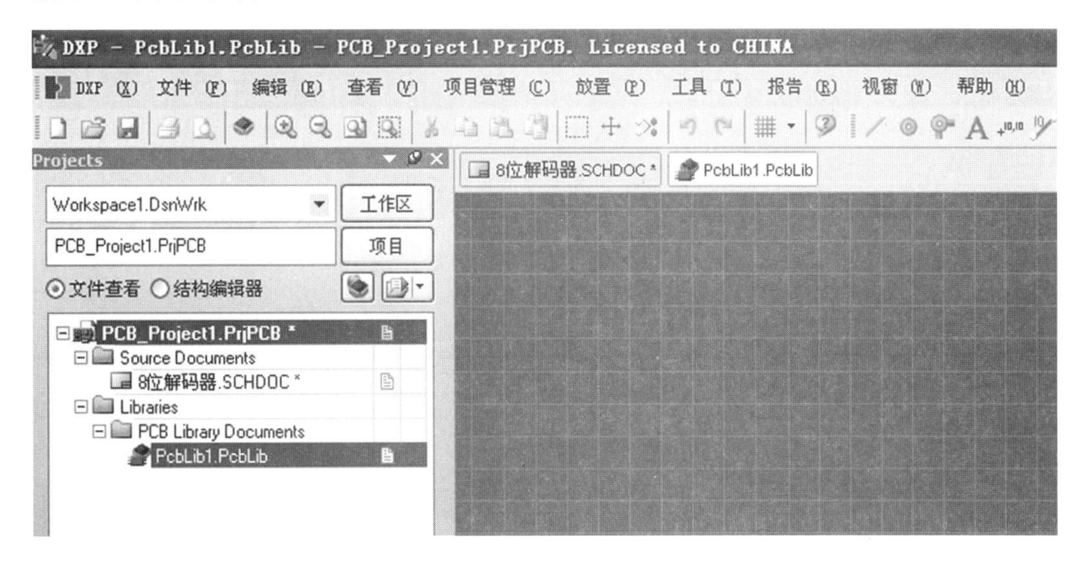

图 3 – 19　封装库编辑器主菜单

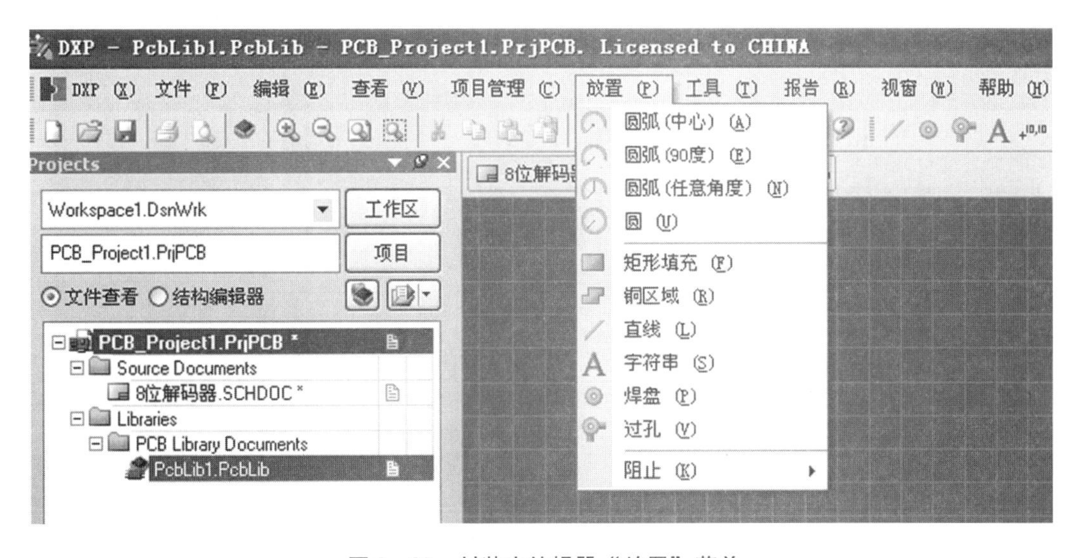

图 3 – 20　封装库编辑器“放置”菜单

主工具栏如图 3－21 所示。

图 3－21 封装库主工具栏

放置工具栏如图所示 3－22 所示。从左到右分别为放置直线、焊盘、过孔、字符串、坐标、尺寸、由圆心定义圆弧、由圆周定义圆弧、由圆周定义但角度可变圆弧、整圆、矩形填充、铜区域、阵列粘贴工具。

图 3－22 封装库“放置”工具栏

3.2 习　　题

（1）制作图 3－23 所示的 PCB 封装库。

（2）制作图 3－24 所示的 PCB 封装库。

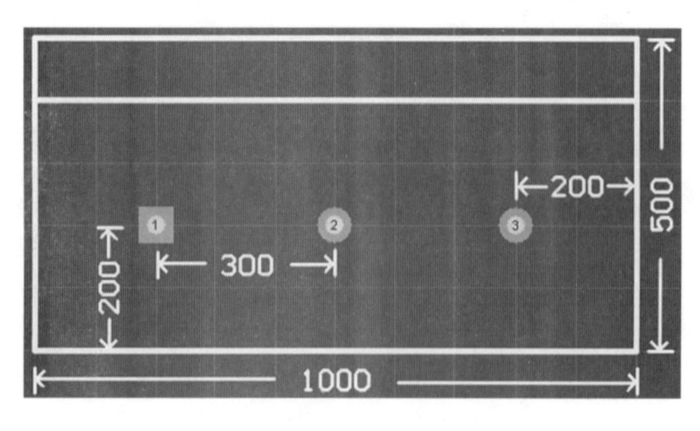

图 3－23 习题 1

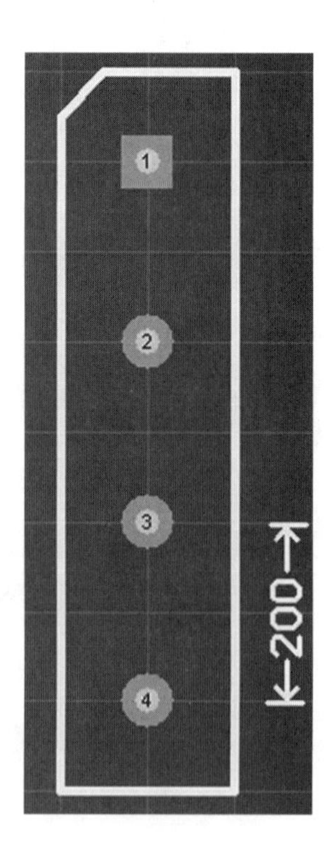

图 3－24 习题 2

（3）制作图 3－25 所示的 PCB 封装库。

（4）制作图 3－26 所示的 PCB 封装库。

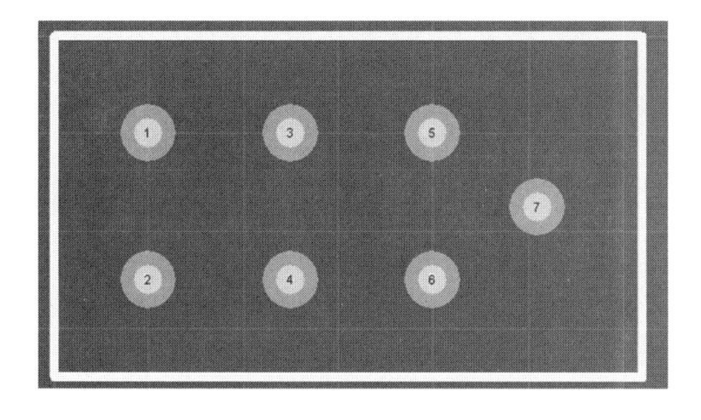

图 3－25　习题 3

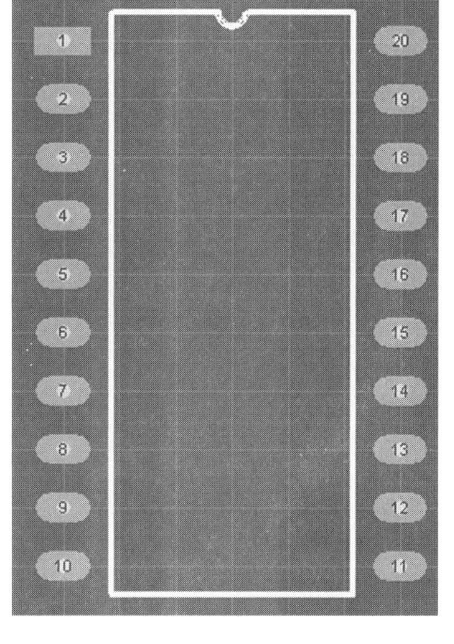

图 3－26　习题 4

（5）制作图 3－27 所示的 PCB 封装库。

（6）制作图 3－28 所示的 PCB 封装库。

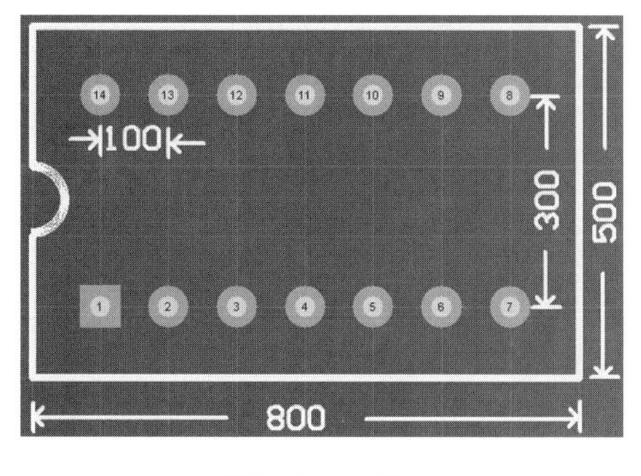

图 3－27　习题 5

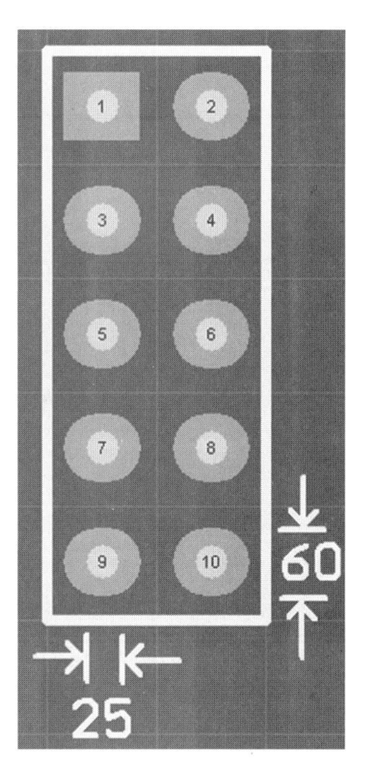

图 3－28　习题 6

（7）制作图 3 - 29 所示的 PCB 封装库。

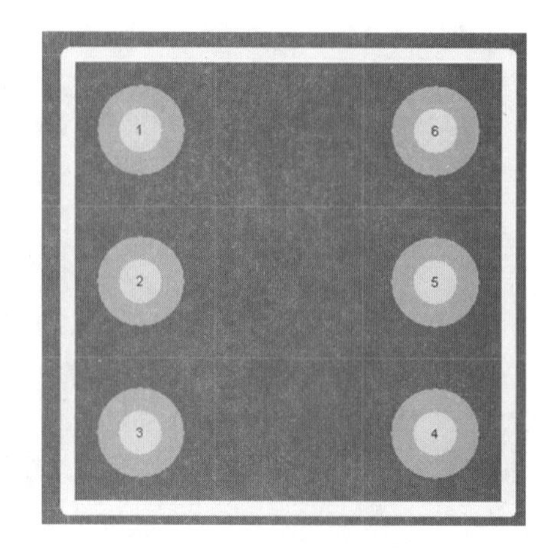

图 3 - 29　习题 7

（8）制作图 3 - 30 所示的 PCB 封装库。

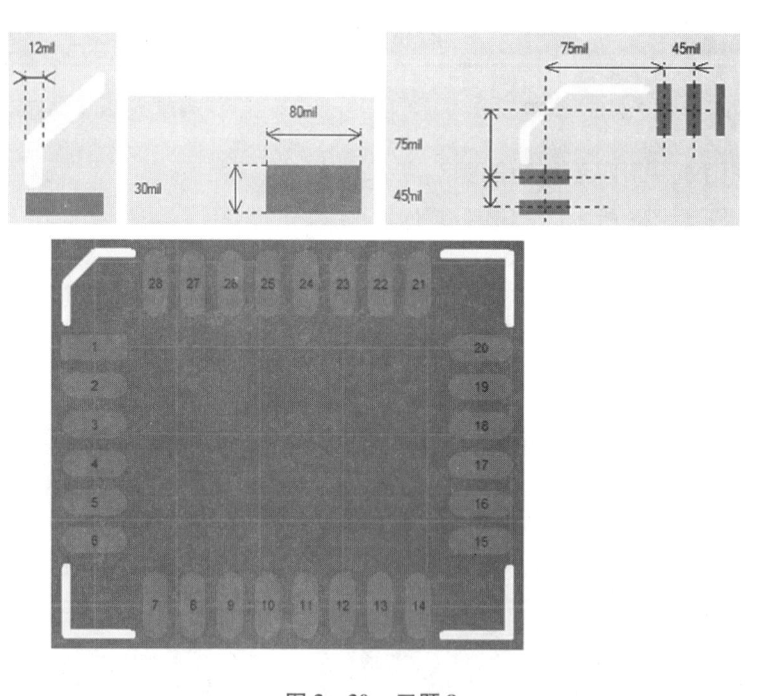

图 3 - 30　习题 8

第 4 章　单片机控制电路的 PCB 设计

任务 4　绘制单片机控制系统原理图并设计 PCB

1. 任务目的

通过绘制单片机控制电路原理图，掌握元件库的建立及常用工具的使用。

2. 任务要求

制作电路原理图，创建元件库，绘制元器件封装并正确设置；同步生成 PCB 文件。

3. 电路及元器件

本任务使用的电路图如图 4－1 所示。

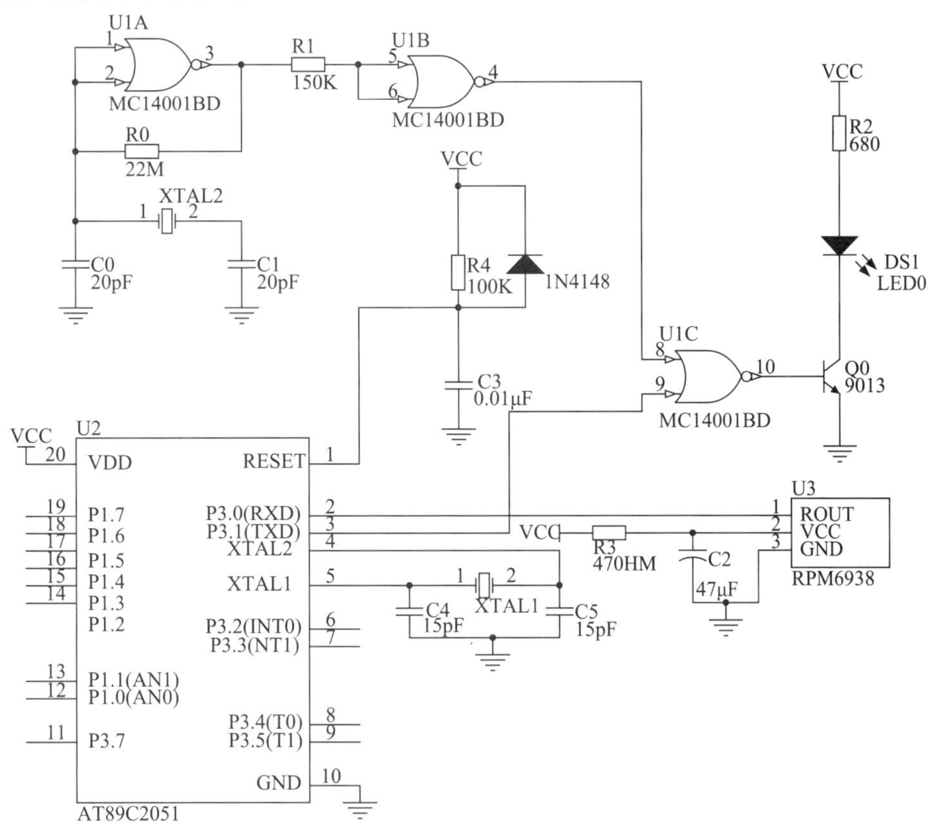

图 4－1　单片机控制电路

本任务使用的元器件所在库如表 4－1 所示。

表 4－1　元器件所在库

元器件	所在元件库
U2（单片机 AT89C2051）	Schlib1. SchLib（自建）
无极电容 C0～C5	Miscellaneous Devices. IntLib
晶体振荡器	Miscellaneous Devices. IntLib
电阻 R0～R4	Miscellaneous Devices. IntLib
U1（集成 IC MC14001BD）	ON Semi Logic Gate. IntLib
整流二极管	Miscellaneous Devices. IntLib
发光二极管	Miscellaneous Devices. IntLib
U3	Schlib1. SchLib（自建）
晶体管（NPN）	Miscellaneous Devices. IntLib
其他元器件	Miscellaneous Devices. IntLib

4. 步骤

（1）新建 PCB 项目和原理图。

（2）在 Protel DXP 2004 自带的原理图库中找到相应的元器件，将其放在图纸上，用导线连接起来，如图 4－2 所示。

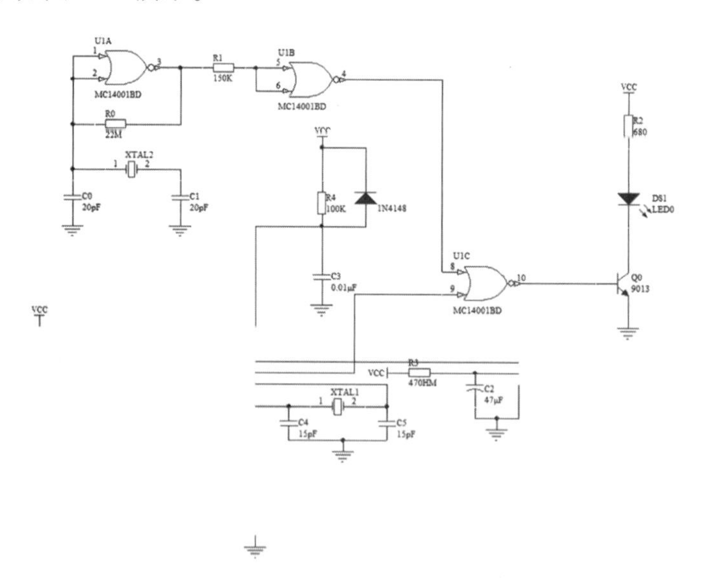

图 4－2　元器件连接

（3）因为图 4－1 中 U2 AT89C2051 和 U3 RPM6935 在自带的原理图库中找不到相应的元件，所以要创建一个原理图库。执行菜单“文件→创建→库→原理图库”如图 4－3 所示。

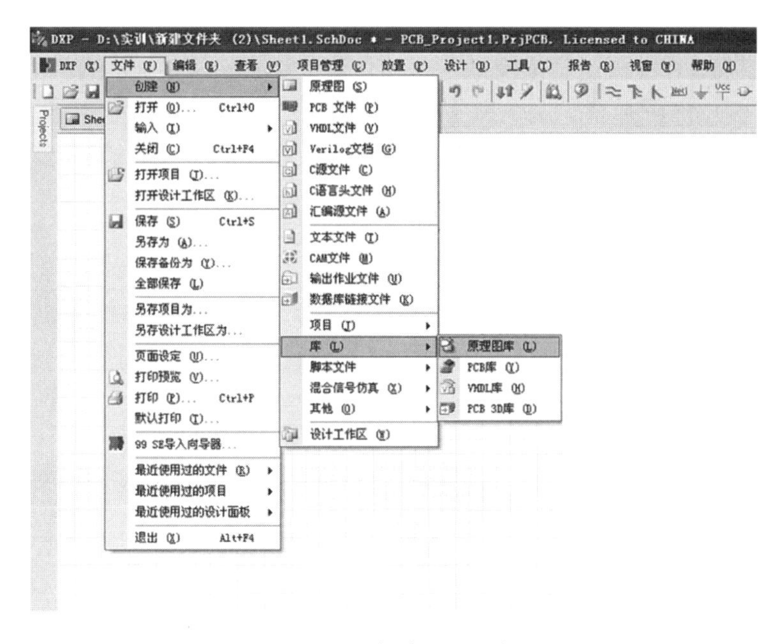

图 4-3　创建原理图库

（4）制作准备。

1）图样准备，定位到坐标原点。执行菜单“编辑→跳转到→原点”（或者按快捷键 <Ctrl + Home>），将光标定位到坐标原点，连续按键盘上的 <Page Up> 键，把网格放大到适当的大小，如图 4-4 所示。

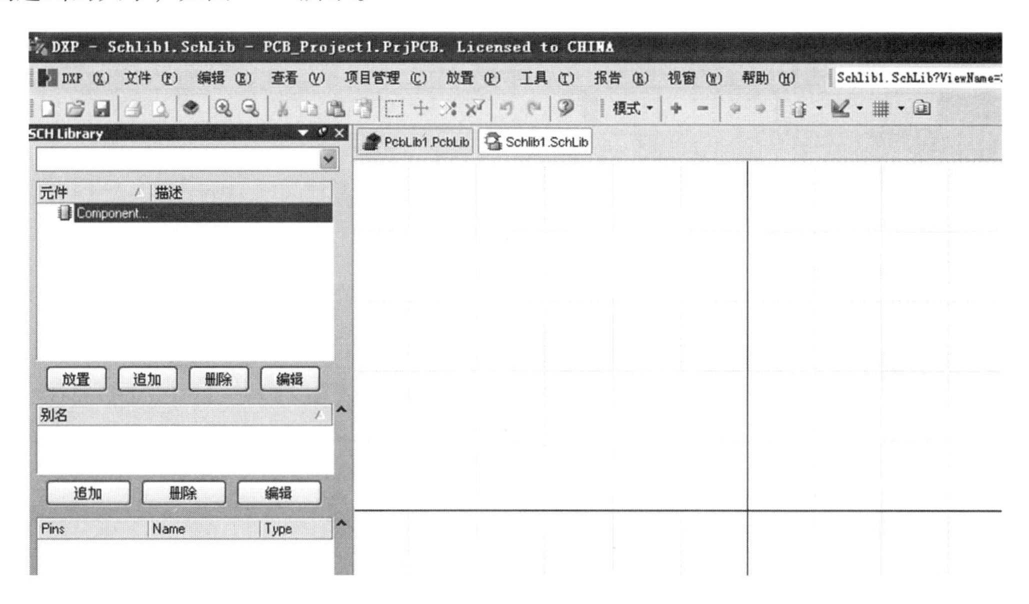

图 4-4　图样准备

2）更改元器件在库内的名字。Component 是元器件的默认名，执行菜单“工具→重新命名元件”，然后在随后出现的对话框里面填入所需要的元器件名字，如 AT89C2051，然后单击“确定”按钮即可，如图 4 –5 所示。

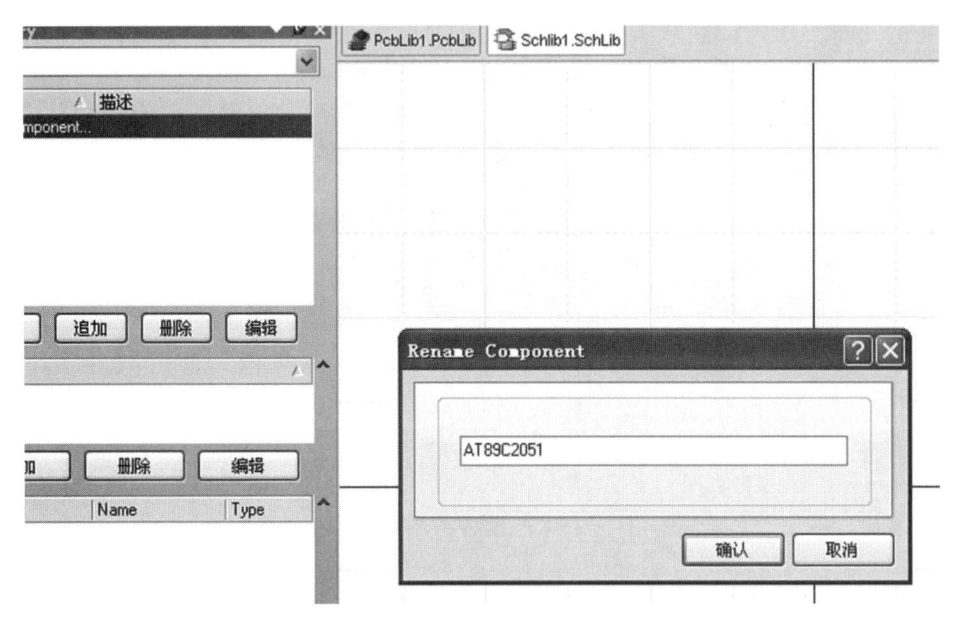

图 4 –5　更改元器件名字

（5）制作元器件。在菜单栏中，找到“工具”图标，然后找到矩形工具，如图 4 –6 所示。

图 4 –6　找到矩形工具

（6）放置一个自己所需要大小的矩形，如图 4 –7 所示。

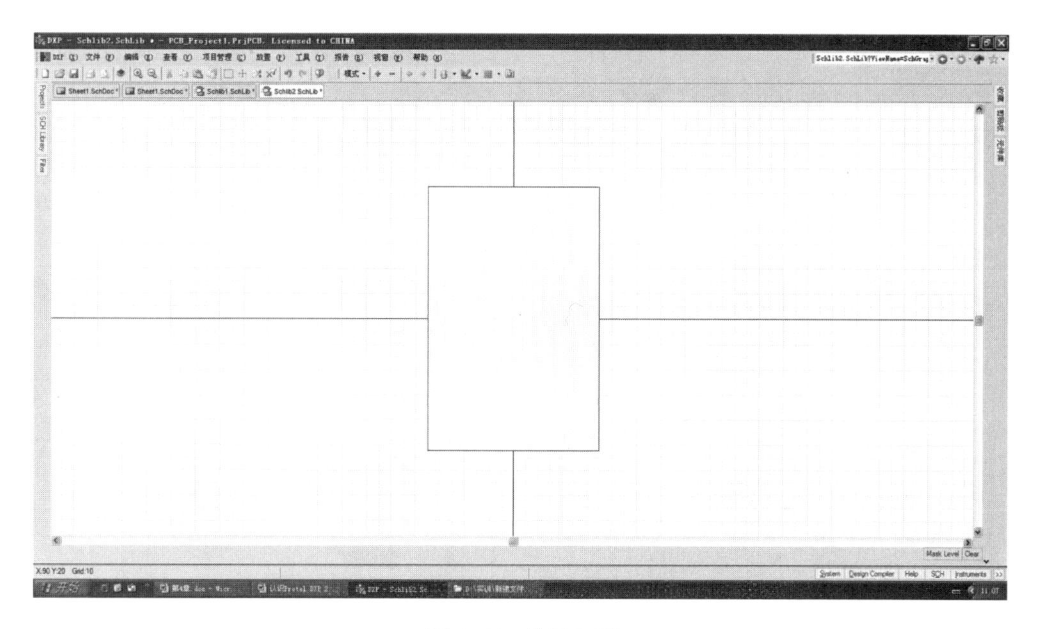

图 4 -7　放置矩形

（7）根据需要，放置所需的引脚。在空白处，点击鼠标右键，选择“放置→引脚”，如图 4 -8 所示。

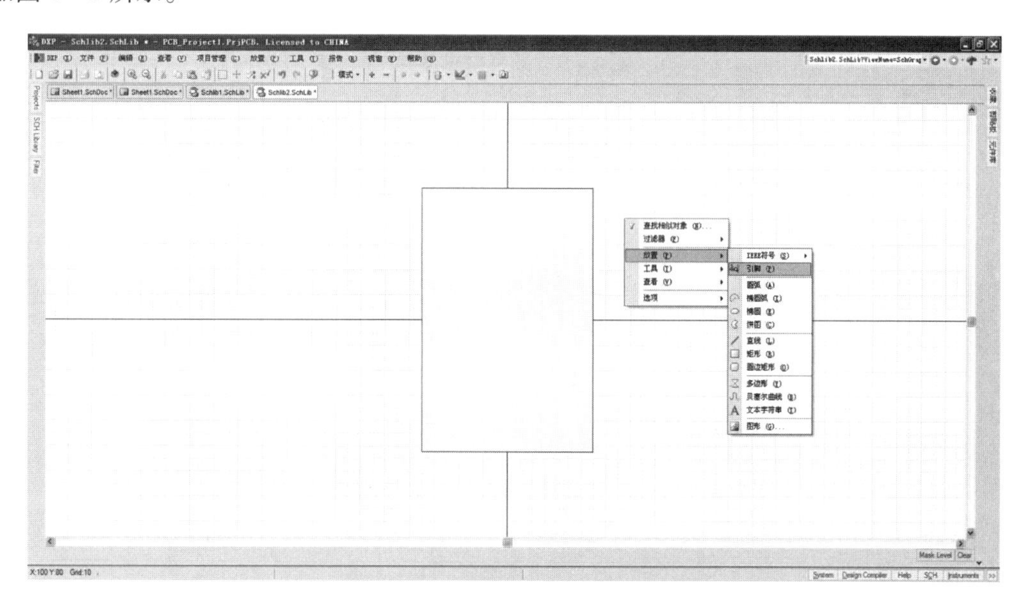

图 4 -8　放置引脚

（8）按下引脚后，引脚随着光标移动，按下键盘上的 <Tab> 键，然后弹出“引脚属性”对话框，进行引脚的设置。根据元器件需要，更改引脚的显示名称和标识符。例如，U2 的第一只引脚标识符是 1，名称是 RESET。在“引脚属性”的“逻辑”选项卡里，在“显示名称”里输入“RESET”，“标识符”输入“1”，勾选“可视”复选框。设置完后单击“确定”按钮，如图 4－9 所示。

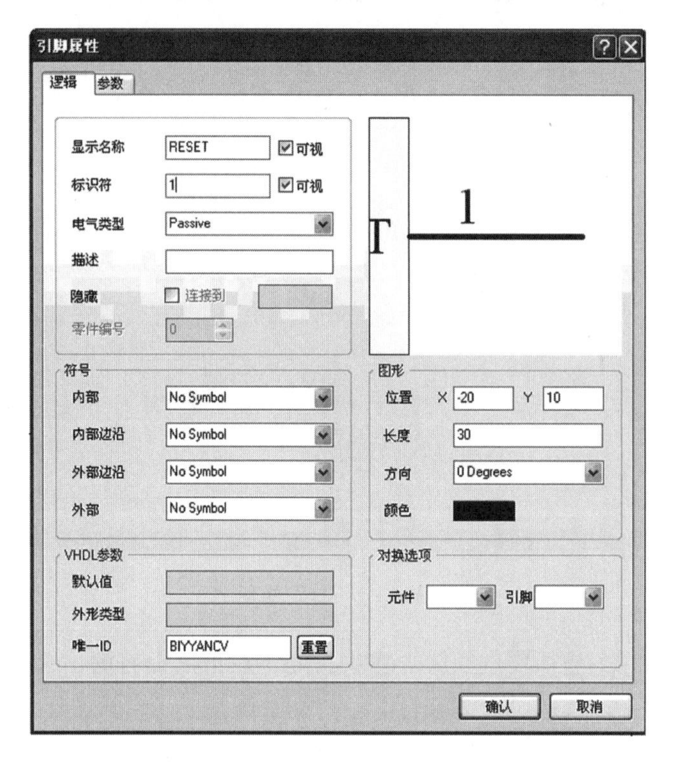

图 4－9　设置引脚属性

（9）根据元器件需要，将引脚放在合适的位置，如图 4－10 所示。

（10）以此类推，按着上述步骤，将所有引脚按元件需要放好，然后一个新的元件（U2）就完成了，如图 4－11 所示。

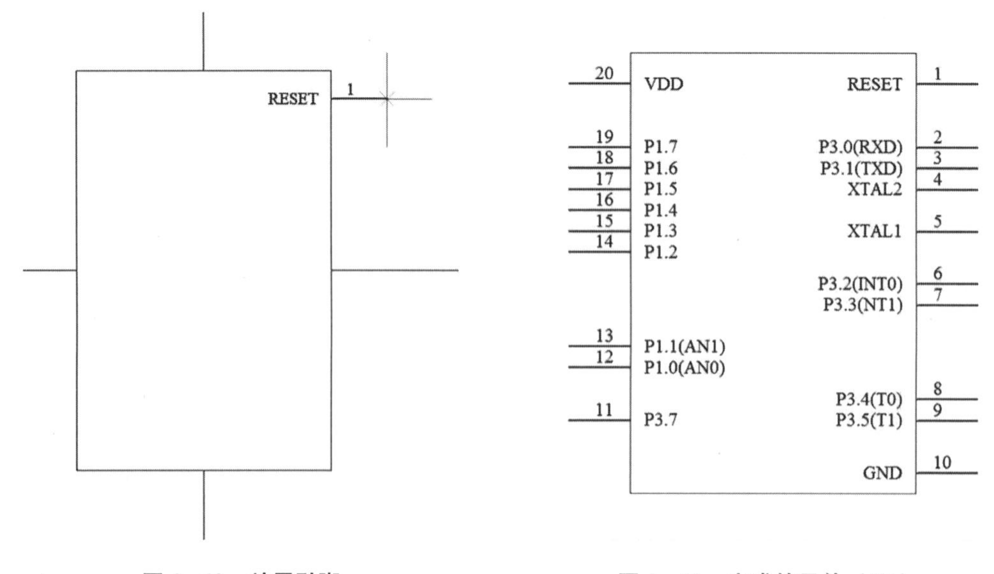

图 4－10　放置引脚　　　　**图 4－11　完成的元件（U2）**

（11）用同样的方法制作 U3，如图 4－12 所示。

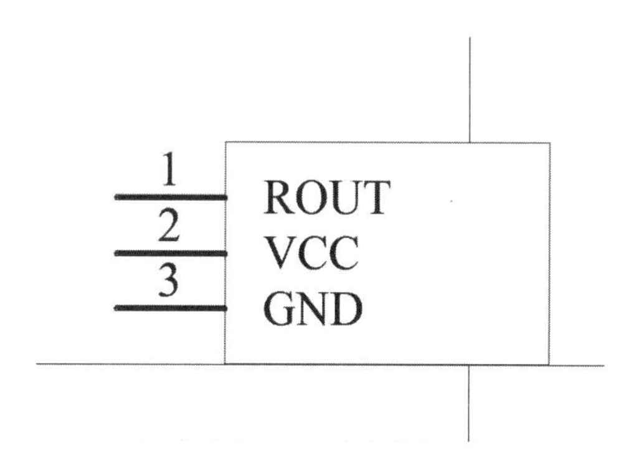

图 4－12　完成的元件（U3）

（12）制作多单元元器件 U1。U1 可以在 Schlib1. SchLib 文件中制作，或重新建立一个库工程，并在其中新建元器件库。执行菜单“工具→新元件”，添加新的元器件，并命名为 MC74HC00AN，如图 4－13 所示。

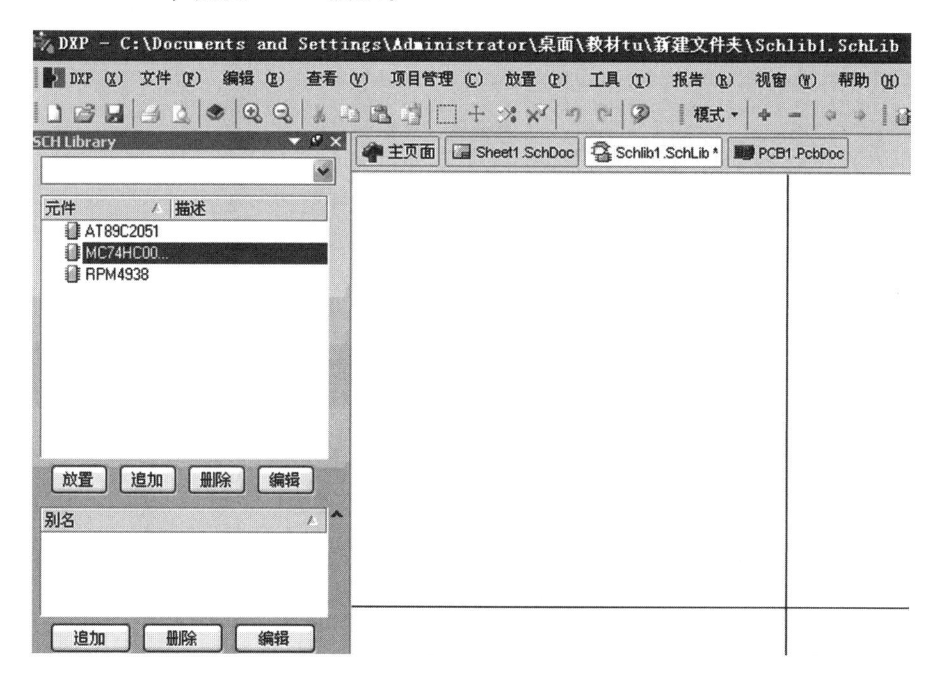

图 4－13　新建元件

（13）打开 Protel DXP 2004 SP2 安装路径下（C：\ Program Files \ Altium2004 SP2 \ Library \ Motorola）的 Motorola Logic Gate. IntLib 集成库，如图 4－14 所示。双击打开 Motorola Logic Gate. SchLib 文件。

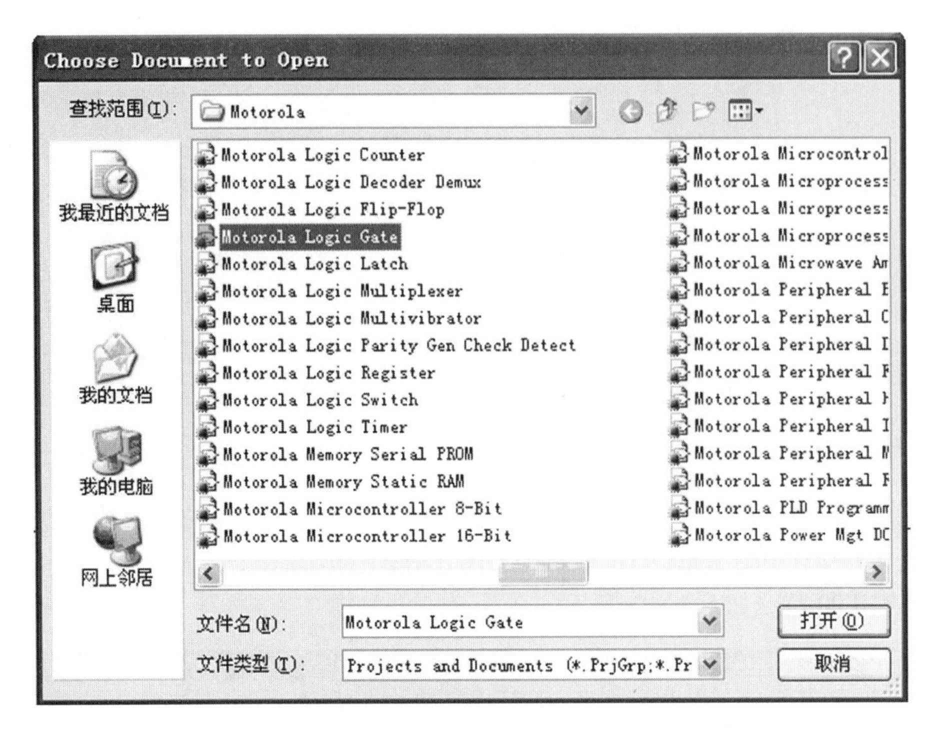

图 4-14　打开所在元器件库

（14）在弹出的对话框中选择“抽取源”，如图 4-15 所示。

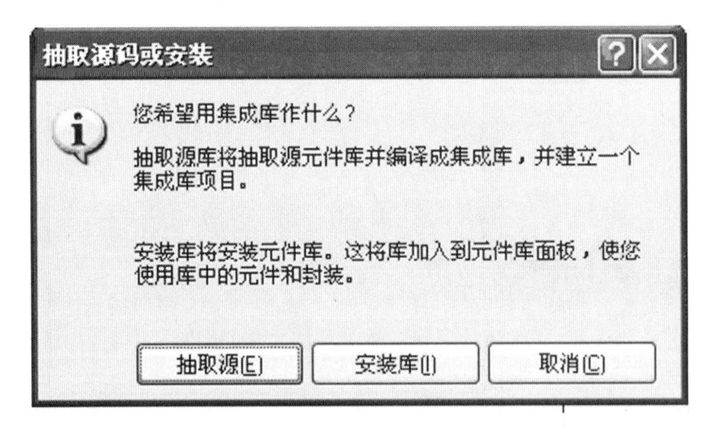

图 4-15　抽取源

（15）单击“SCH Library”面板标签，切换到元器件库管理器界面，如图 4-16 所示。在元器件筛选文本框内填入 MC74HC00AN，执行菜单“查看→显示或隐藏引脚”，如图 4-17 所示。在图 4-18 工作区内显示的是该元器件的第 1 个单元电路“Part A”。从元器件列表上看出，该元器件还包含另外 3 个单元电路，即 Part B、Part C 和 Part D。

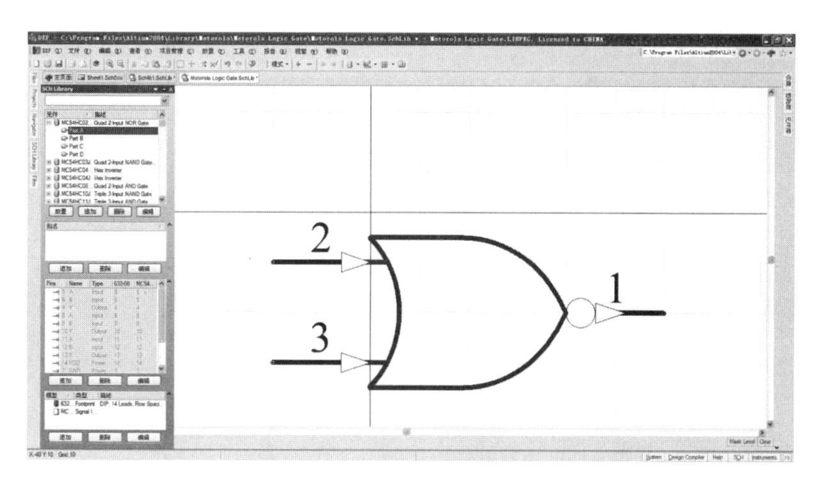

图 4-16　元器件库管理器界面

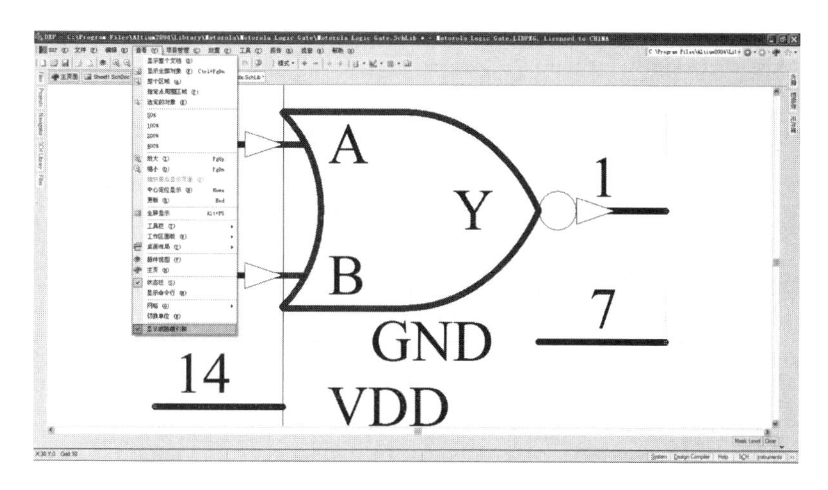

图 4-17　显示隐藏引脚

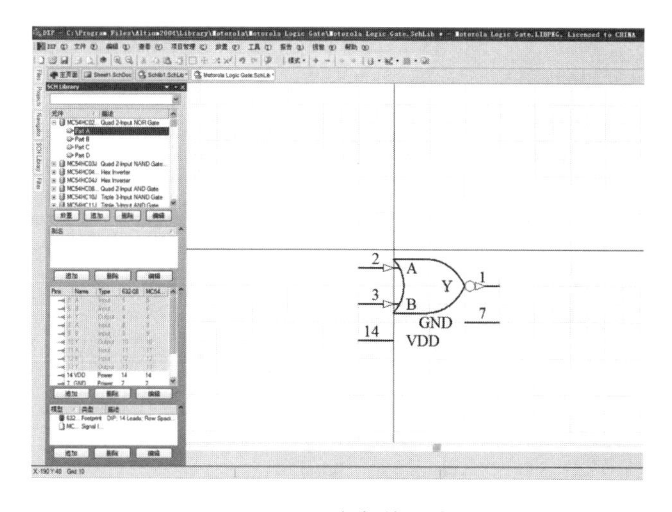

图 4-18　多部件元件

（16）将该元器件复制到用户的原理图库“Schlib1. SchLib”中，如图 4－19 所示。

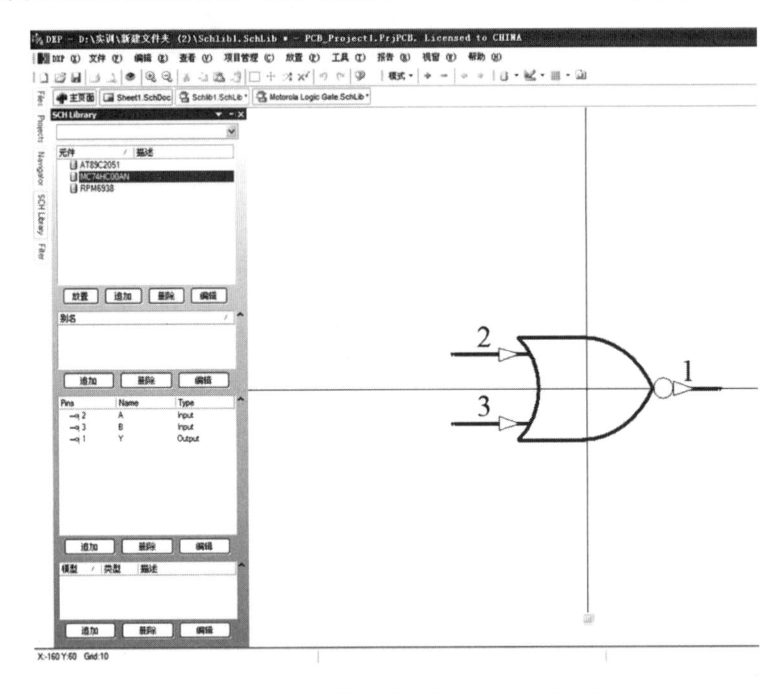

图 4－19　复制元器件到用户的原理图库

（17）复制完后，给该元器件新增一个子元件。单击工具栏中的图标，如图 4－20 所示。

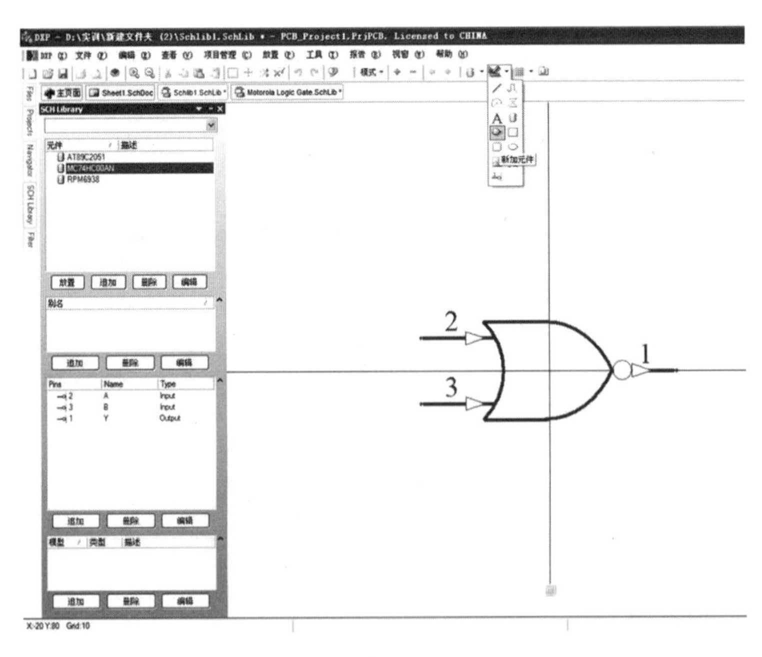

图 4－20　新增子元件

（18）新增后出现 Part A、Part B，如图 4－21 所示。

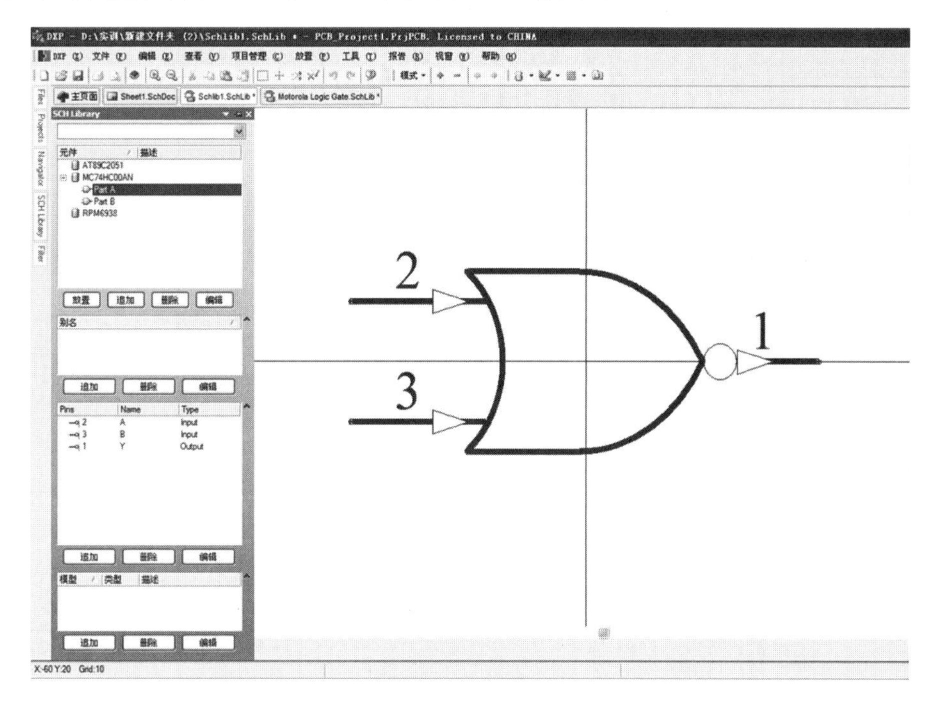

图 4－21　出现的子元件

（19）以此类推，将 4 部分元件都增加好，如图 4－22 所示。

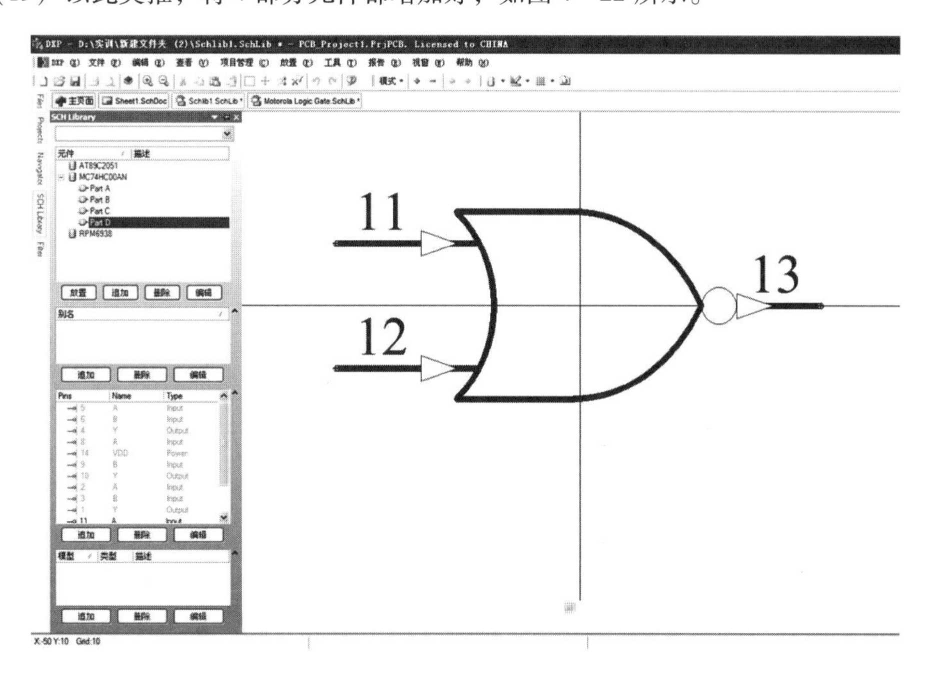

图 4－22　增加完 4 部分的元件

（20）放置引脚 7（GND）、14（VCC）。双击引脚，修改其属性，将两只引脚隐藏，取消“可视”，“隐藏”后打上√，“连接到”GND，如图 4－23 所示。14 引脚连接到 VCC。

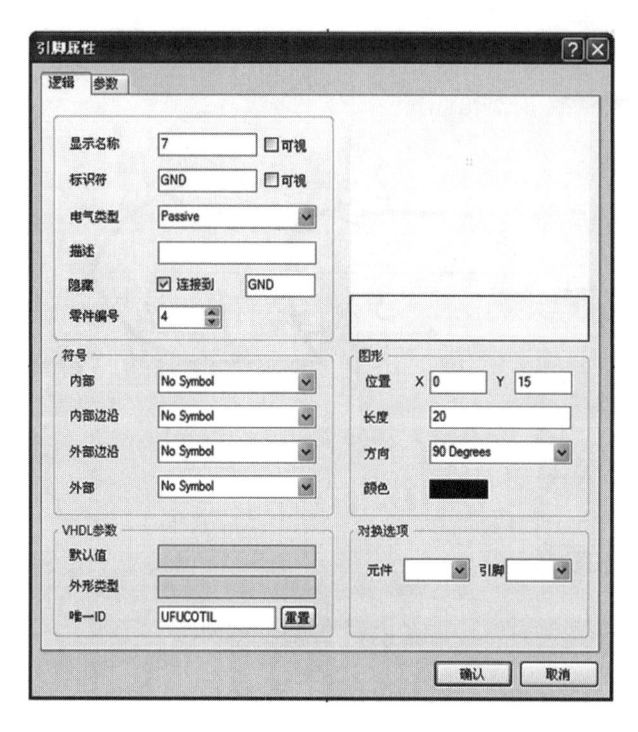

图 4－23　设置引脚属性

（21）完成之后，将制作好的元件导入到原理图里。该原理图库在右边的元件库里，如图 4－24 所示。

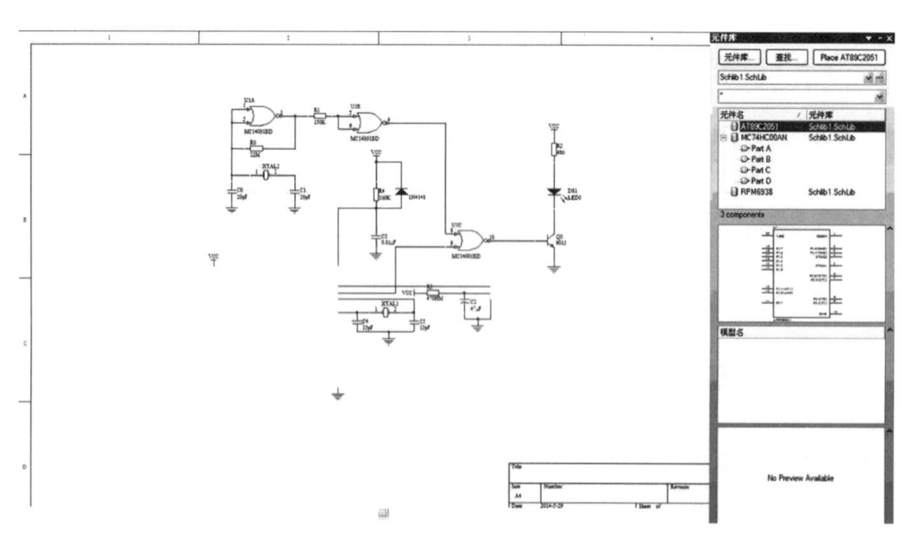

图 4－24　新原理图库

（22）将元件放置到图样上，并进行连接，完成原理图如图 4－25 所示。

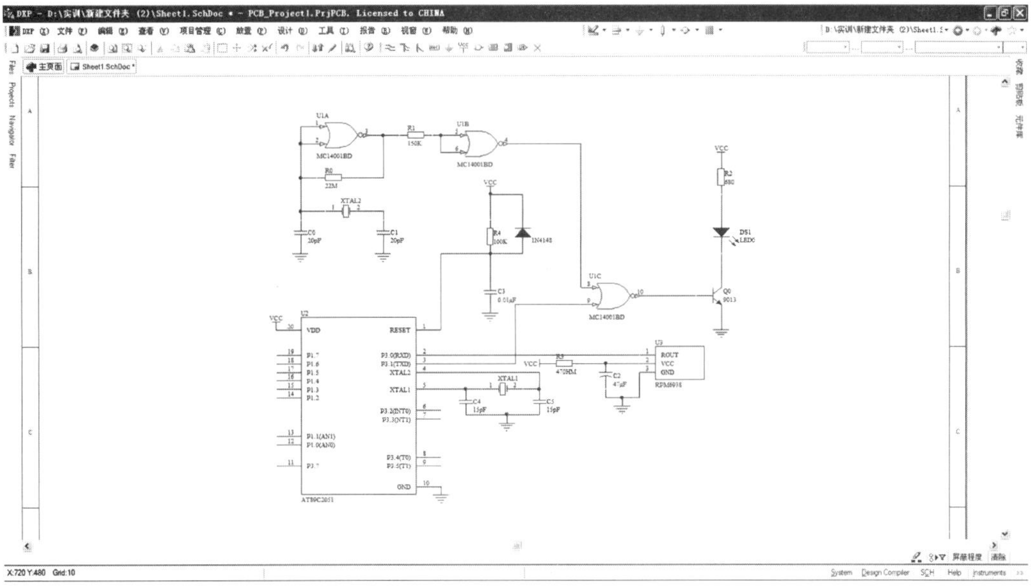

图 4－25　完成的原理图

（23）生成 PCB 文件，将元器件放置好，自动布线，完成 PCB 文件，如图 4－26 所示。

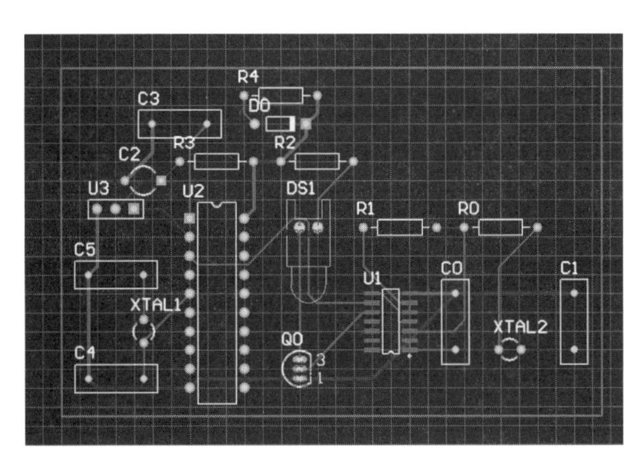

图 4－26　完成的 PCB 文件

4.1　元件库的制作

4.1.1　打开成品库文件

打开成品库文件的步骤如下。

（1）运行 Protel DXP 2004 SP2，整理工作环境，执行菜单“视窗→全部关闭”，软件界面下部的面板如图 4－27 所示。注意观察图 4－27 中①位置，此时有 Files、Projects、Navigator 和 Filter 4 个面板。

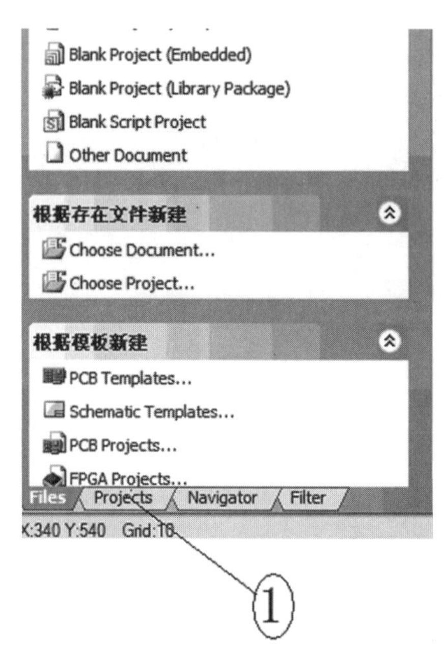

图 4－27 软件界面下部的面板

（2）打开原理图库。执行菜单“文件→打开”，Library 的位置在 D：\ Program Files \ Altium2004 SP2 \ Library，出现如图 4－28 所示的成品库路径对话框。读者需要注意，在自己的计算机中 Protel DXP 2004 SP2 软件的安装路径可能与此不同。

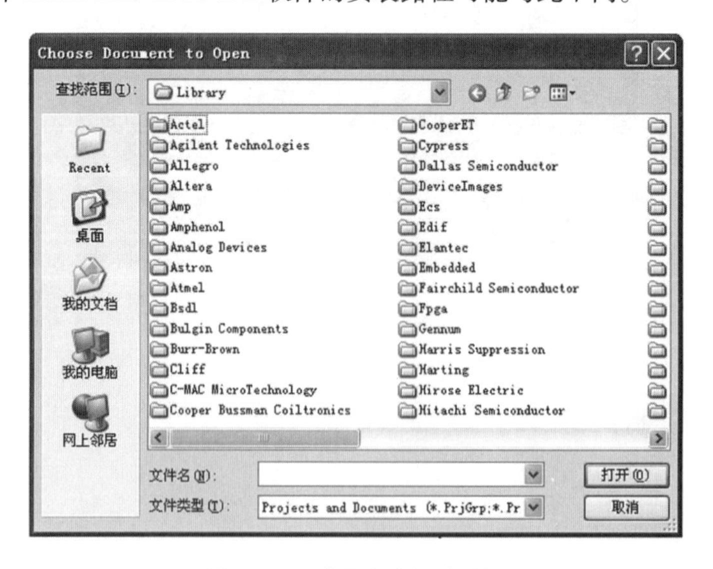

图 4－28 成品库路径对话框

（3）打开 Miscellaneous Devices 集成库。在图 4－28 所示的对话框中找到 Miscellaneous Devices. IntLib 库。Miscellaneous Devices. IntLib 是混装元器件集成库，其中包含电阻、电容、电感、二极管、晶体管等常用分立元器件。注意：Protel DXP 2004 SP2 的元器件是按照生产厂家分类的，集成库库文件的扩展名为 ∗. IntLib。双击 Miscellaneous Devices. IntLib 图标，出现如图 4－29 所示的抽取源文件或者安装库对话框，单击“抽取源”按钮提取源文件，并双击随后出现在项目管理器面板中的 Miscellaneous Devices. SchLib 文件项，出现如图 4－30 所示的已打开的元器件库窗口。

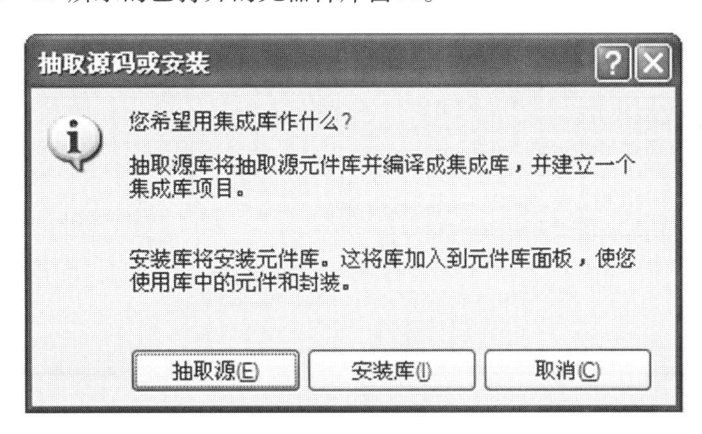

图 4－29　提取源文件或者安装库对话框

（4）显示元器件库管理面板。观察图 4－30 中位置①，与图 4－27 相比多了 SCH Library面板项，单击此面板，显示如图 4－31 所示的 SCH Library 编辑器界面。图中①所示为库内的元器件列表，只要滑动滚动条，右边工作区内的元器件图形就随之改变。图中②所示为元器件筛选文本框，只要在其中输入 Res2，工作区内就显示为电阻的符号，如图 4－32 所示。

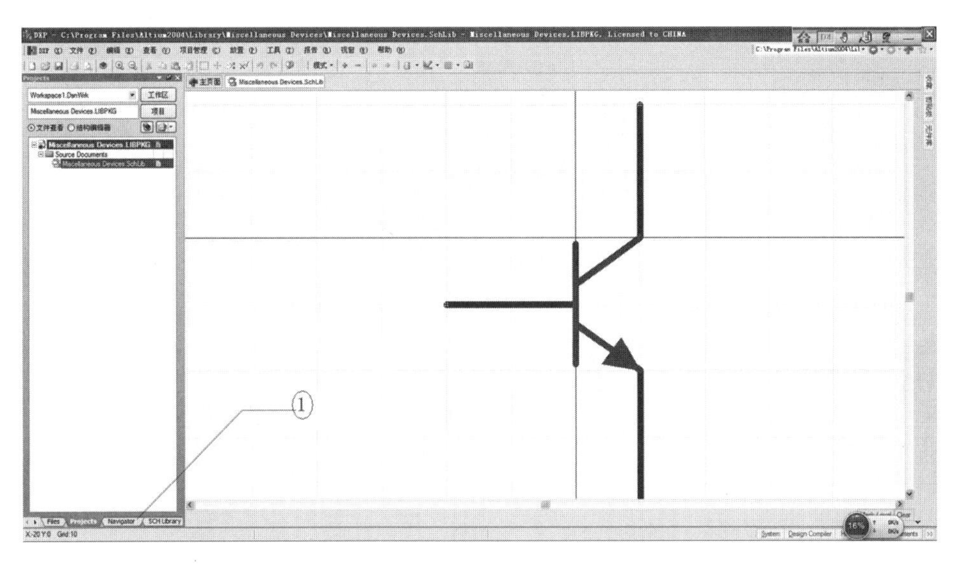

图 4－30　已打开的元器件库窗口

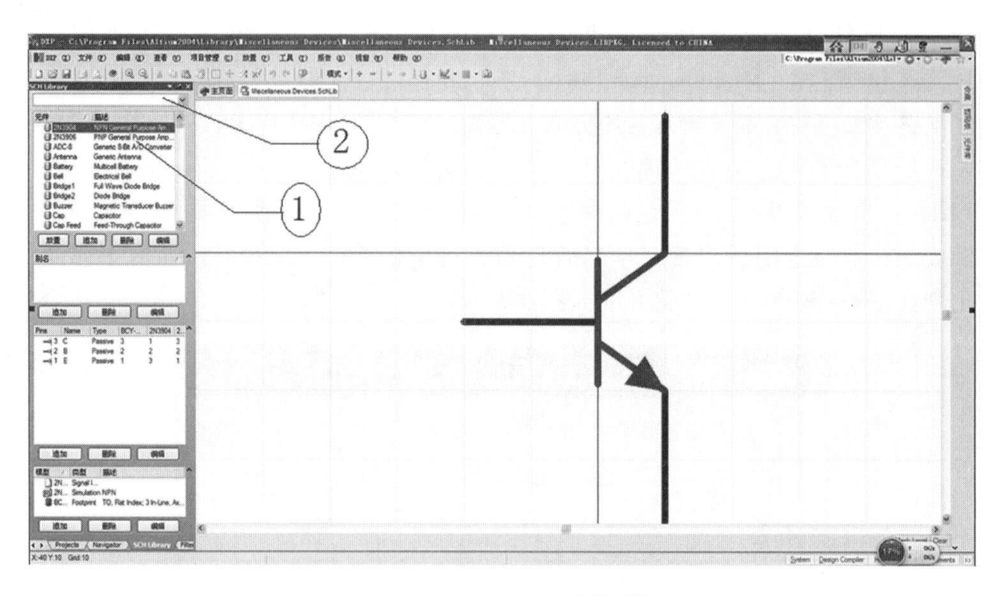

图 4－31　SCH Library 编辑器界面

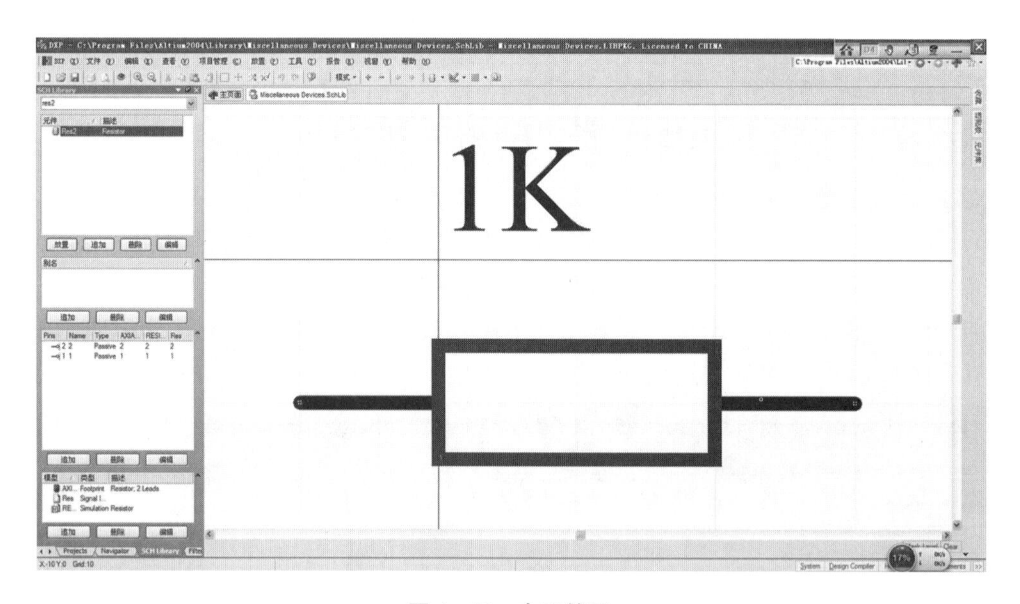

图 4－32　电阻符号

4.1.2　新建原理图元器件库文件

具体步骤如下。

（1）新建库工程（＊. IntPkg）。执行菜单“文件 →创建→项目→集成元件库”，新建工程如图 4－33 所示。工作区内的电阻符号是打开的混合元器件库内的。

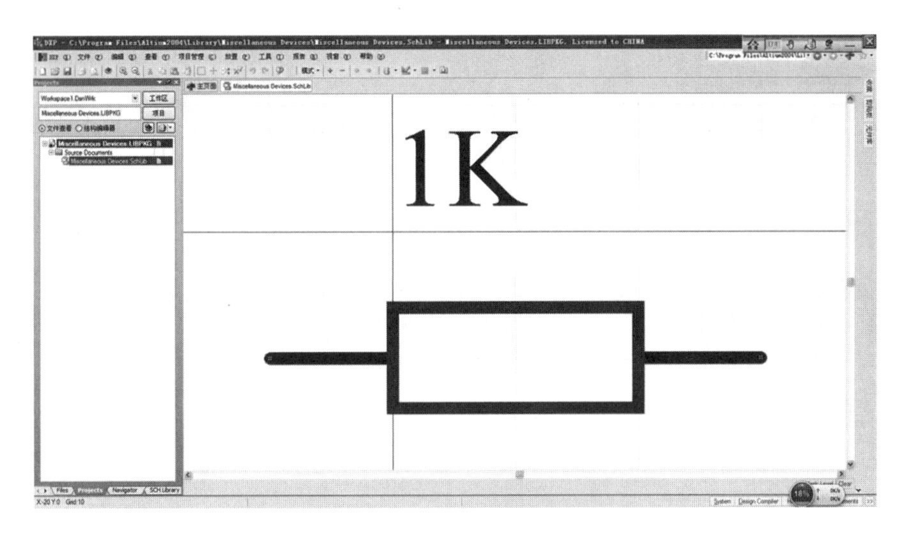

图 4 – 33　新建库工程

（2）新建库文件（ * . SchLib）。单击图 4 – 33 中的“项目管理”菜单（或在 Integrated_ Libray1. LibPkg 所在的位置单击鼠标右键），然后依次单击“新建项目→原理图库”菜单；或者执行菜单操作“文件→创建→库→原理图库”，就会得到如图 4 – 34 所示的新建库文件。观察文件①②处 Schlib1. SchLib 的出现。原理图库文件的扩展名为 . SchLib 此处的 Schlib1. SchLib 是软件默认给出的文件名，可以更改。

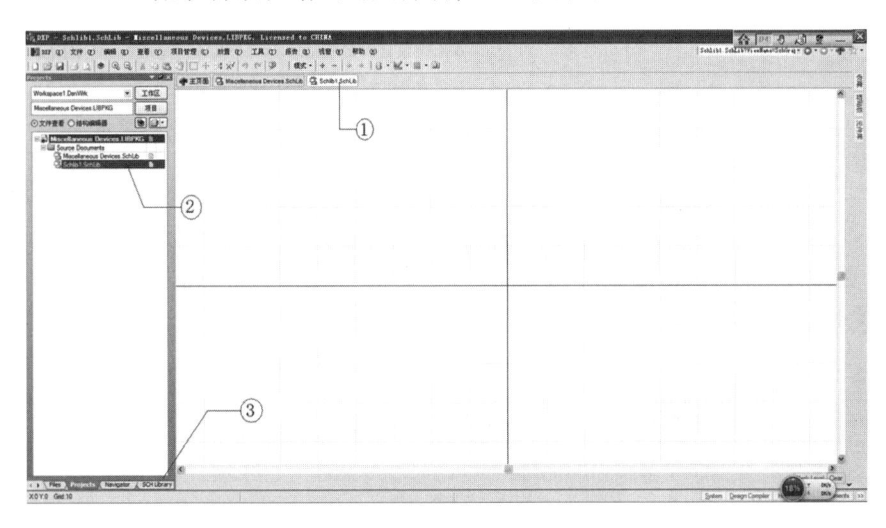

图 4 – 34　新建库文件

（3）显示工作区。单击图 4 – 34 中的位置③的 SCH Library 选项，显示元器件管理面板，并在工作区内单击鼠标左键，然后在键盘按快捷键〈Z – A〉，最大限度地显示工作区内容，得到如图 4 – 35 所示的工作区中心。注意位置①，这是工作区的坐标原点，制作元器件时要从坐标原点做起，而且一般应在第四象限内制作，位置②所示的元器件是软件默认建立的第一个元器件。

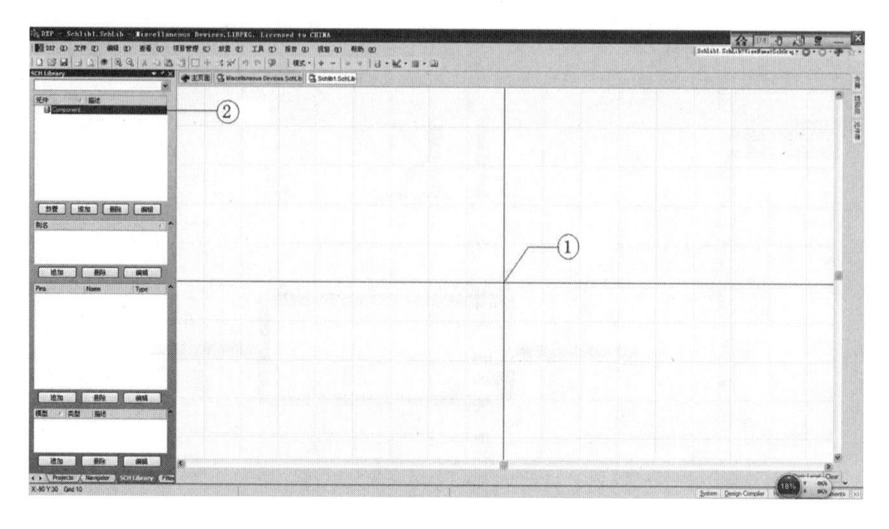

图 4－35　元器件管理面板

4.1.3　分立元器件的制作

以电阻作为实例介绍分立元器件的制作。

1. 制作准备

制作准备的步骤如下。

（1）取消自动滚屏。执行菜单“工具→原理图优先设定”，单击“Graphical Editing”菜单，在“风格”中将“Auto Pan Options”（自动滚屏）改为“Auto Pan Off”。

（2）图样准备，定位到坐标原点。执行菜单“编辑→跳转到→原点”（或者按快捷键〈Ctrl＋Home〉）将光标定位到坐标原点，连续按键盘上的〈Page Up〉键，把网格放大到适当的大小。

（3）更改元器件在库的名字。Component 是软件赋给第一个元器件的名字，执行菜单“工具→重新命名元件”，在随后出现的对话框里面填入 Res2，然后单击“确认”按钮确定。

2. 分析成品库内的电阻

单击工作区上方的“Miscellaneous Devices. SchLib”文件项，会显示电阻符号，如图 4－36所示。从以下两方面观察电阻符号。

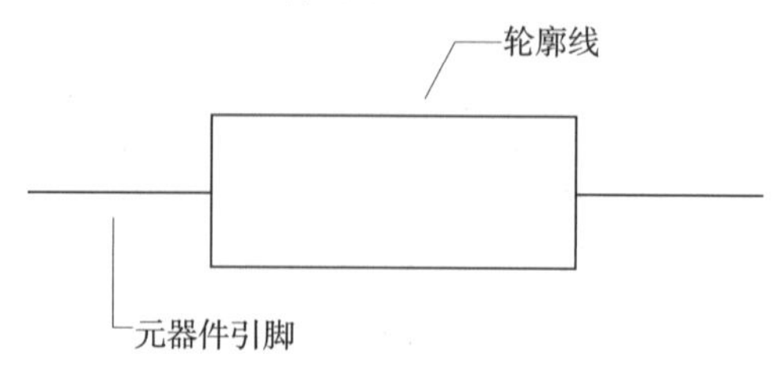

图 4－36　电阻符号

（1）轮廓线。双击蓝色轮廓线，出现如图 4 – 37 所示的矩形属性对话框。图 4 – 37 的标题栏为“矩形”，说明图形主体是使用矩形工具制作的。注意观察涉及矩形工具的 4 个属性：①边界宽度；②边界颜色（双击颜色块可以选择颜色）；③填充颜色；④是否只显示轮廓线。关闭此对话框，然后观察矩形的大小（所占网格的数目）。

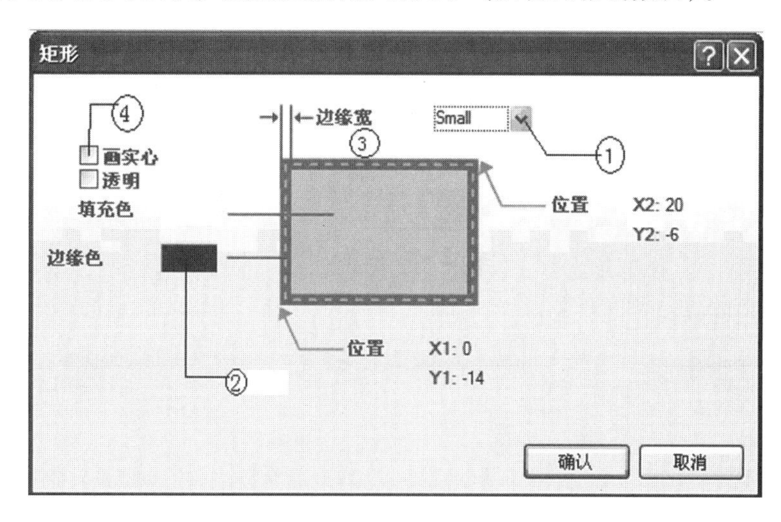

图 4 – 37　矩形属性对话框

（2）引脚属性。双击电阻左边的引脚，会出现如图 4 – 38 所示的引脚属性对话框，其标题栏为“引脚属性”，说明放置引脚的菜单为“放置→引脚”。此处一定要注意：元器件的引脚是用菜单放置的，而不是用画线工具画上去的。引脚的主要属性如下。

图 4 – 38　“引脚属性”对话框

1）“显示名称”文本框：引脚名称。对电阻来讲，此处可以不填，如果填上相应的内容，则可以用后面的“可视”复选框来控制是否显示出来。

2）“标识符”文本框：引脚序号。此处必须填写，注意每一个引脚都必须有序号，用后面的复选框来控制是否显示。

3）“电气类型”文本框：引脚的电属性。注意此处必须选择。例如，MC74HC00AN、电源和地引脚，选择“power”；第 1、2 引脚，选择“input”；第 3 脚，选择“output”等。对于电阻、电容、晶体管等元器件的无源引脚，应该选择“Passive”。

4）“长度”文本框：引脚长度。注意此值一定是 10 的整倍数。

3. 网格设置

通过菜单“工具→文档选项”，打开“文档选项”对话框，如图 4－39 所示。对话框右下方的网格栏可以设置网格。

图 4－39 “文档选项”对话框

“可视”复选框：可视网格。这个值一般不做改动，这个复选框是设置在图样上的网格线是否可见。

“捕获”复选框：捕获网格。为了观察此复选框的意义，关掉现在的对话框，回到工作区。执行下列步骤：按键盘上的 <Page Up> 和 <Page Down> 键，将可视网格调整到合适的大小，以便于观察。

执行菜单“放置→引脚”，于是有一个引脚浮在光标上，连续按 <↑> 键向上、按 <↓> 键向下、按 <←> 键向左、按 <→> 键向右，可以看到，浮动的引脚每次移动的距离恰好是可视网格的间距。单击鼠标右键取消放置引脚的操作。

重新打开如图 4－39 所示的对话框，把“捕获”的值改为 5，再关掉此对话框。重复上述动作，则现在每按一次光标键，引脚移动的距离为可视网格的一半，即 5。

再打开如图4－39所示的对话框，将“捕获”的值改为2，然后重复上述动作，观察效果。改变“捕获”的值，然后观察一下用鼠标控制对象实体的移动，并观察光标可以停留的位置。此时，会发现“捕获”的值为每按一次光标键，对象实体移动的距离。

注意：

在制作元器件时，为了画图形实体的外形，捕获网格的值可以按照需要改动，但是在放置引脚之前，捕获网格的值一定要改回到10。

4. 电阻符号的制作过程

在图4－35中，单击“Schlib1. SchLib”文件选项卡，开始制作电阻。

（1）画矩形。执行菜单“放置→矩形”，在出现浮动的矩形后，第一次左键单击确定第一点，往右下角拉动到合适的大小后，第二次左键单击确定第二点，当矩形为悬浮状态时，可以按<Tab>键修改其属性。

（2）放置引脚。执行菜单“放置→引脚”，并按<Tab>键修改属性，如图4－38所示。

注意：

元器件引脚只有一段有电连接性，即一端带有小“＋”标志，该端必须朝向元器件的外面。

4.1.4　多单元元器件的制作

本节以MC74HC00AN为例学习多单元元器件的制作。MC74HC00AN是四重二输入端与非门，内含四个逻辑上没有关系的二输入端与非门，四个与非门公用电源和地。元器件共有14个引脚，其中，引脚14为VDD，引脚7为GND，引脚1/2/3为第一个与非门的引脚，引脚4/5/6为第二个与非门的引脚，引脚9/10/8为第三个与非门的引脚，引脚12/13/11为第四个与非门的引脚。元器件的4个单元分别制作在4张不同的图样上，称为4个单元（part），这4个单元之间的内在关系由软件来建立。

1. 制作准备

打开建立的库工程及其中的Schlib1. SchLib文件，或重新建立一个库工程，并在其中新建元器件库。

执行菜单“工具→新元件”，添加新的元器件，并命名为MC74HC00AN。

2. 分析成品库内的MC74HC00AN

打开Protel DXP 2004 SP2安装路径下（D：\ Program Files \ Altium2004 SP2 \ Library \ Motorola）的Motorola Logic Gate. IntLib集成库，如图4－40所示。双击打开Motorola Logic Gate. SchLib文件。

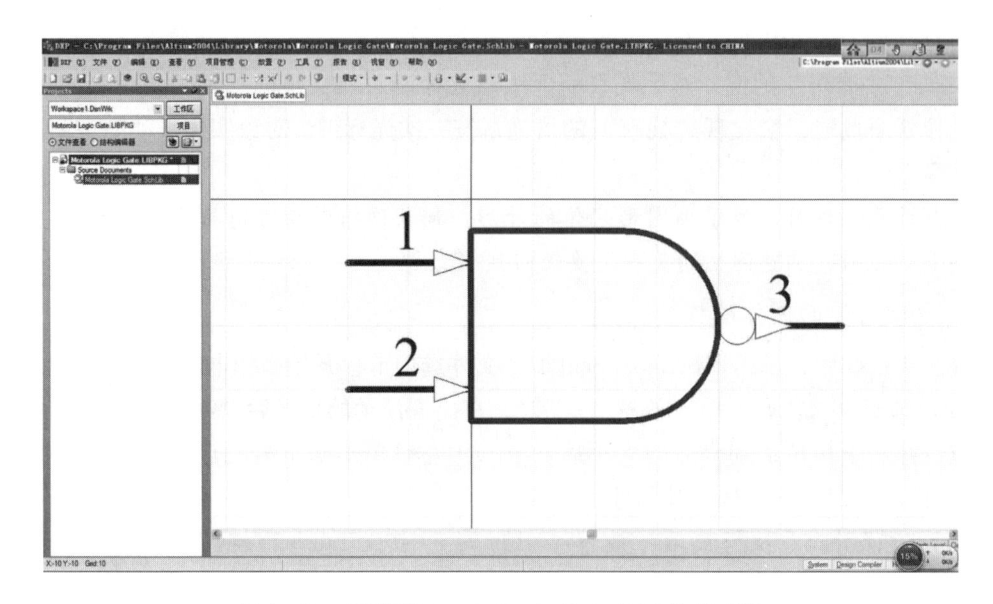

图 4－40　打开 Motorola Logic Gate. SchLib 集成库

单击“SCH Library”面板，切换到元器件库管理器界面，如图 4－41 所示。在元器件筛选文本框输入 MC74HC00AN，执行菜单“查看→显示隐藏引脚”，显示隐藏引脚与文本。然后在工作区内用鼠标左键单击，再使用快捷键〈Z－A〉，得到图 4－42。在图 4－42工作区内显示的是该元器件的第一个单元电路（Part A），从元器件列表上看出，该元器件还包含另外 3 个单元电路，即 Part B、Part C 和 Part D。

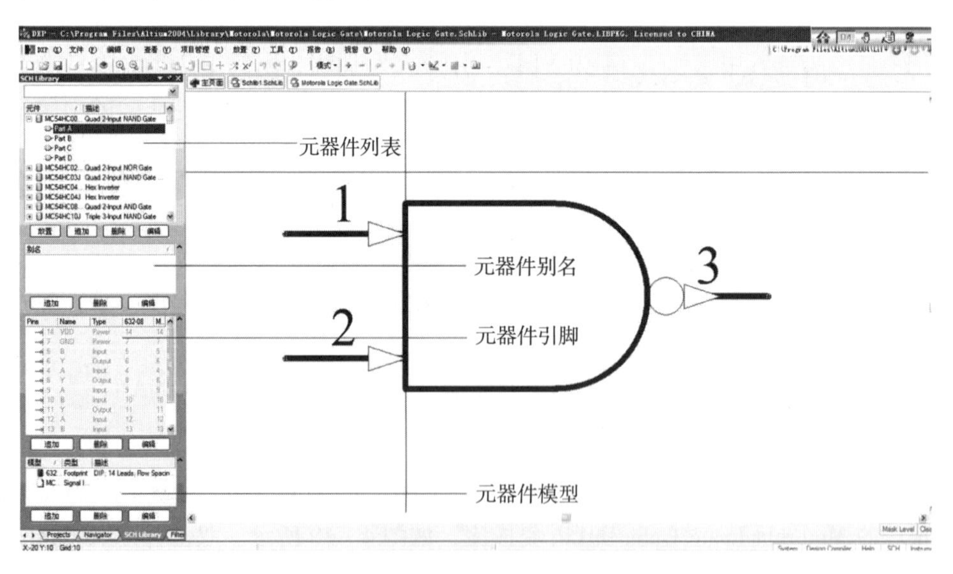

图 4－41　元器件库管理器界面

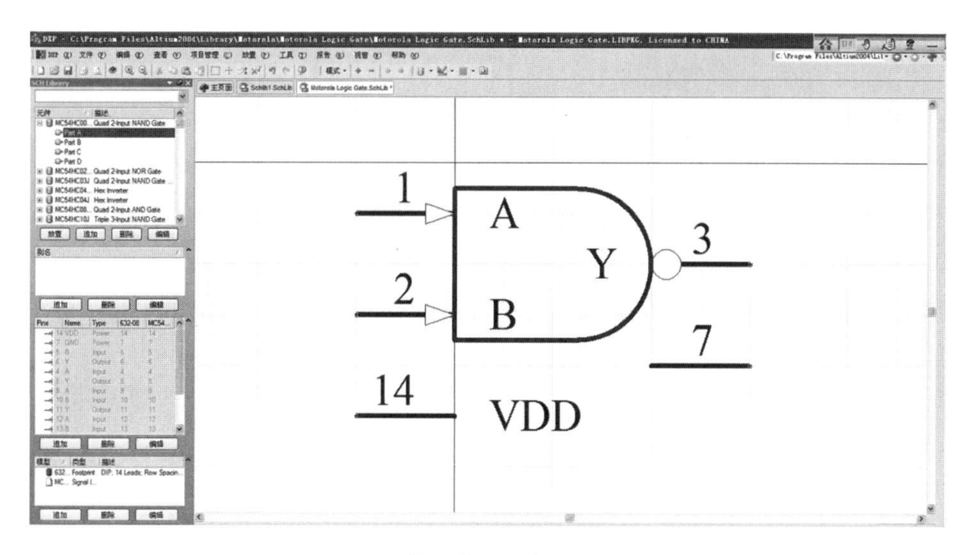

图 4－42　第一个单元电路（Part A）

从以下方面观察元器件。

（1）第一个单元电路（Part A）。

1）元器件外形轮廓线由线（Line）和半圆弧（Arc）两部分组成。注意外形轮廓的位置，要实现它，需要把捕获网格值设为 5。

2）引脚 1 和 2 为输入引脚，引脚名称为 A、B，不显示；引脚的电属性为 Input；引脚长度为 20；单元序号（Part Number）为 1。

3）引脚 3 为输出引脚，名称为 Y，不显示；引脚的电属性为 Output；引脚长度为 20；零件编号为 1；轮廓线外围边缘标志为 Dot。

4）引脚 14 为电源引脚，名称为 VCC；引脚的电属性为 Power；引脚长度为 20；属性设为隐藏，并连接到 VCC 网络上；零件编号为 0。

5）引脚 7 为接地引脚，名称为 GND；引脚的电属性为 Power；引脚长度为 20；属性设为隐藏，并连接到 GND 网络上；零件编号 0。

（2）第二个单元电路（Part B）。

1）第二个单元电路的输入、输出引脚依次是 4、5、6。

2）3 个引脚的零件编号都是 2。

3）引脚 14 和 7 的零件编号是 0。

（3）第三个单元电路（Part C）。

1）第三个单元电路的输入、输出引脚依次是 9、10、8。

2）3 个引脚的零件编号都是 3。

3）引脚 14 和 7 的零件编号是 0。

（4）四个单元电路（Part D）。

1）第四个单元电路的输入、输出引脚依次是 12、13、11。

2）3 个引脚的零件编号都是 4。

3）引脚 14 和 7 的零件编号是 0。

从以上观察中可以总结出如下几点。

（1）电源引脚是属于 0 单元的。这是软件为多单元元器件制作方便而设置的，如果某个引脚属于 0 单元，则该引脚只需放置一次，之后所有的单元将自动拥有该引脚。

（2）电源和地引脚设置为隐藏，并连到相应的网络上。软件规定，隐藏引脚在原理图上自动与此处设置的同名网络连接（不用再连接导线）。例如，该元器件的 14 脚自动与 VDD 网络相连接，7 脚自动与 GND 网络相连接。

（3）由于 4 个单元电路结构完全一致，所以可以采用复制的办法，以提高制作效率。

3. MC74HC00AN 的制作过程

切换到 Schlib1. SchLib 文件。执行菜单“编辑→跳转到→原点”，并使工作区内的可视网格显示到合适的大小（按 <Page Up> 键及 <Page Down> 键进行调整）。

（1）制作第一个单元电路。

1）捕获网格设置为 5。

2）画线。执行菜单“放置→直线”。注意画线的位置，如图 4－43 所示。

3）画半圆弧。执行菜单“放置→圆弧”。圆弧由 4 点确定：第一次单击鼠标左键确定圆心，第二次确定半径，第三次确定起点，最后逆时针旋转并单击鼠标左键确定终点。

4）捕获网格改为 10。

5）放置引脚 1、2、3。注意在放置的过程中按 <Tab> 键，修改引脚属性。

6）复制第一个单元的内容。执行菜单“编辑→选择→全选”，选择第一个单元的全部内容，再执行菜单“编辑→复制”（或者按 <Ctrl + C> 键），将内容复制到粘贴板上。

（2）制作其他单元电路。

1）新建单元电路：执行菜单“工具→新元件”。

2）找到坐标原点，并放大工作区到合适的大小。

3）执行菜单“编辑→粘贴”（或者按 <Ctrl + V> 键），粘贴单元电路，如图 4－44 所示。注意粘贴位置。

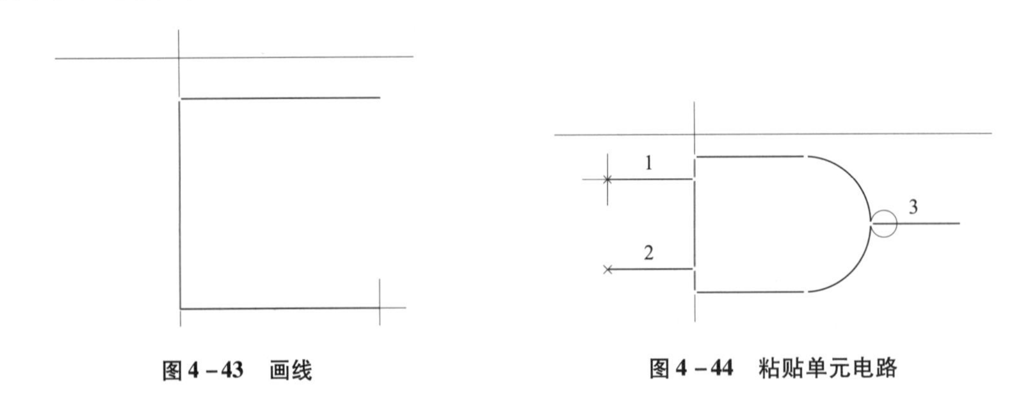

图 4－43　画线　　　　**图 4－44　粘贴单元电路**

4）将引脚 1、2、3 依次修改为 4、5、6。

5）重复以上步骤，制作第三个单元电路，并将引脚 1、2、3 改成 9、10、8。

6）重复以上步骤，制作第四个单元电路，并将引脚 1、2、3 改成 12、13、11。

（3）放置电源和地引脚。

使用快捷键 <P> 放置电源 VDD 引脚，在引脚浮动的情况下按 <Tab> 键，按照图 4－45进行电源引脚的属性设置。引脚放置好后，双击引脚，将它的“零件编号”属性改为 0。用同样的方法设置地引脚 7。第四个单元电路如图 4－46 所示。在“元器件管理器”列表中单击 Part A、Part B、Part C 3 个单元，则可以看到 14 脚和 7 脚都已经包含在其中了。

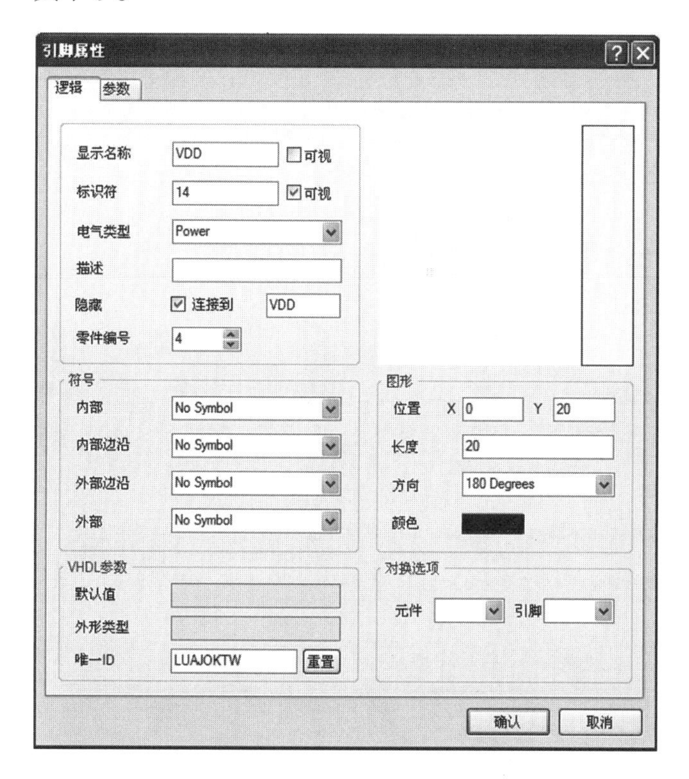

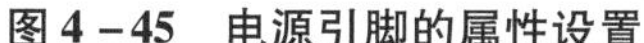
图 4－45　电源引脚的属性设置

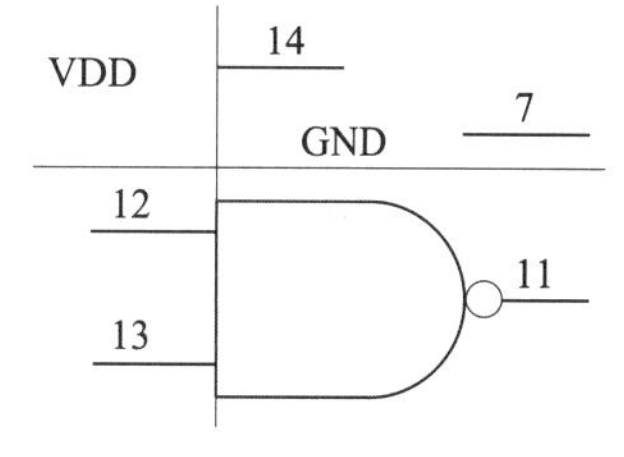

图 4－46　第四个单元电路

4. 2　原理图元器件常用操作

执行菜单“视窗→桌面布局→默认窗口”，然后按住各个工具栏左边的标志，拖放工具栏，将工具栏依次排列，可得到如图 4－47 所示的原理图编辑器界面。

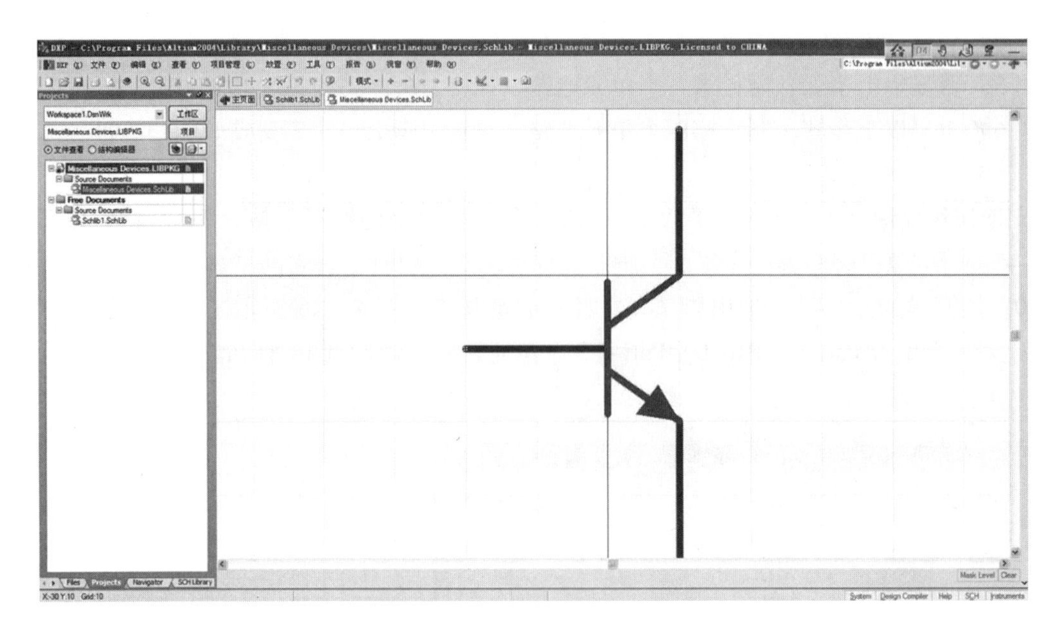

图 4－47　原理图编辑器界面

4.2.1　菜　　单

Protel DXP 2004 SP2 Schematic Library（原理图库编辑器）提供 10 个菜单。主菜单如图 4－48 所示，包括“DXP”“文件”“编辑”“查看”“项目管理”“放置”“工具”“报告”“视窗”和“帮助”，简介如下。

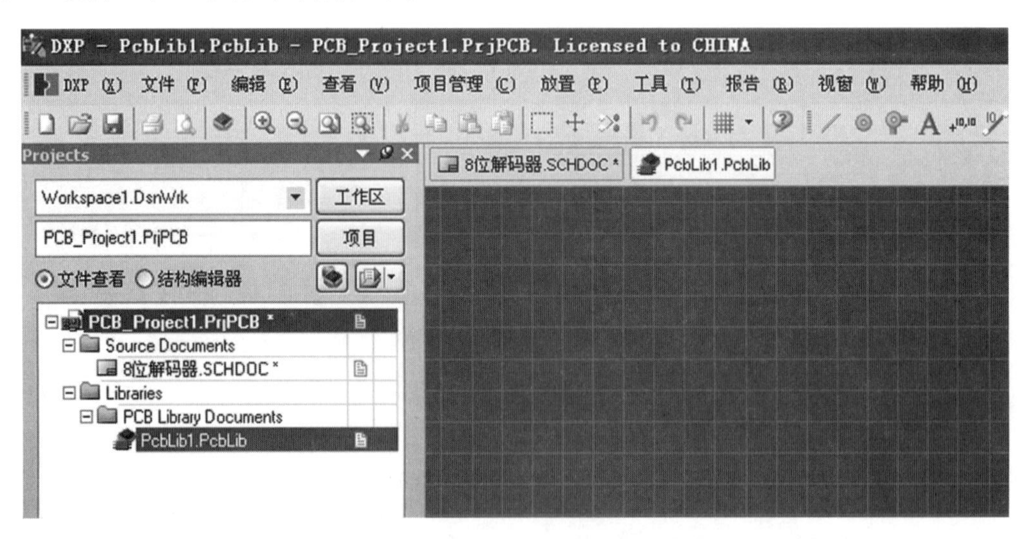

图 4－48　主菜单

（1）“文件”：提供关于工作空间、工程以及文件的新建、保存、关闭、Protel 99 SE 文档的导入、打印等功能。

（2）“编辑”：提供工作区内容的编辑功能。例如，恢复与撤销恢复、复制、剪切、粘贴、修改属性、选择、删除、文本替换等。

（3）“查看”：提供查看功能，包括窗口缩放、开关工具条、切换单位、隐藏引脚的显示等。

（4）“项目管理”：提供工程管理内容，包括编译工程、改变工程内的文件、关闭工程、工程设置等。

（5）“放置”：提供放置功能，包括放置 IEEE 符号、引脚、圆弧、椭圆弧、椭圆、饼图、直线、矩形、圆边矩形、多边形、贝塞尔曲线、文本字符串、图形。“放置”的下拉菜单如图 4－49 所示。

图 4－49　“放置”的下拉菜单

（6）“工具”：提供各种工具，包括新元件、删除元件、重新命名元件、复制元件、移动元件、新建单元电路、添加元器件显示模式、定位元器件、模式管理器、更新原理图、图样设置、操作环境设置等。“工具”的下拉菜单如图 4－50 所示。

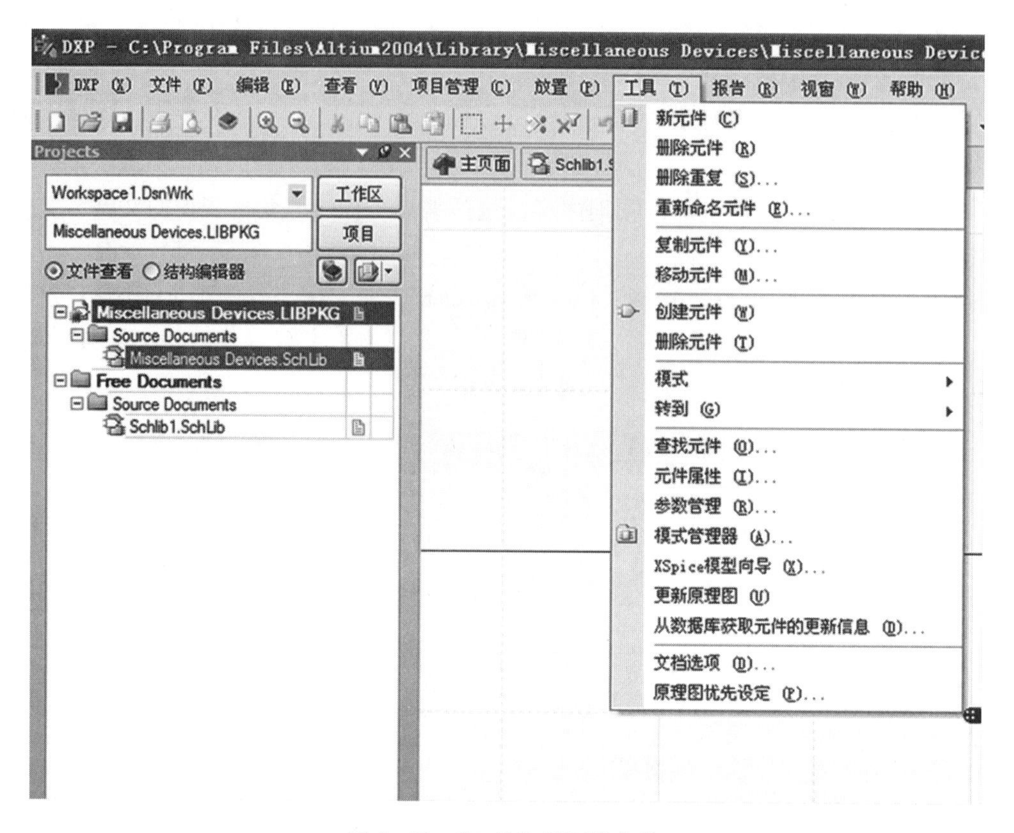

图 4－50 “工具”的下拉菜单

（7）“报告”：提供报表功能，包括元器件信息、库内元器件列表、库信息报告设置、元器件检查规则设置。“报告”的下拉菜单如图 4－51 所示。

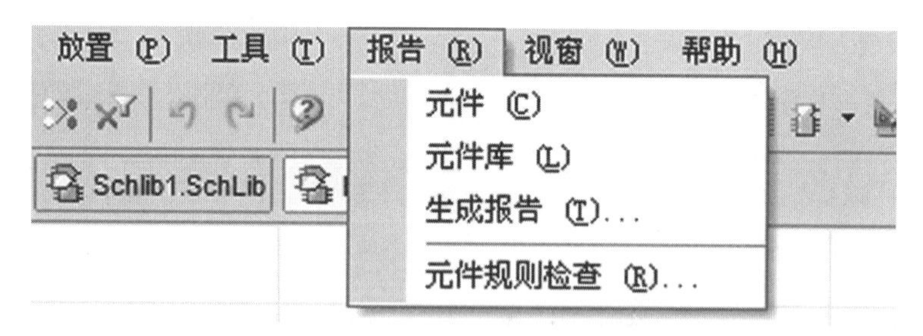

图 4－51 “报告”的下拉菜单

（8）“视窗”：提供窗口操作，包括窗口排列、切换窗口操作等。

（9）“帮助”：提供帮助，包括本机帮助文件、在线帮助、教学范例、弹出菜单和版本说明等。

4.2.2　工具栏

1. 主工具栏

主工具栏如图4－52所示。

图4－52　主工具栏

：对应快捷键<Ctrl＋N>。此按钮的作用是打开任意文件，包括新建文件和打开已经存在的文件。单击此按钮后，软件将打开“文件”面板，供用户选择。

：对应快捷键<Ctrl＋O>。此按钮的作用是打开已经存在的任意文件，包括工作空间、工程文件、原理图文件等。单击此按钮后，打开通常所见的Windows操作系统的“打开文件”对话框，选择合适的文件类型后，在显示的列表中选择文件打开。

：对应快捷键<Ctrl＋S>。保存目前编辑的文件。

：直接打印目前编辑的文件。

：预览本文档内容。

：此按钮属于FPGA（现场可编辑程序逻辑器件）工程，本书不涉及。

：对应快捷键<Ctrl＋Page Down>。此按钮的作用是最大程度地显示工作区的内容。

：此按钮的作用是最大程度地显示用户在图样上定义的区域。单击按钮后光标将变成十字形状，在工作区内框画出要显示的矩形区域后，软件将最大程度地显示该区域。

：此按钮的作用是最大程度地显示被选中的部分。需要先选中要显示的部分，然后单击该按钮。

：对应快捷键<Ctrl＋X>。此按钮的作用是剪切。

：对应快捷键<Ctrl＋C>。此按钮的作用是复制。

：对应快捷键<Ctrl＋V>。此按钮的作用是，将剪切板里的内容粘贴到工作区上。单击此按钮后，剪切板里的内容将悬浮挂在光标上，随光标移动，将其移到合适位置后，再单击鼠标左键就可以将内容固定到该处。

：对应快捷键<Ctrl＋R>。此按钮相当于橡皮图章。如果工作区内有被选中的内容，单击按钮后，将有一个相同的内容悬浮在光标上，移动光标到合适的地方后单击鼠标左键，就可以将内容粘贴到该处，但光标上悬浮的内容仍然存在，如果需要，可以继续粘贴，按<Esc>键或者鼠标右键就可以取消操作。

：此按钮的作用是区域选取。单击按钮后光标变成一个十字形状，在要定义区域的一角单击鼠标左键，然后往另一角拉出矩形，大小合适后，再单击鼠标左键即可选定区域内的所有内容。这个操作与直接在工作区内拖拽出合适大小的矩形、从而选取矩形内的内容的作用是一样的。

：此按钮的作用是移动被选择的内容。单击按钮后，再指向所选的内容，单击鼠标左键后就可以将选择内容悬浮到光标上，将其移到合适的位置后，单击鼠标左键即可完成移动操作。该按钮的作用与直接用鼠标左键按住、从而拖动要移动的内容的作用是一样的。

：此按钮的作用是取消选择。如果工作区内有内容被选择，则单击按钮后，将取消选择。在工作区的空白处单击可以完成相同的功能。

：取消目前的筛选功能，恢复到正常的编辑状态。

：对应快捷键 <Ctrl + Z>。此按钮的作用是撤销前一个操作。

：对应快捷键 <Ctrl + Y>。此按钮的作用是恢复撤销掉的这个操作。

：此按钮的作用是在层次电路图之间进行切换。

：此按钮的作用是追踪所选的元器件到对应的 PCB 文件中的封装方式上（需要打开 PCB 文件）。

：此按钮的作用是打开元器件库面板。

2. 实用工具栏

实用工具栏如图 4－53 所示。

实用绘图工具。单击此图标右边的下拉箭头，就会出现如图 4－54 所示的实用绘图工具，包括直线（Line）、多边形（Polygon）、椭圆弧（Elliptical Arc）、贝塞尔曲线（Bezier）、文本文字（Text String）、文本框架（Text Frame）、矩形（Rectangle）、圆角矩形（Round Rectangle）、椭圆（Ellipse）、饼图（Pie Charts）、放置位图（Graphic Image）以及设置阵列粘贴（Paste Array）。该工具条的内容大多与“放置”菜单下的“绘图工具”子菜单相对应。

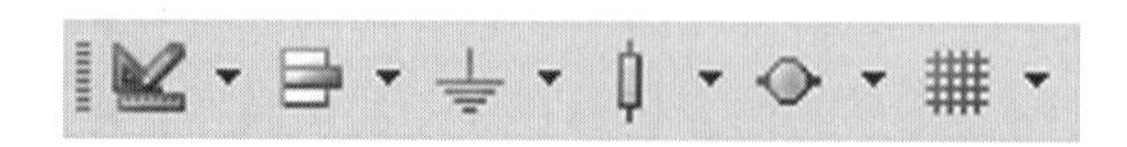

图 4－53 实用工具栏

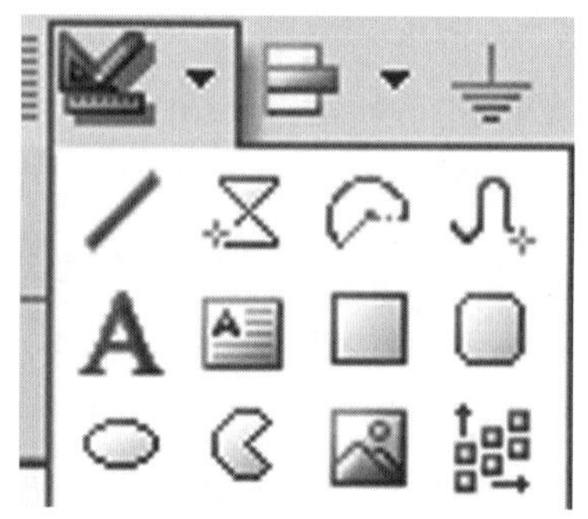

图 4－54 实用绘图工具

：对齐工具。单击此图标右边的下拉箭头，就会出现如图 4－55 所示的对齐工具。该工具用于将选择的图形对象按规定的方式对齐，包括左对齐、右对齐、水平方向中间对齐、被选图形对象水平方向间隔距离相同、上对齐、下对齐、垂直方向中间对齐、垂直方向图形对象间隔距离相同。

：电源符号。单击此图标右边的下拉箭头，就会出现如图 4－56 所示的电源符号。

：放置数字元器件。单击此图标右边的下拉箭头，就会出现如图 4－57 所示的数字元器件，包括电阻、普通电容、电解电容、二输入端与非门、非门等，单击所需要的器件，然后的操作与前述放置元器件的过程一样。

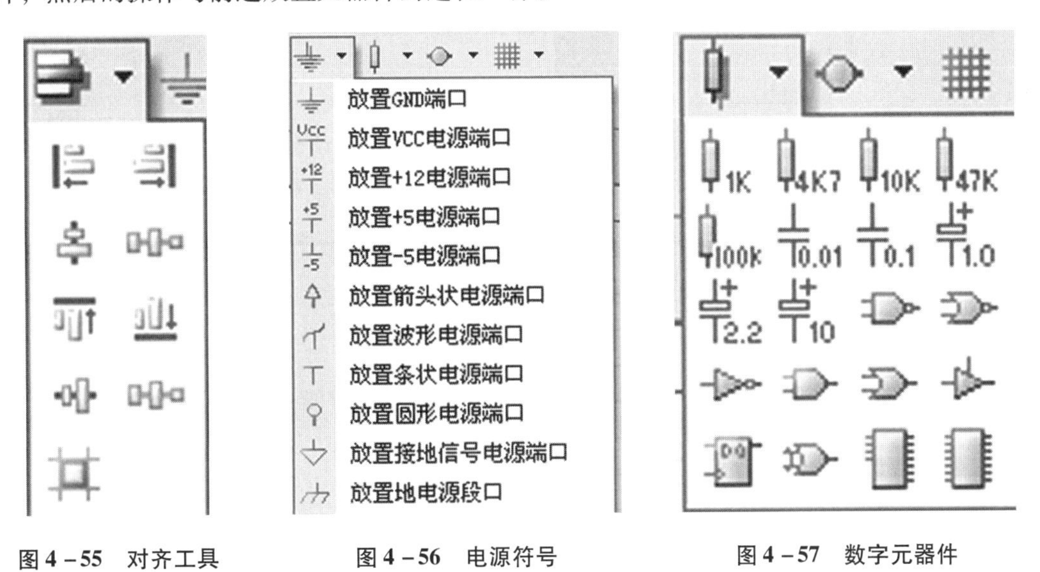

图 4－55　对齐工具　　图 4－56　电源符号　　图 4－57　数字元器件

：仿真信号源。

：网格修改。在进行电气连接时不建议进行网格修改，在进行非电气绘图时，可以进行网格修改，但是完成绘图后应将网格恢复到软件的默认值（可视网格和捕获网格都是 10）。

3. 电连接工具栏

电连接工具栏如图 4－58 所示。工具栏从左到右分别是：放置导线工具、放置总线工具、放置总线分支工具、放置网络标号工具、放置地线端口标志工具、放置电源端口标志工具、放置元器件工具、放置图样符号工具、放置图样入口工具、放置端口工具以及放置不允许电气检查工具。

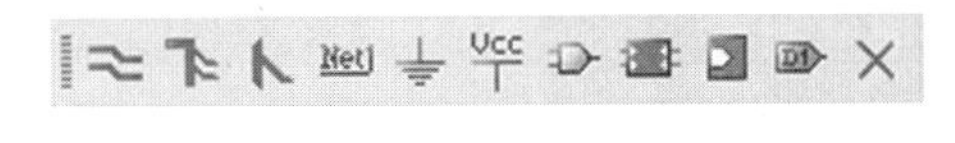

图 4－58　电连接工具栏

4.3 习　　题

（1）制作图 4－59 所示的 PCB 元件库。

（2）制作图 4－60 所示的 PCB 元件库。

（3）制作图 4－61 所示的 PCB 元件库。

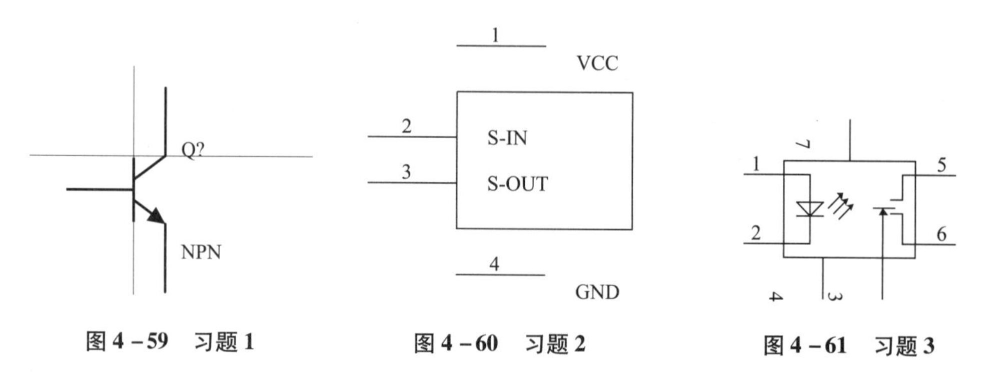

图 4－59　习题 1　　图 4－60　习题 2　　图 4－61　习题 3

（4）制作图 4－62 所示的 PCB 元件库。

（5）制作图 4－63 所示的 PCB 元件库。

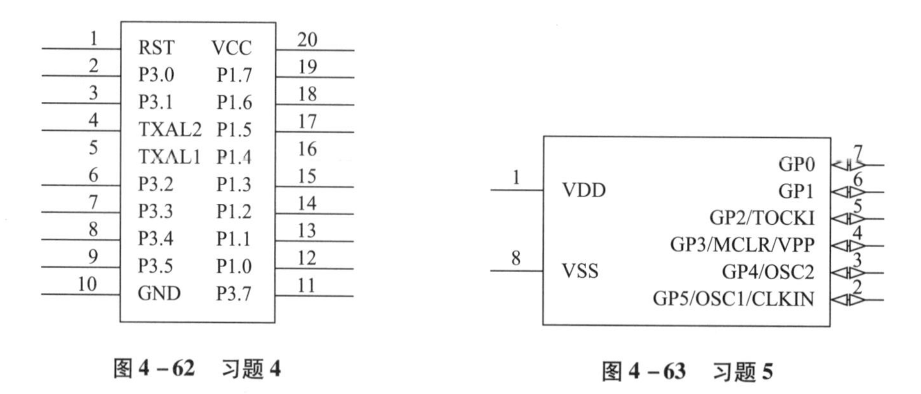

图 4－62　习题 4　　图 4－63　习题 5

（6）制作图 4－64 所示的 PCB 元件库（多部件元件）。

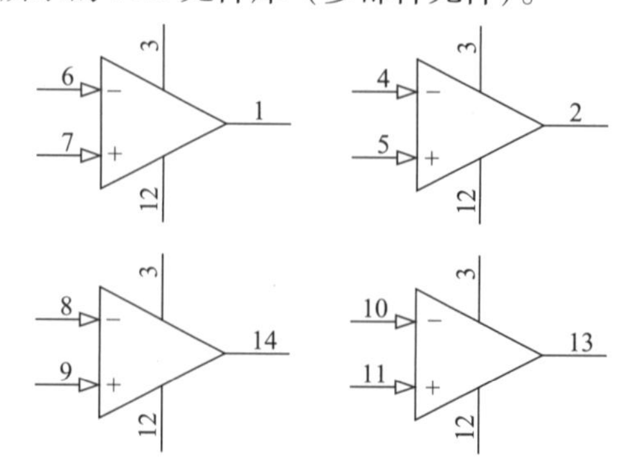

图 4－64　习题 6

（7）制作图 4－65 所示的 PCB 元件库。

（8）制作图 4－66 所示的 PCB 元件库。

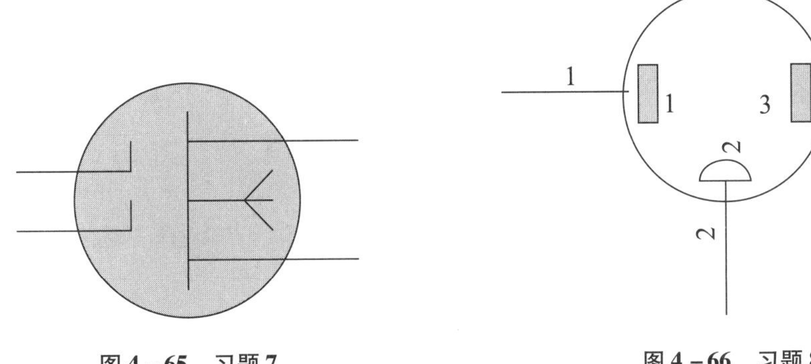

图 4－65　习题 7　　**图 4－66　习题 8**

（9）制作图 4－67 所示的 PCB 元件库。

（10）制作图 4－68 所示的 PCB 元件库。

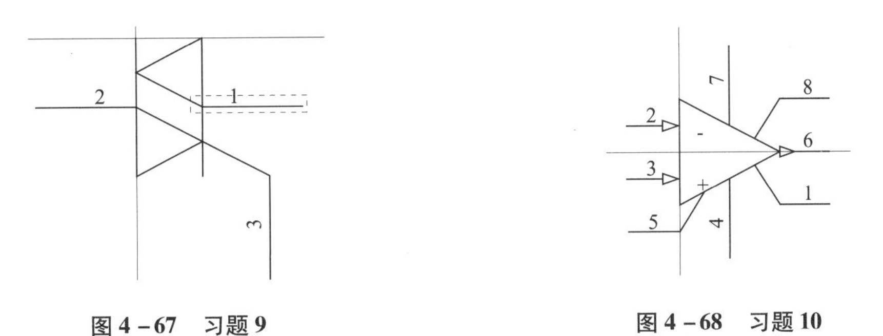

图 4－67　习题 9　　**图 4－68　习题 10**

（11）请将图 4－69 制作成 PCB（有类似元器件 SN74HC01N）。

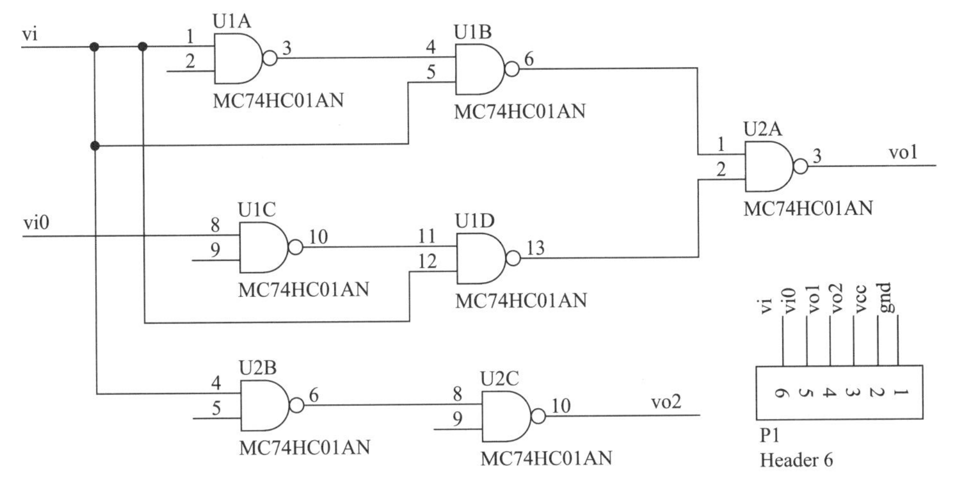

图 4－69　习题 11

（12）请将图 4－70 制作成 PCB。

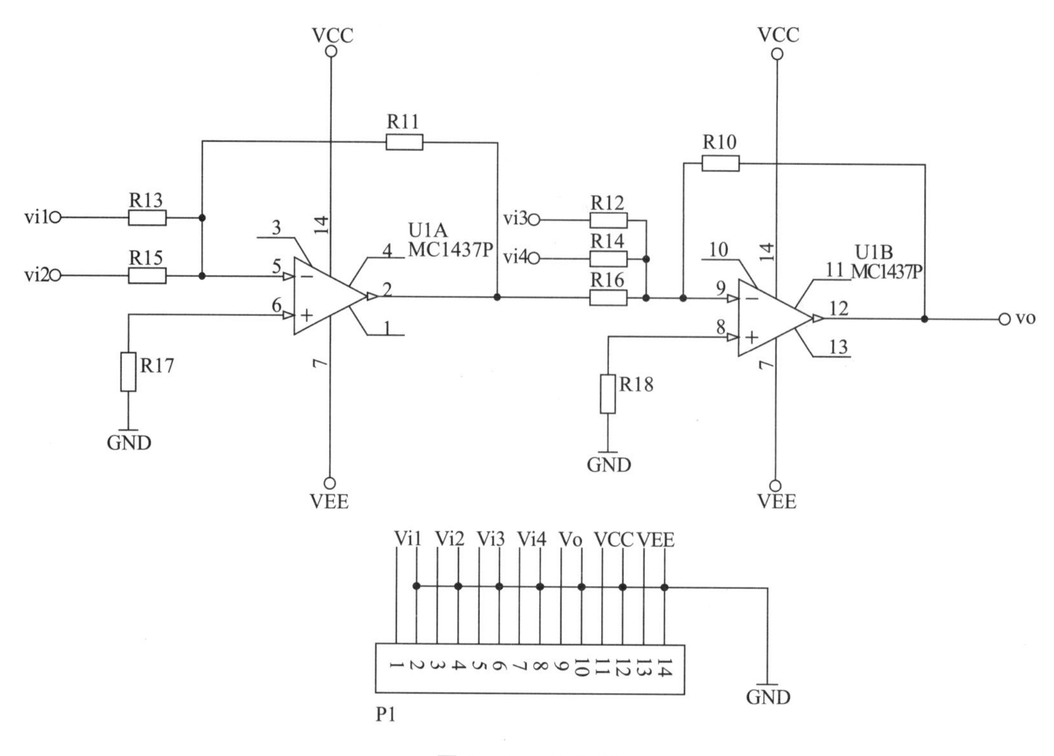

图 4－70　习题 12

（13）观察 Motorola Logic Gate. IntLib（门电路）库中 MC74HC02AN（四重二输入端或非门）和 MC74HC04N（六重非门），并制作。

（14）打开 Motorola Logic Flip－Flop. Lib（触发器）库，观察其中的 MC54HC54AJ（双 D 触发器）和 MC54HC107J（双 JK 触发器），并制作。注意时钟符号的实现。

（15）打开 Motorola Amplifier Operational Amplifier. IntLib（运算放大器）库。观察 LM324AN（四重运放），并制作。

第5章　交通灯电路的PCB设计

任务5　绘制交通灯电路原理图并设计PCB

1. 任务目的

通过绘制交通灯电路原理图，掌握集成库的建立及使用，掌握PCB布线规则。

2. 任务要求

制作交通灯电路原理图，创建元器件库、封装库并生成集成库，制作PCB。

3. 电路及元器件

电路图如图5－1所示。其中，单片机AT89S51电源引脚40、接地引脚20隐藏。

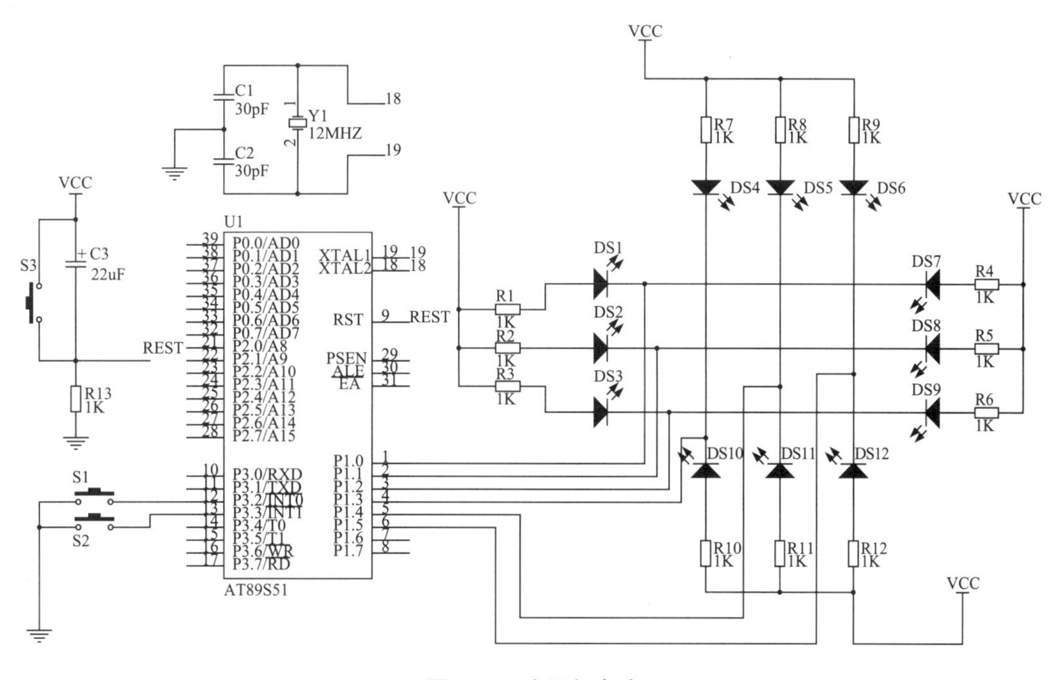

图5－1　交通灯电路

元器件所在库如表5－1所示。

表 5－1　元器件所在库

元器件	所在元件库
按钮（S1～S3）	Miscellaneous Devices. IntLib
电阻（R1～R13）	Miscellaneous Devices. IntLib
电容（C1～C3）	Miscellaneous Devices. IntLib
晶体振荡器（Y1）	Miscellaneous Devices. IntLib
发光二极管（DS1～DS12）	Miscellaneous Devices. IntLib
其他元器件（单片机 AT89S51）	dpj. SchLib

4. 步骤

（1）新建封装库。

1）新建库项目。单击“新建”选项卡，新建一个库项目，如图 5－2 所示。用鼠标右键单击新建的库项目，选择“保存项目”，如图 5－3 所示，文件名为 jck. LibPkg。

图 5－2　新建库项目

图 5－3　保存库项目

2）新建原理图库。

单击菜单“文件→创建→库→原理图库”，保存原理图库为 dpj. SchLib。单击 SCH Library 选项卡创建单片机元器件，如图 5 - 4 所示。

图 5 - 4　新建原理图库

在库中新建单片机 AT89S51，如图 5 - 5 所示。其中，引脚 29 名称为$\overline{\text{PSEN}}$；引脚 20 隐藏，连接到 GND；引脚 40 隐藏，连接到 VCC。

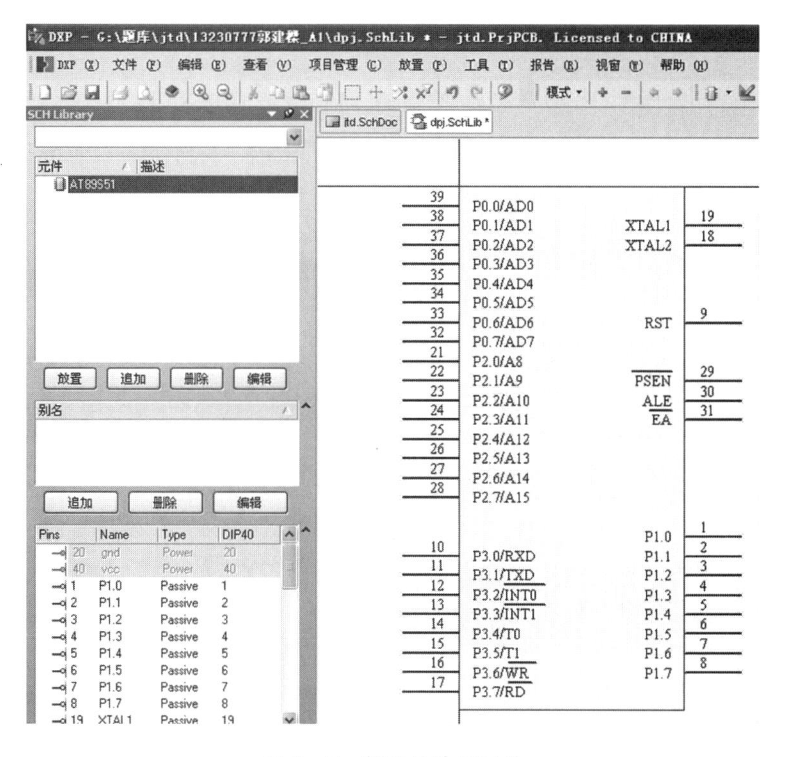

图 5 - 5　新建单片机元件

3）新建封装库 dpj. PcbLib。新建 AT89S51 的封装 DIP40，如图 5－6 所示。

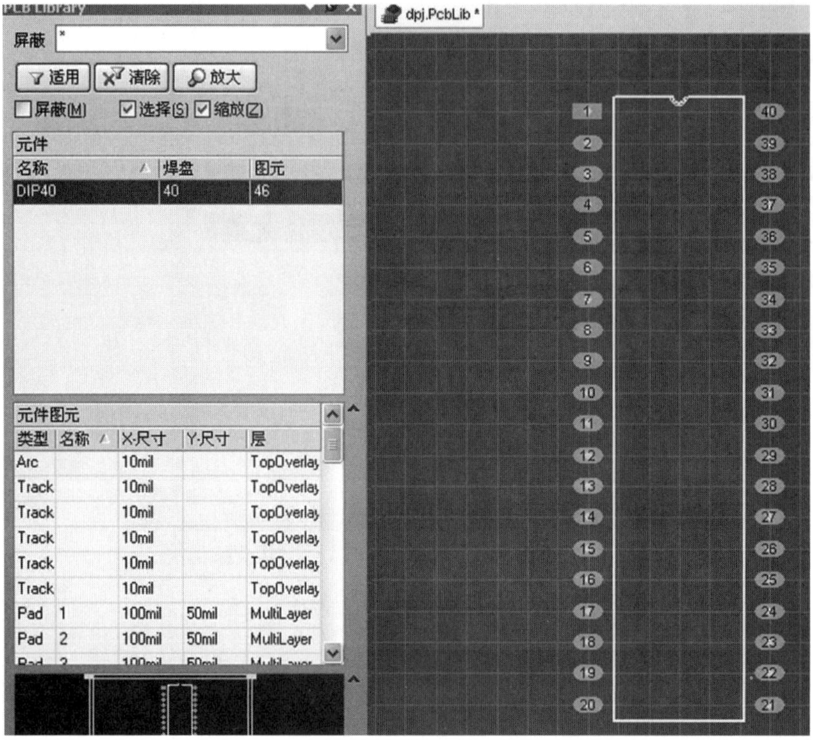

图 5－6　封装 DIP40

4）设置封装。在图 5－5 中，单击“追加→封装”，如图 5－7 所示。在“PCB 模型”对话框中单击“浏览”按钮，选择 DIP40 后确认，如图 5－8 所示。设置完成后如图 5－9 所示。

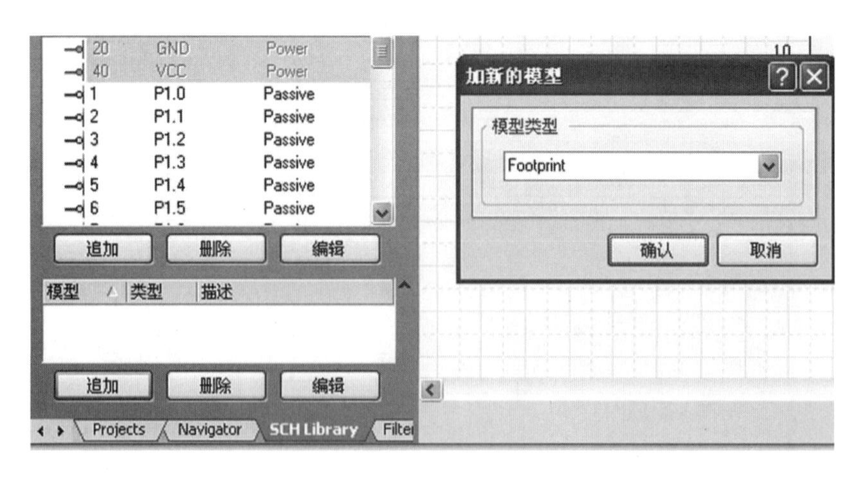

图 5－7　追加封装

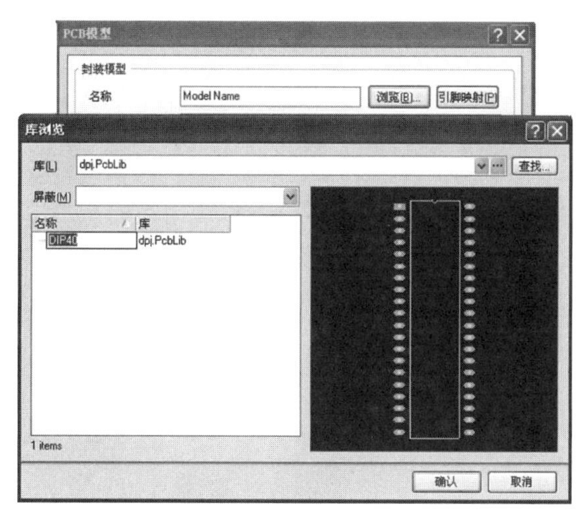

图 5－8　选择封装

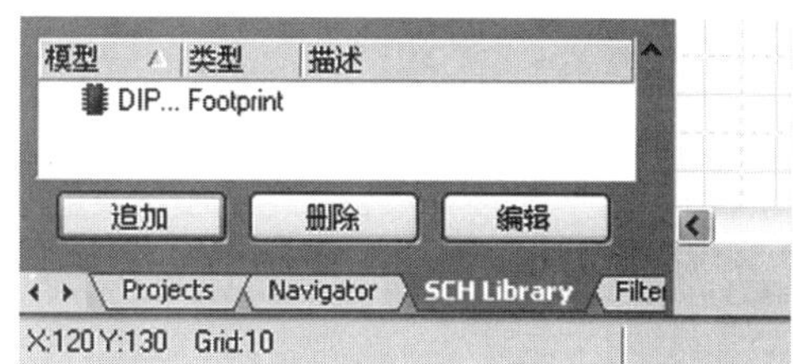

图 5－9　设置封装

5）编译项目生成集成库。单击“Projects”选项卡，右击要编译的项目，选择“Compile Integrated Library jck. LibPkg”，如图 5－10 所示。新建集成库完成如图 5－11 所示。元件库中已自动打开该集成库 jck. IntLib。

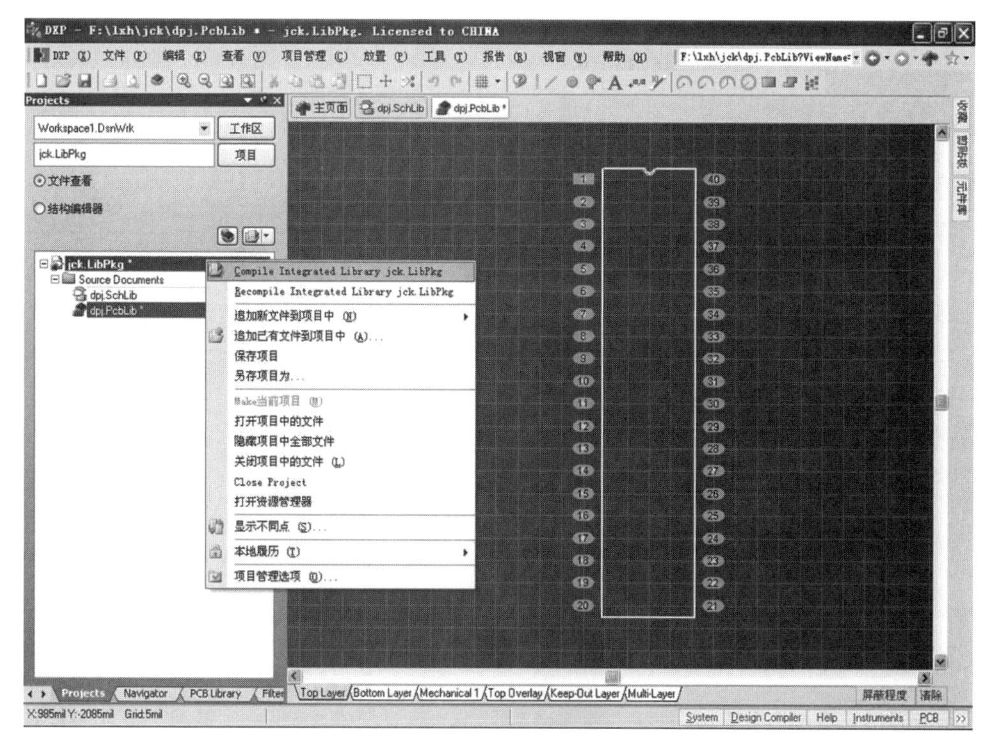

图 5－10　编译项目

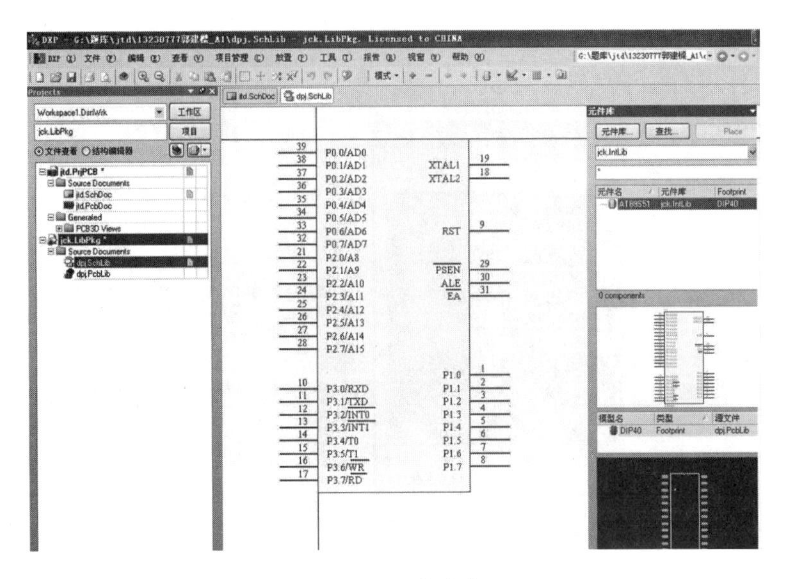

图 5－11　集成库

（2）新建 PCB 项目 jtd. PrjPCB。

（3）新建原理图 jtd. SchDoc，将元器件放入图纸（AT89S51 从自建集成库中选取）并连线，如图 5－1 所示。

（4）新建 PCB 文件 jtd. PcbDoc。

1）在 PCB 编辑器的禁止布线层画电气边框，将原理图同步到 PCB，布局，结果如图 5－12 所示。

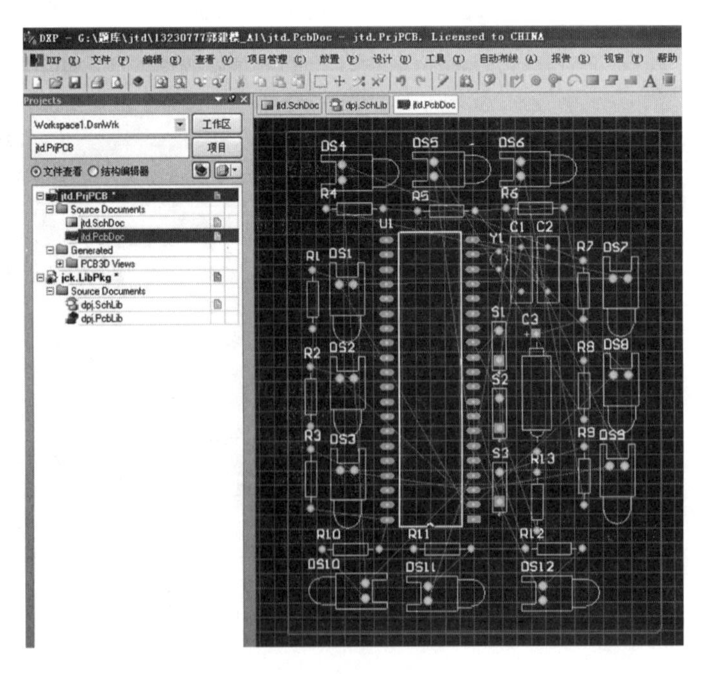

图 5－12　布局后的 PCB

2）布线。单击菜单“设计→规则”，如图 5－13 所示。设置布线规则为电源地加粗 1mm、其他 10mil。在“PCB 规则和约束编辑器”中单击“Routing”，右击“Width”，选择“新建规则”，如图 5－14 所示。修改名称为“VCC”，网络选“VCC”，约束值（默认 10mil）都改为 1mm，如图 5－15 所示。

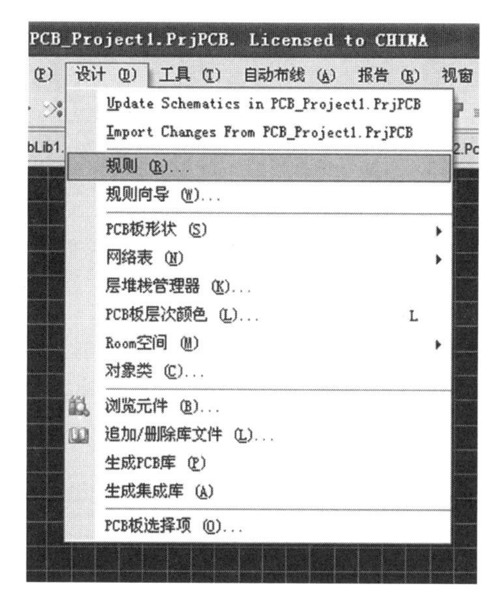

图 5－13　设置布线规则

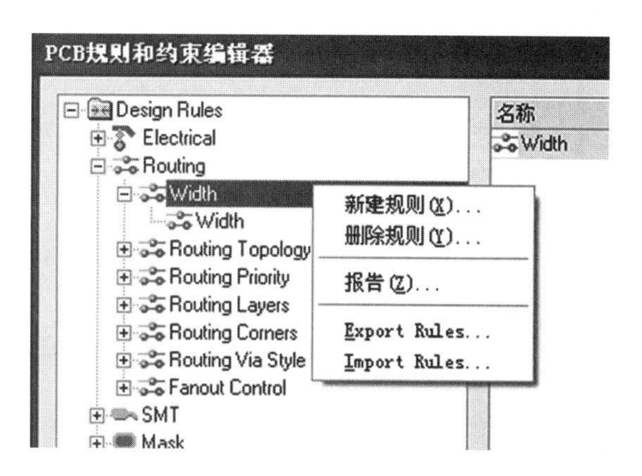

图 5－14　新建规则

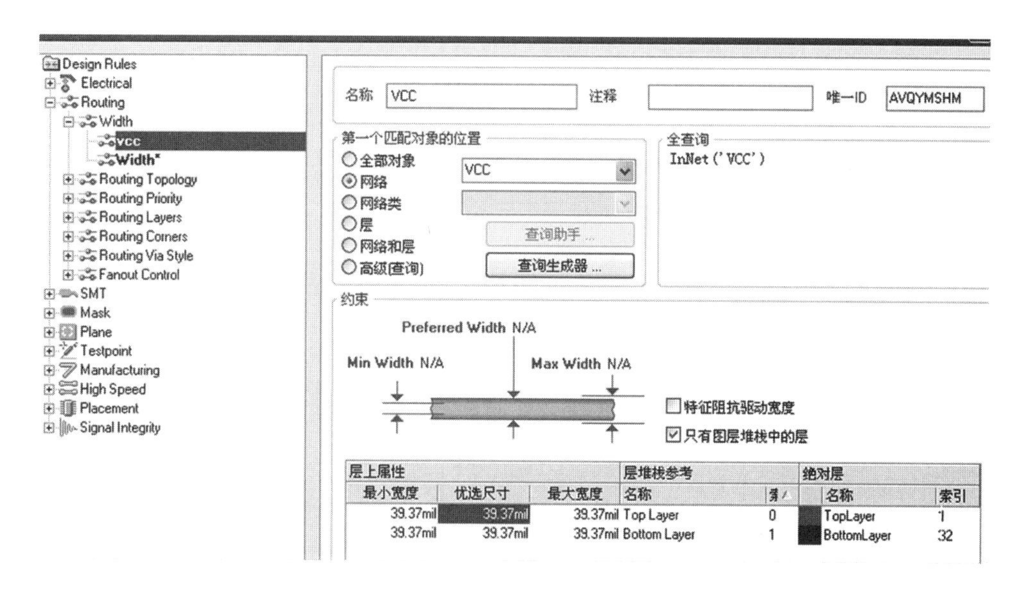

图 5－15　设置 VCC 宽度

用同样方法添加 GND 规则，如图 5－16 所示。

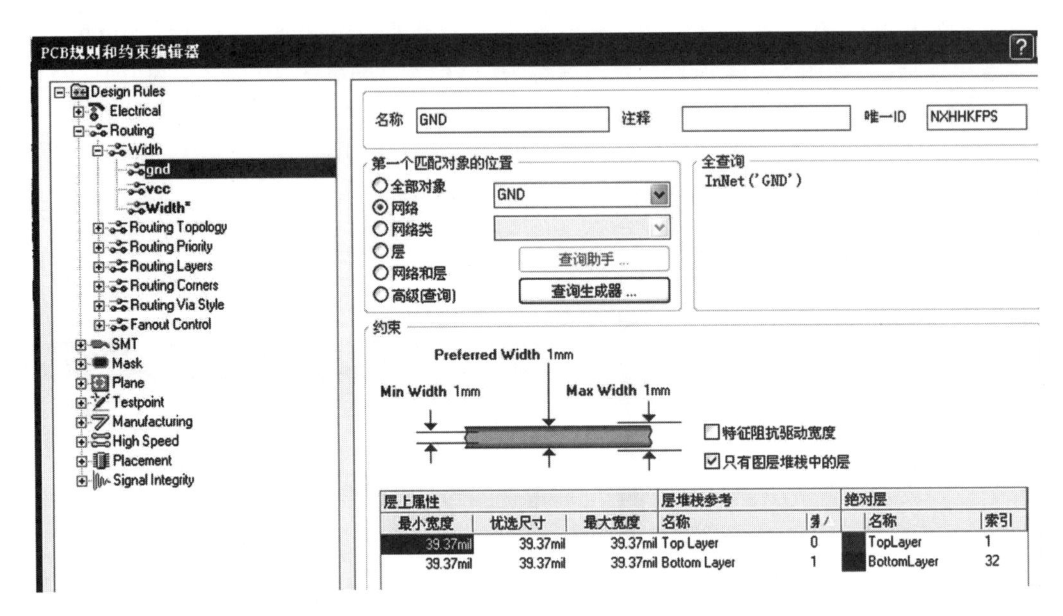

图 5－16　设置 GND 宽度

单击“优先级”按钮，设置布线优先级。默认规则（范围为 ALL）优先级应设成最低，如图 5－17 所示。

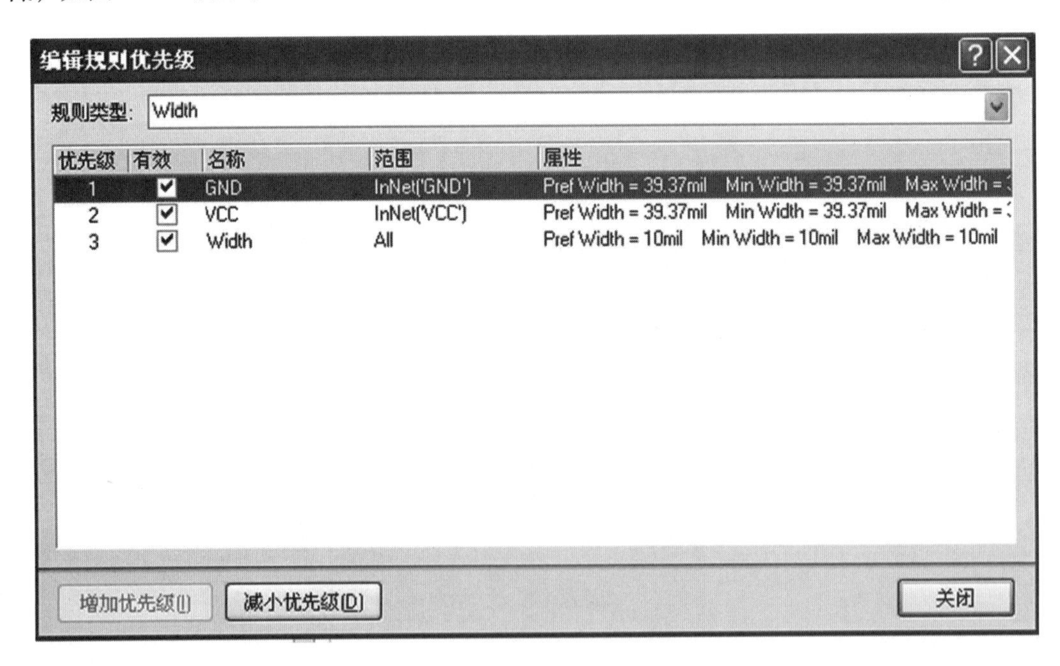

图 5－17　编辑规则优先级

最后布线的结果如图 5－18 所示。

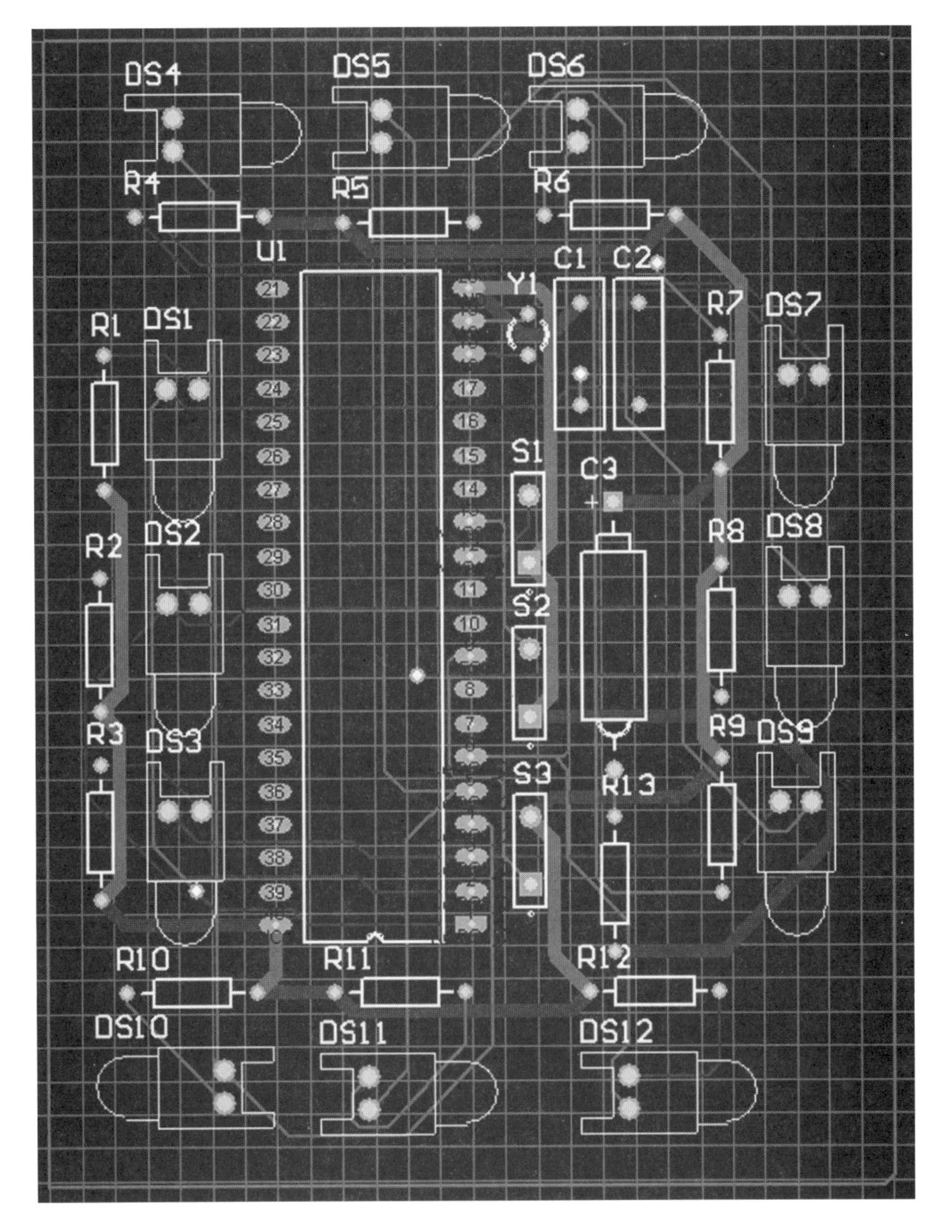

图 5－18　布线后的 PCB

3）放置覆铜。单击菜单“放置→覆铜”，在“覆铜”对话框的“连接到网络”中选择“GND”（覆铜将和 GND 相连），如图 5－19 所示。

选择覆铜区域（画一个矩形框），单击右键完成覆铜，如图 5－20 所示。

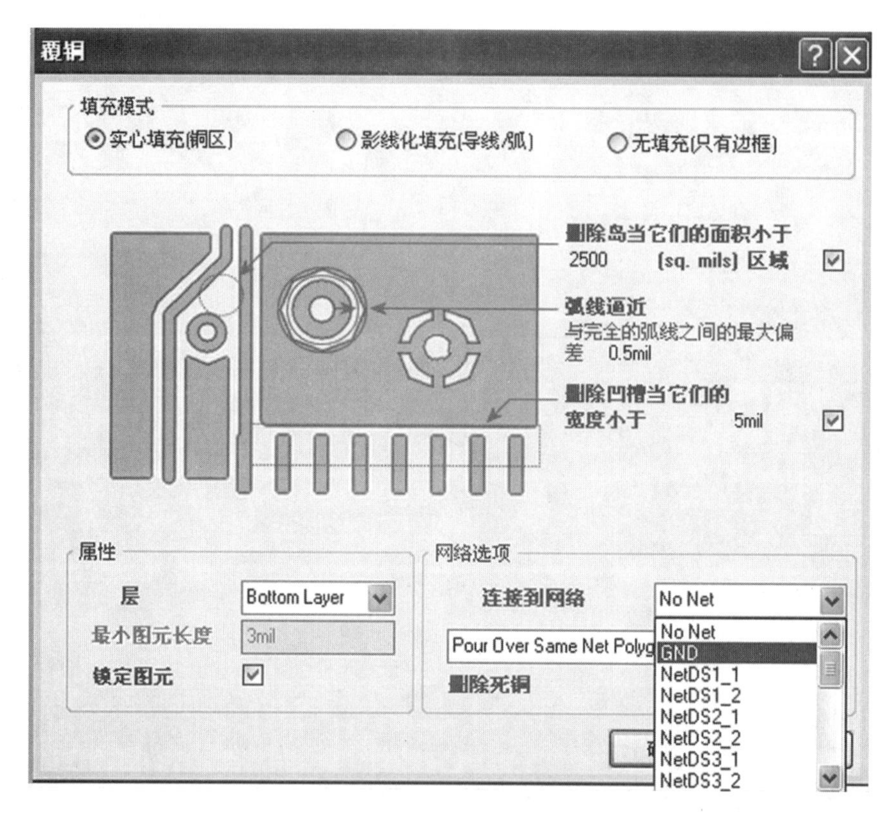

图 5－19　覆铜设置

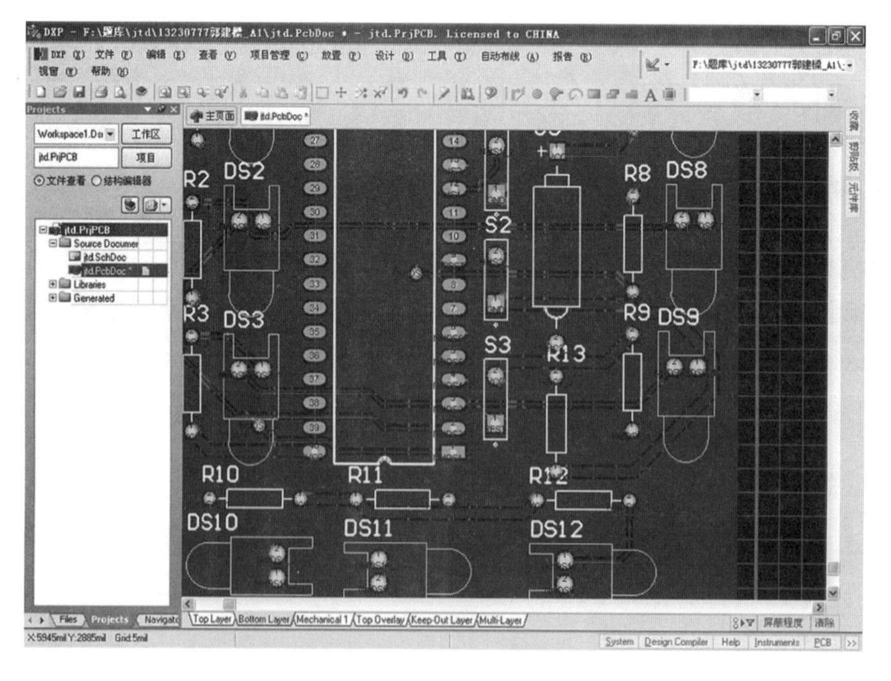

图 5－20　覆铜后的 PCB

5.1　集成库的生成

5.1.1　集成库简介

Protel DXP 2004 SP2 的集成库将原理图元器件和与其关联的 PCB 封装方式、SPICE 模型以及信号完整性模型有机地结合起来，并以一个不可编辑的形式保存。所有的模型信息被复制到集成库内，存储在一起，而模型源文件的存放位置可以是任意的。如果要修改集成库，就需要先修改相应的原文件库，然后重新编译集成库，以更新集成库内相关的内容。

DXP 集成库文件的扩展名为 . IntLib，按照生产厂家的名字分类，存放于软件安装路径下的 \ Altium2004 \ 文件夹中。原理图库文件的扩展名为 . SchLib，库文件包含在集成库文件中，可以在打开集成库文件时被提取出来以供编辑用。PCB 封装方式库的扩展名是 . PcbLib，文件存放于 \ Library \ PCB 目录下。

使用集成库的优越之处在于，元器件的封装方式等信息已经通过集成库文件与元器件相关联，所以只要信息足够，在后续的印制电路板制作时，就不需要另外再加载相应的库。原理图上放置元器件后，模型信息可以通过属性对话框修改或者添加。在 Protel DXP 2004 SP2 中仍然可以使用 Protel 99 SE 的原理图库和封装方式库，使用方法与在Protel 99 SE 中一样。

5.1.2　集成库的加载与卸载

在安装程序时，集成库也一同被复制到程序在硬盘的安装目录下，但是是不可用的。为了在原理图或者印制电路板上使用这些元器件，元器件库需要加载到内存中，使之成为“活”的库。加载步骤如下。

（1）显示库面板。单击 libraries 面板，或执行菜单“视窗→工作空间面板→系统→库”。

（2）打开库加载对话框。单击 libraries 面板左上角的“libraries”按钮，打开元器件库加载对话框。该对话框有以下三个选项卡。

1）“Project”选项卡。在这里加载的库只能用于本工程，若切换到别的工程，则该列表中的库就不可用了，加载的库将作为库工程同时显示在项目管理器面板上，方便用户编辑、使用。

2）“Installed”选项卡。在这里安装的库对于整个 Protel DXP 2004 SP2 环境是可用的，安装的库不出现在项目管理器上。

3）“Search Path”选项卡。单击其右下方的“Paths”按钮，可添加、删除或修改模型库路径，这时将切换到工程选项对话框。如果某原理图元器件需要的模型没有被关联到元器件上，那么就可能需要在其属性对话框中自行添加该模型，这时该路径下包含的模型可用。

（3）加载库。单击“Project”选项卡，再单击右下角的“Add Library”按钮，出现库文件选择对话框。找到 Miscellaneous Devices. IntLib 库，双击即可选中该库，关闭对话框。在“Installel”选项卡下安装库的操作过程与之类似。

（4）卸载库。如需卸载 Project 中的库，在对话中就选中要卸载的库，单击右下角的“Remove”按钮，然后关闭对话框；如需卸载 Installed 中的库，单击“Installed”选项卡，选中要卸载的库，单击右下角的“Remove”按钮，然后关闭对话框。

5.1.3 元器件搜索

如果需要搜索元器件，就执行如下步骤。

（1）显示库面板。

（2）单击“Search”按钮，出现库搜索对话框，相关设置如下。

1）在查询短语文本框内输入可带有通配符的元器件名称、封装方式名称或者 3D 模型名称。例如，输入“ * Res * ”，则软件就会自动生成“(Name like ‘ * Res’) or (Description like ‘ * Res’)”的查询短语，以供查询。

2）Search Type（搜索类型）：选择要查询的是原理图元器件（Components）、封装方式（Protel Footprints）还是 3D 模型（3D Models）。

3）Scope（搜索范围）有 3 种选择，其中，Available libraries 表示在可以使用的库中搜索；Libraries on Path 表示在 Path 区域内规定的查询路径内搜索。可使用通配符规定库文件包含的字符，如 miscellaneou * . * 。

4）“Clear”按钮：清空前面输入的查询短语。

5）“Search”按钮：执行搜索。

（3）在搜索结果中选择需要的元器件，若库尚未安装，则程序会询问是否安装该库，确定后，该库将被安装并显示在 Installed 目录中。

5.1.4 生成集成库

生成集成库包括以下步骤：创建新的集成库工程并保存；生成原理图元件库；生成 PCB 封装方式库；给原理图元器件添加模型；编译集成库。

（1）创建新的集成库工程并保存。此处可以使用前面章节所建的库工程 Integrated_Library1. LibPkg，执行菜单“文件→另存为”，指定保存路径，将项目命名为 MyIntegrated_Library. LibPkg，单击“保存”按钮保存。创建新的集成库工程。

（2）生成原理图元器件库。生成原理图元器件库有以下 3 种方法。

1）完全手动制作。在左边项目管理上用鼠标右键单击“Schlib1. SchLib”文件名，并执行“另存为”，命名为 MySchLib1. SchLib。

2）从制作好的原理图生成项目原理图库。在原理图制作完成后，在原理图编辑器的界面上执行菜单“设计→生成原理图”，在随后出现的重复元器件的处理方式对话框中，选择“Process only the first instance and ignore all the rest”（只保留第一个元器件，而忽略其他重复的），单击“确认”按钮确定。这种方法作为实训内容由同学自己完成。

3）从已有的库内复制元器件，生成新的库文件。新建原理图库文件，并更名保存为 MySchLib2. SchLib，切换到 Miscellaneous Devices. SchLib 工程，并单击“SCH Library”选项卡。作为练习，在“元器件筛选”文本框内输入 C *，则 Components 区域显示以 C 开头的所有元器件。按住〈Shift〉键全选，在右键菜单中执行“复制”命令，然后切换到 MySchLib2. SchLib 中，在右键菜单中执行“粘贴”命令，即可复制原理图元器件符号。

（3）生成 PCB 封装方式库。生成 PCB 封装方式库也有同样 3 种方法：完全手动制作、从制作好的 PCB 中生成项目封装方式库和从现有的库内复制元器件组成新的库，过程与生成原理图元器件库的方法一样，此处不在赘述。

（4）给原理图元器件添加模型。切换到 MySchLib1. SchLib 文件，并显示元器件编辑界面。在 Components 区域用鼠标右键单击 Res2 元器件名，并执行“模式管理器”菜单，或者执行菜单“工具→模式管理器”，打开“模型添加”对话框。对话框分为三大区域：左边为元器件列表，可在其上部的文本框中输入通配符筛选器件；右边下部为模型的预览；右边上部为模型的列表。例如，选中要添加模型的器件 MC74HC00AN，单击右面“Add Footprint”按钮，弹出模型选择列表，选择 FootPrint，于是弹出“PCB 模型”对话框。

5.2　习　　题

（1）自建集成库，制作图 5－21 中电路的 PCB。

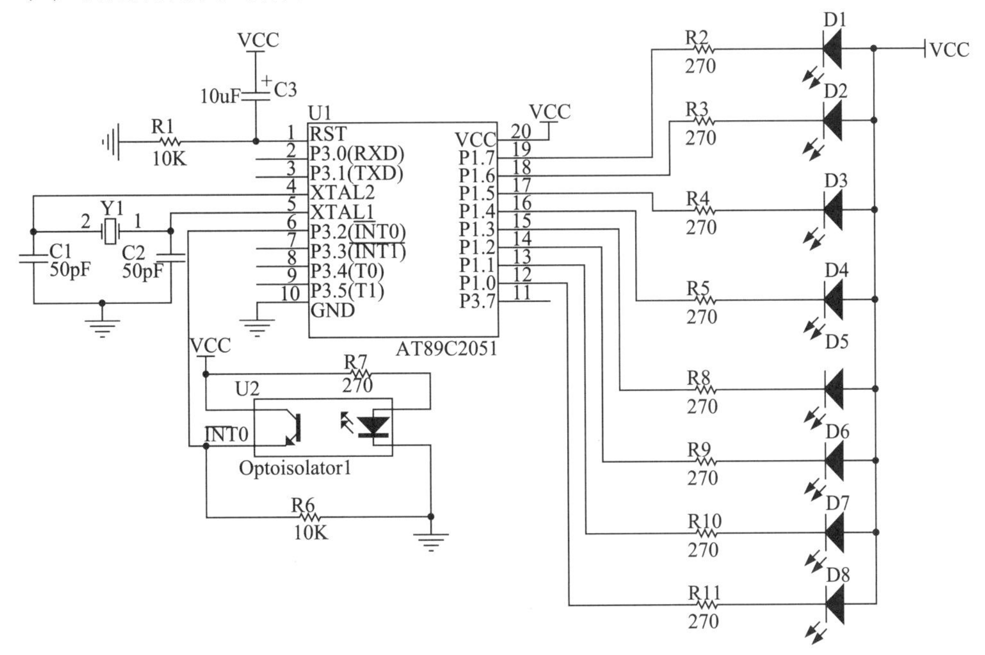

图 5－21　习题 1

（2）自建集成库，制作图 5－22 中电路的 PCB。

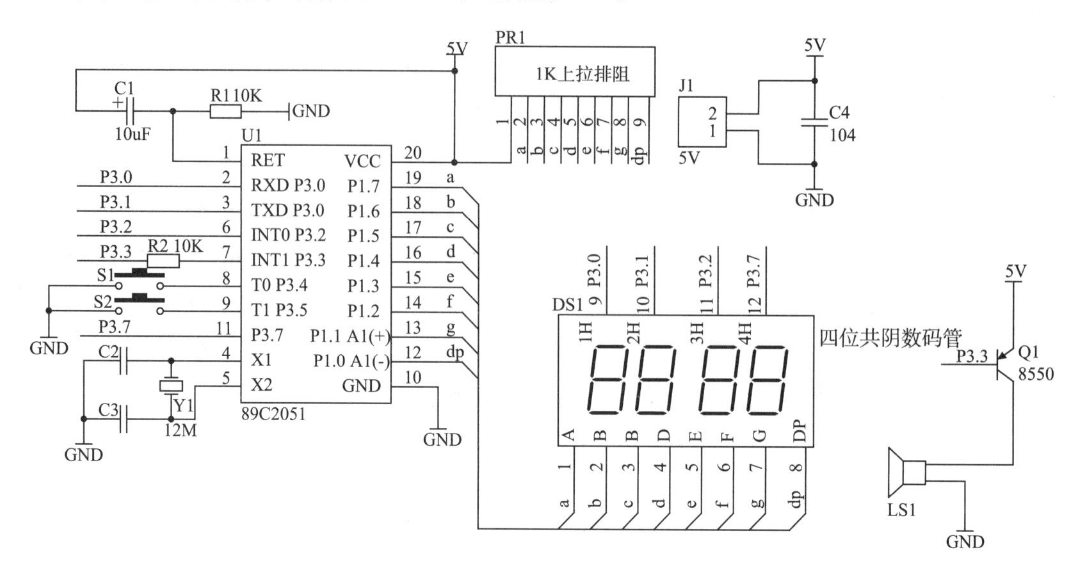

图 5－22　习题 2

（3）自建集成库，制作图 5－23 中电路的 PCB。

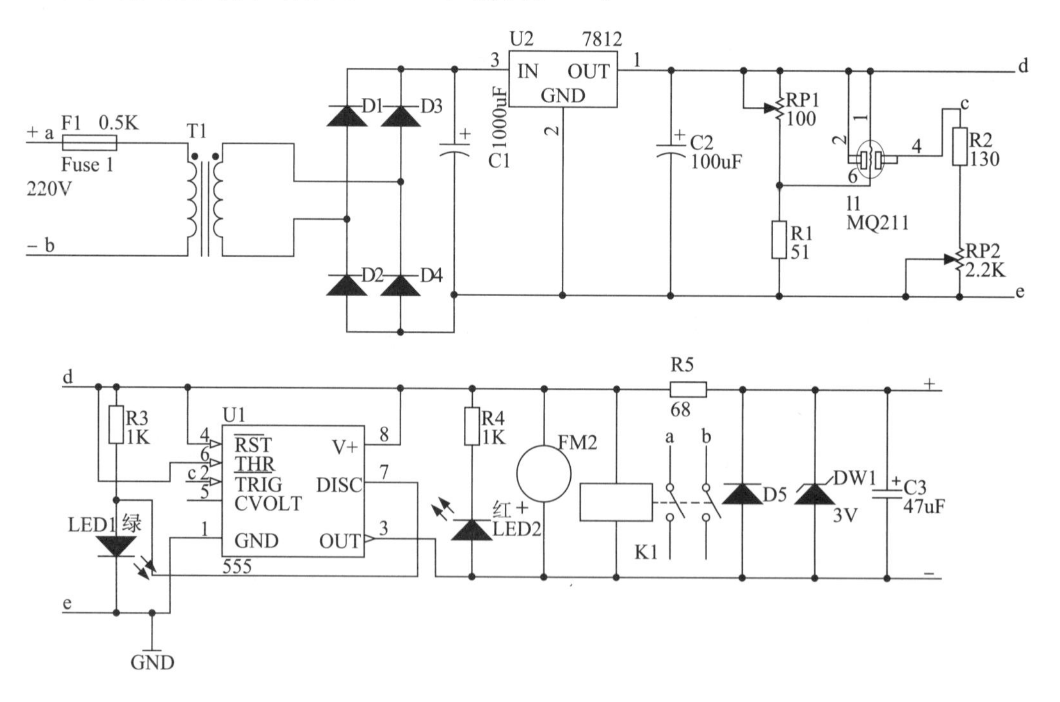

图 5－23　习题 3

（4）自建集成库，制作图 5－24 中电路的 PCB。

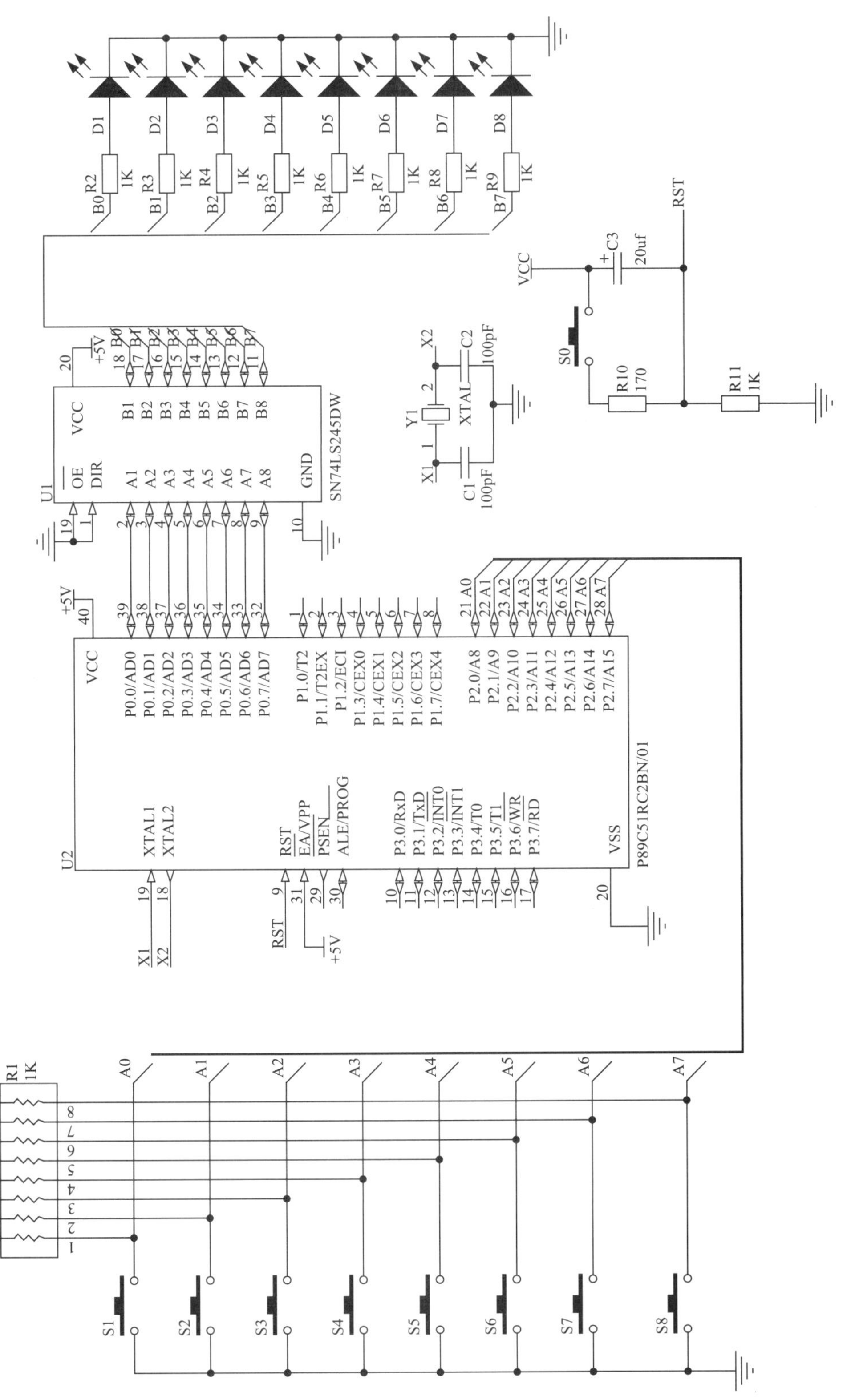
D1
D2
D3
D4
D5
D6
D7
D8
R2 1K
R3 1K
R4 1K
R5 1K
R6 1K
R7 1K
R8 1K
R9 1K
B0
B1
B2
B3
B4
B5
B6
B7
RST
VCC
C3 20uf
S0
R10 170
R11 1K
X2
C2 100pF
Y1
XTAL
X1
C1 100pF
U1
VCC
OE
DIR
A1 A2 A3 A4 A5 A6 A7 A8
B1 B2 B3 B4 B5 B6 B7 B8
GND
SN74LS245DW
+5V
U2
VCC
P0.0/AD0
P0.1/AD1
P0.2/AD2
P0.3/AD3
P0.4/AD4
P0.5/AD5
P0.6/AD6
P0.7/AD7
P1.0/T2
P1.1/T2EX
P1.2/ECI
P1.3/CEX0
P1.4/CEX1
P1.5/CEX2
P1.6/CEX3
P1.7/CEX4
P2.0/A8
P2.1/A9
P2.2/A10
P2.3/A11
P2.4/A12
P2.5/A13
P2.6/A14
P2.7/A15
XTAL1
XTAL2
RST
EA/VPP
PSEN
ALE/PROG
P3.0/RxD
P3.1/TxD
P3.2/INT0
P3.3/INT1
P3.4/T0
P3.5/T1
P3.6/WR
P3.7/RD
VSS
P89C51RC2BN/01
A0 A1 A2 A3 A4 A5 A6 A7
R1 1K
+5V
S1 S2 S3 S4 S5 S6 S7 S8

图 5－24　习题 4

第6章　层次电路的PCB设计

任务6　绘制洗衣机电路原理图并设计PCB

1. 任务目的

通过绘制洗衣机电路原理图，掌握层次电路图的制作。

2. 任务要求

制作洗衣机电路原理图，创建层次电路图，制作PCB。

3. 电路及器件

本任务使用的电路图如图6－1所示。

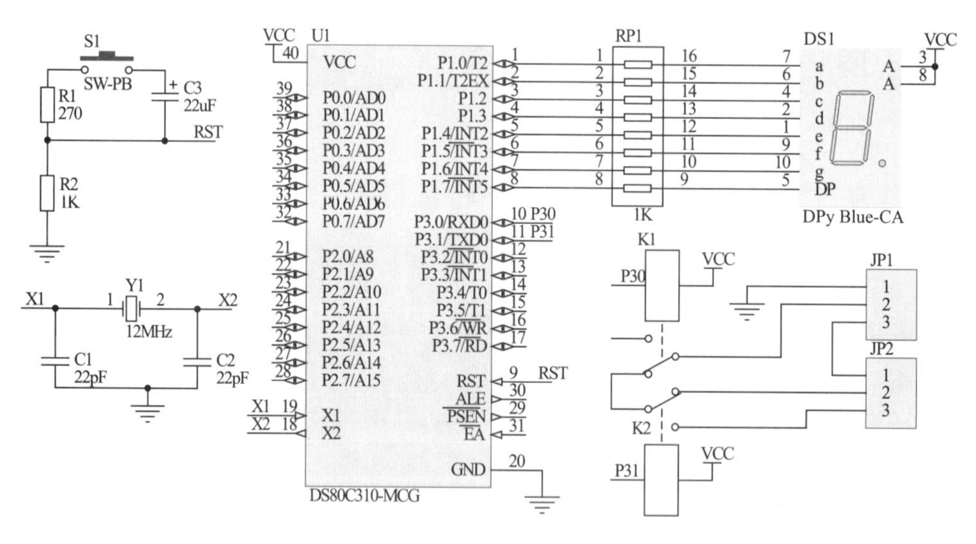

图6－1　洗衣机电路

本任务用到的元器件所在库如表6－1所示。

表6－1　元器件所在库

元器件	所在元件库
C1、C2、C3、R1、R2	Miscellaneous Devices. IntLib
JP1、JP2	Miscellaneous Connectors. IntLib
K1、K2、RP1、DS1	Miscellaneous Devices. IntLib
U1	Dallas Microcontroller 8－Bit. IntLib
S1、Y1	Miscellaneous Devices. IntLib

4. 步骤

（1）制作层次电路。

制作层次电路的方法分两种——自上而下和自下而上。

自上而下的制作方法。

1）新建PCB工程，命名为“层次电路.PrjPCB”，并保存。

2）新建原理图文件，命名为“洗衣机.SchDoc”，保存。

3）执行菜单“放置→图纸符号”，有几个模块就放置几个图纸符号，如图6-2所示。然后双击图纸符号，打开“图纸符号”属性对话框设置模块名和子图名，如图6-3所示。

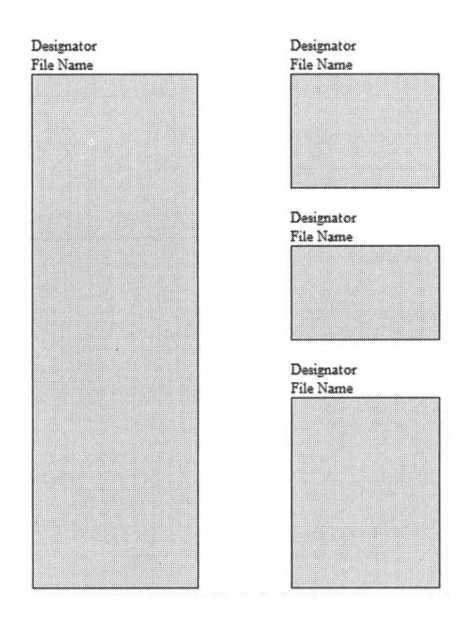

图6-2　放置图纸符号

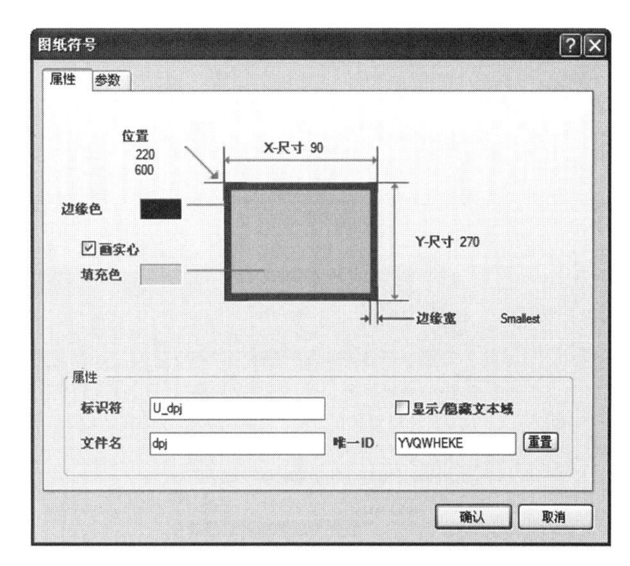

图6-3　设置模块名和子图名

4）执行菜单“放置→图纸入口”，在图纸入口浮动的情况下，按<Tab>键，可以设置其属性，如name、I/O等，并对图纸入口用导线进行相应的电气连接。最后如图6-4所示。

5）制作子图。子图由符号自动生成。单击菜单“设计→根据符号创建图纸”，然后再单击图纸符号，将自动生成对应的子图原理图，并且在子图中包含相应的端口。将端口与对应的引脚相连，如图6-5所示。用同样的方法生成并制作其他子图的原理图，如图6-6、图6-7、图6-8所示。

6）编译工程。右击层次电路.PrjPCB，选择“Complie PCB Project”，对项目进行编译，编译后图纸会自动分出主次关系。

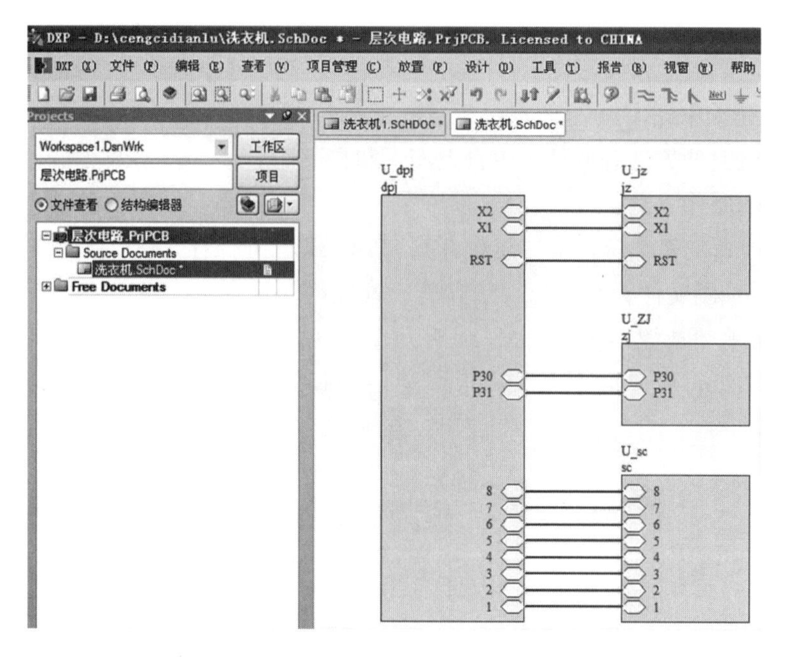

图 6－4　完成后的主图

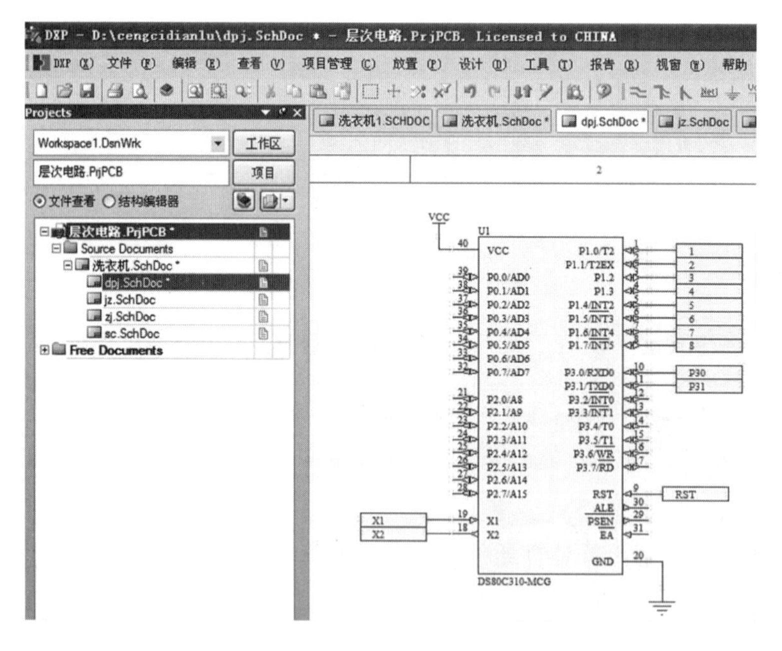

图 6－5　子图 dpj. SchDoc 的原理图

自下向上的制作方法。

1）新建 PCB 工程，命名为“层次电路 . PrjPCB”，并保存。

2）新建原理图文件，命名为“dpj. SchDoc”，参照图 6－5 制作该图并保存，制作时要注意放置端口并设置端口的属性。

3）用同样的方法生成、制作并保存其他子原理图，如图 6－6、图 6－7、图 6－8 所示。

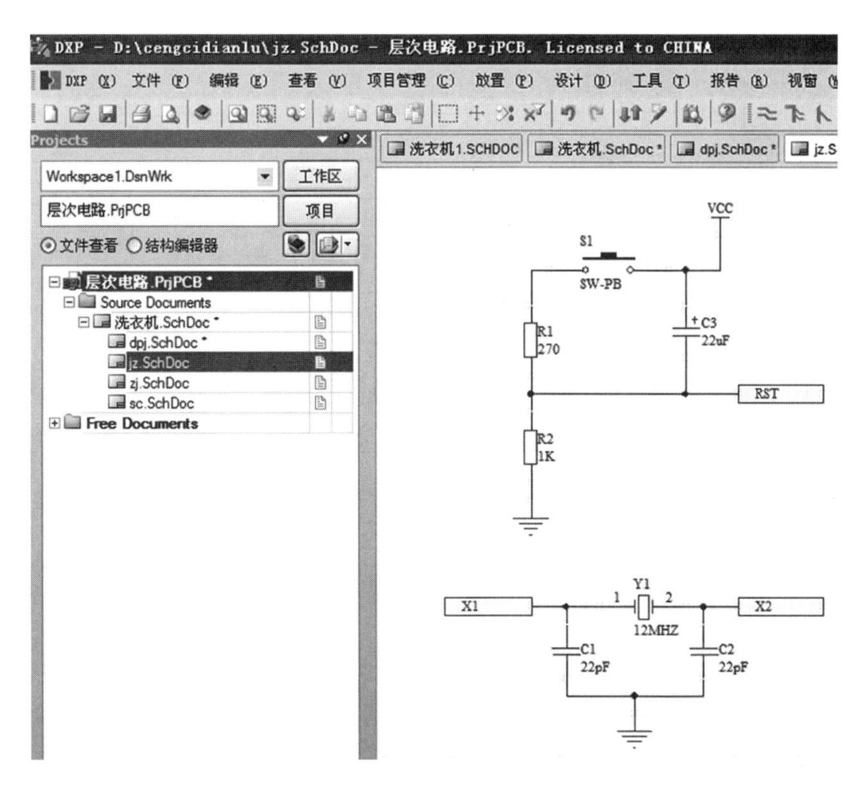

图 6－6　子图 jz. SchDoc 的原理图

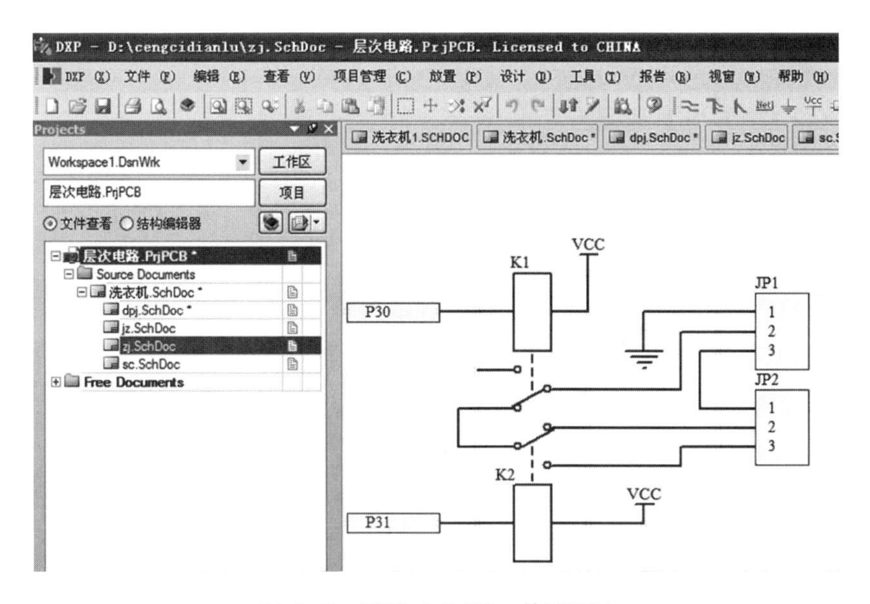

图 6－7　子图 zj. SchDoc 的原理图

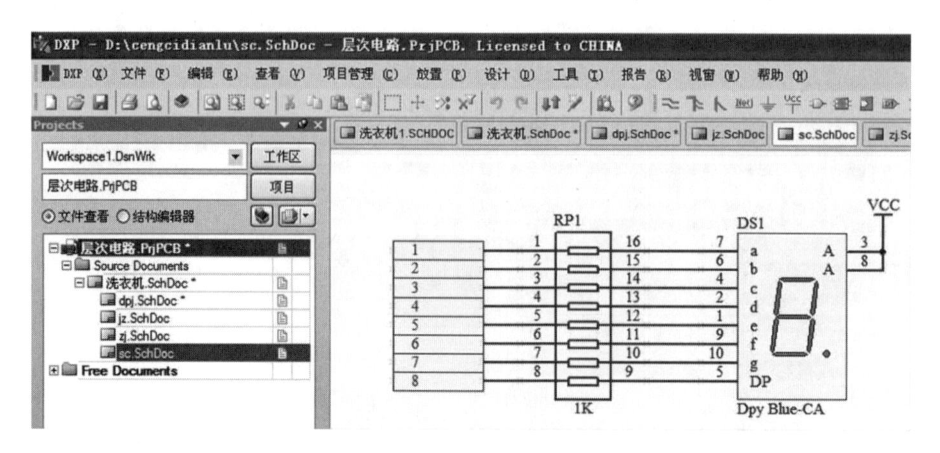

图 6 - 8　子图 sc. SchDoc 的原理图

4）然后新建原理图，命名为“洗衣机 . SchDoc”并保存。

5）生成子图符号。单击“设计→根据图纸创建图纸符号”，将出现图纸选择对话框，单击创建的图纸“dpj. SchDoc”，如图 6 - 9 所示，将自动生成该子图的图形符号，如图 6 - 10所示。用同样的方法生成并制作其他几幅原理图的图纸符号。

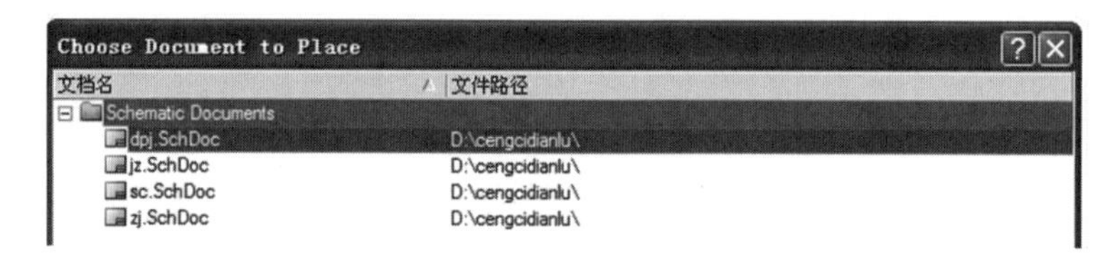

图 6 - 9　选择图纸对话框

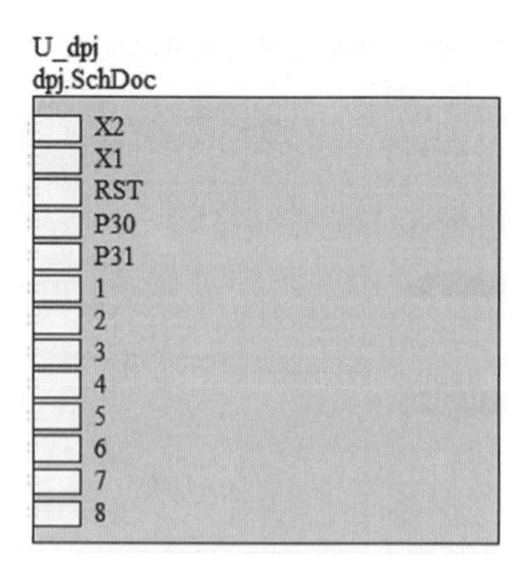

图 6 - 10　dpj. SchDoc 的图形符号

6）完成主图制作。将各图形符号中的端口相连，形成如图 6 - 4 所示的主图原理图。

7）编译项目。执行“层次电路 . PrjPCB”单击右键，选择“Complie PCB Project”。如图 6 - 11 所示。

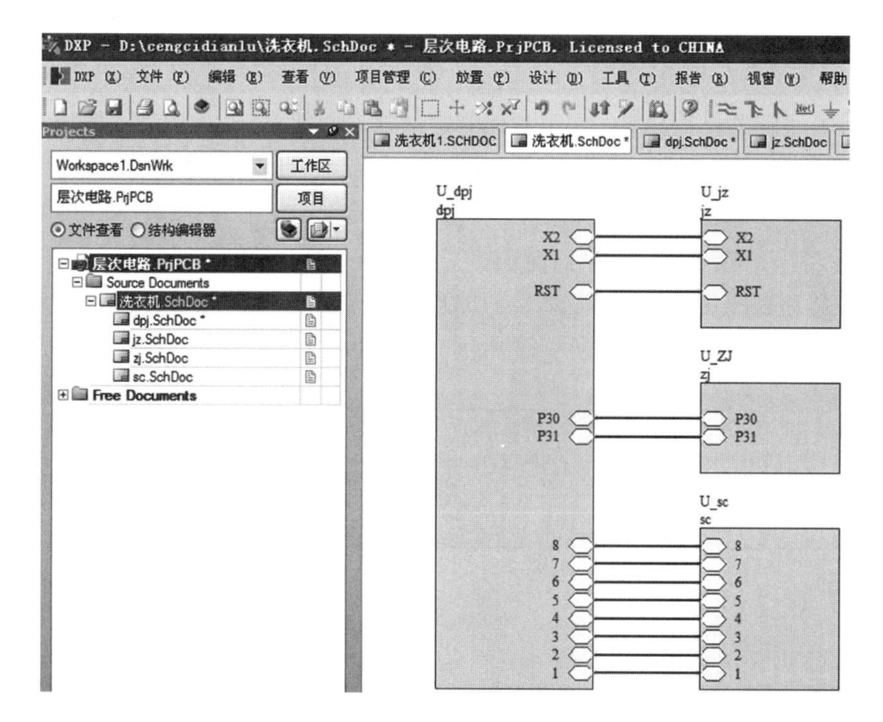

图 6－11　编译项目

（2）建立 PCB 文件，根据层次原理图制作 PCB。

6.1　Protel DXP 2004 SP2 的原理图模板制作

学习要点：

（1）了解原理图模板制作的步骤方法。

（2）理解固定文本与动态信息文本的含义，熟练掌握标题栏的绘制和转换技巧。

（3）掌握模板调用方法，并熟练应用于各原理图。

一般地，原理图模板用于保持用户定义的图纸大小、图纸边界和标题栏信息等。这里以 2006 年计算机辅助设计高级绘图员技能鉴定试题的原理图模板制作为例来学习原理图的模板制作方法。

6.1.1　设计原理图模板的一般步骤

（1）新建原理图文件。

（2）设置原理图文档参数。

（3）绘制图纸信息栏。

（4）添加信息。

（5）保存文件为模板文件（. SchDot）。

6.1.2　原理图模板制作实例

以“计算机辅助设计高级绘图员技能鉴定试题（电路类）”的原理图模板制作实例来说明原理图模板的制作过程。

（1）新建一个原理图文档。在项目中追加一个新原理图文档或者单击菜单“文件→创建→原理图”，直接建立一个空白原理图文档。

（2）设置原理图环境参数。进入空白原理图文档后，单击菜单“设计→文档选项”，弹出“文档选项”对话框，如图 6－12 所示。

图 6－12　原理图环境参数设置

1）将“图纸明细表”前的复选框不勾选。

2）设置文档的边缘色和图纸的颜色，这里分别将其设置成 3 号色和 18 号色。

3）图纸“标准风格”设置为 A4。

4）“捕获”网格大小设置为 5，“可视”网格设置为 10。

5）单击“单位”选项卡，将单位系统设为英制。

“参数”选项卡中，STRING（系统预设置）表示当图纸设置信息时或者信息发生改变时系统读取这些信息并转换成字符串显示在图纸上，有 BOOLEAN（布尔型）、INTEGER（整数型）和 FLOAT（浮点型）3 个选项。

（3）绘制模板图纸信息栏图框。使用放置直线工具绘制图纸信息栏图框。

（不要使用 Wire 线绘制）。绘制的自定义标题栏如图 6－13 所示。其中边框直线为小号，颜色为 3 号，文字大小为 12 磅，颜色为黑色，字体为仿宋_GB2312。

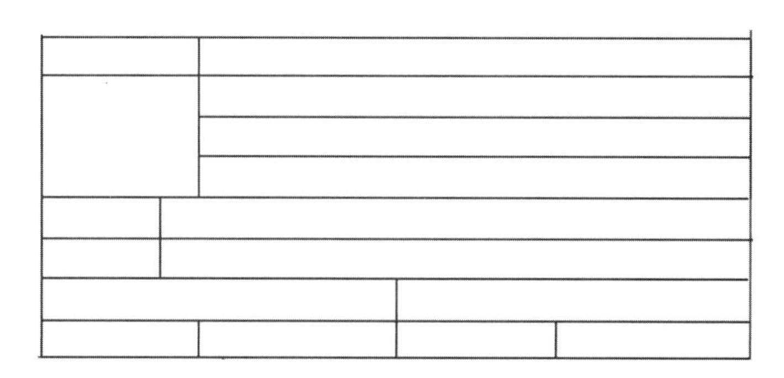

图 6 – 13　自定义标题栏

（4）添加标题栏各类信息。可以通过放置文本方式来添加标题栏各类信息。

Protel DXP 2004 SP2 为我们提供的文本有两种方式：一种是固定文本，一般为信息栏标题文本；另一种是动态信息文本，会随着不同文件参数的变化而变化。

单击菜单“放置→文本字符串“命令，光标变成“+”字，按下 < Tab > 键打开“注释”对话框，如图 6 – 14 所示。

首先用固定文本的方式为标题栏放置如下信息：“单位名称”“考生信息”“图名”“文件名”“第　幅”“总共　幅”“当前时间”和“当前日期”。在文本框里输入文本信息。单击“变更”按钮，打开如图 6 – 15 所示的“字体”对话框，在字体下拉框里选择“仿宋_GB2312”，字形选择“常规”，大小设为“12”号字。

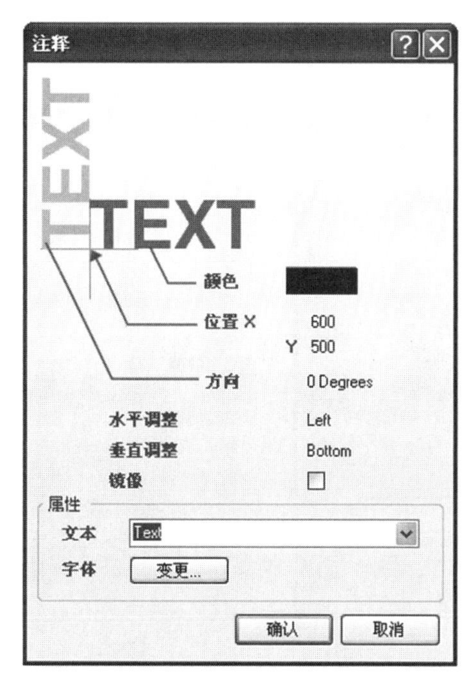

图 6 – 14　“注释”对话框

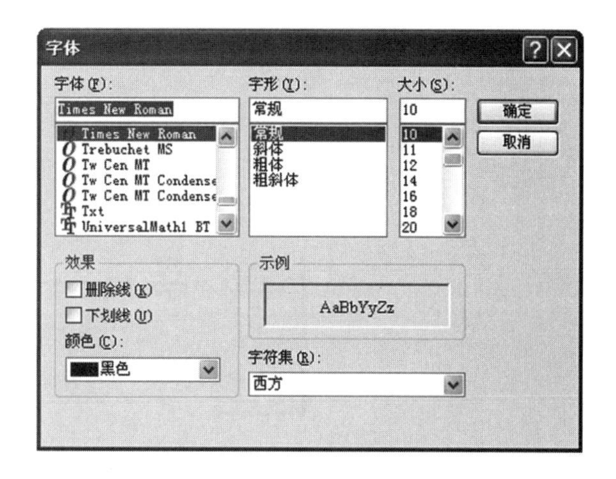

图 6 – 15　“字体”对话框

放置完固定文本信息后，结果如图 6－16 所示。

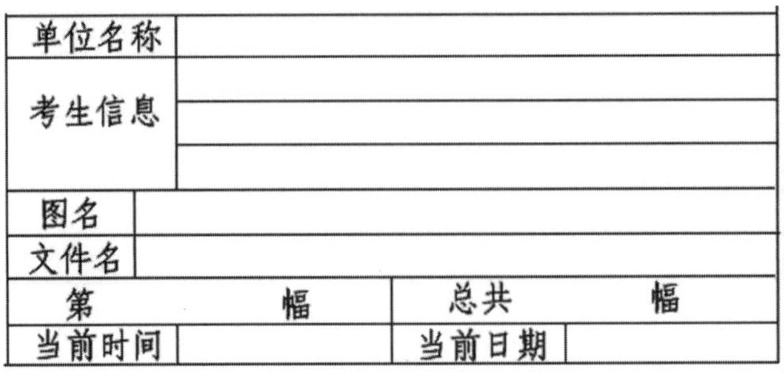

单位名称			
考生信息			
图名			
文件名			
第	幅	总共	幅
当前时间		当前日期	

图 6－16　添加完固定文本信息

（5）添加动态信息文本。动态信息文本的特点就是，当设计文档发生变化时，相应的文体信息也会自动更新。

例如，设计文件名时，如果图纸文件需要在原理图设计中自行加入信息，在文件名后的空白栏中添加动态信息文本“＝DocumentName”即可。

单击菜单“放置→文本字符串”，光标变成“＋”字，按下 <Tab> 键打开注释对话框，单击文本下拉列表框，结果如图 6－17 所示。

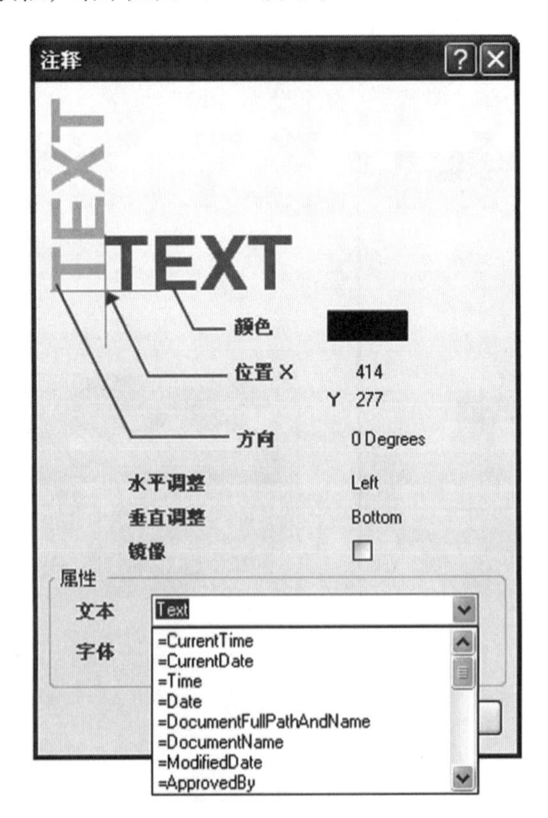

图 6－17　添加动态信息文本

图 6－18 为原理图模板制作的一个参考。

单位名称	=Organization		
考生信息	=Address1		
	=Address2		
	=Address3		
图名	=Title		
文件名	=DocumentName		
第 =SheetNumber幅		总共=SheetTotal幅	
当前时间	=CurrentTime	当前日期	=CurrentDate

图 6－18　标题栏设置示例

（6）转换动态文本。

1）输入相关文本内容。单击菜单“设计→文档选项”，选择“参数”选项卡，并在“数值”内填写相关内容，如图 6－19 所示。

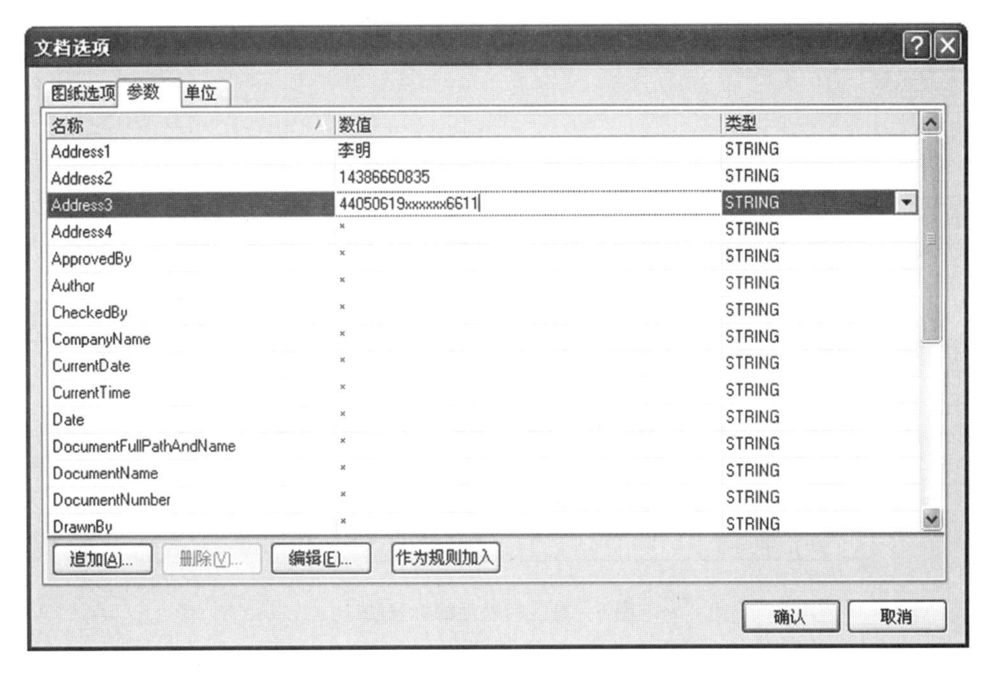

图 6－19　输入文本内容

2）进行转换。单击菜单“工具→原理图优先设定”，选中“转换特殊字符串”复选项，如图 6－20 所示。单击“确认”按钮后，标题栏转换为图 6－21。

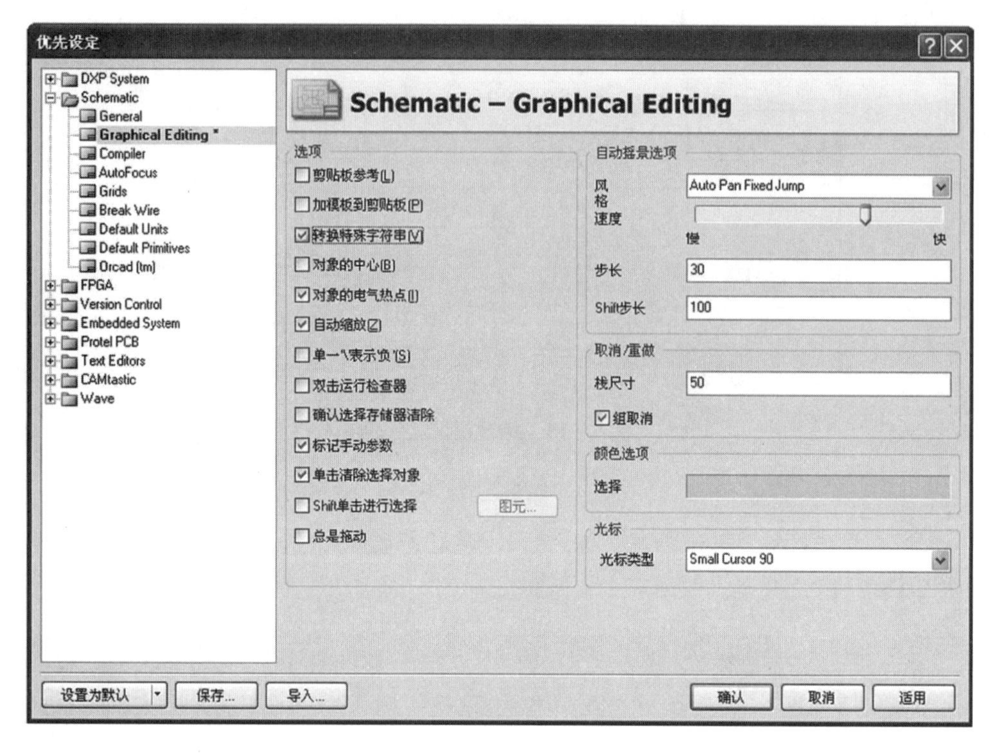

图 6－20　转换文本内容

单位名称	顺德职业技术学院		
考生信息	李明		
	14386660835		
	44050619xxxxxx6611		
图名	数字电路		
文件名	mydot1.SCHDOC		
第　1　幅		总共　4　幅	
当前时间	14:00:32	当前日期	2014-6-23

图 6－21　转换后的标题栏

（7）保存模板文件。

单击菜单“文件→保存为”，选择模板类型（.SCHDOT），如图 6－22 所示。输入模板名称，默认保存的路径是在程序安装的根目录下的“Templates”，可选择其他路径保存。

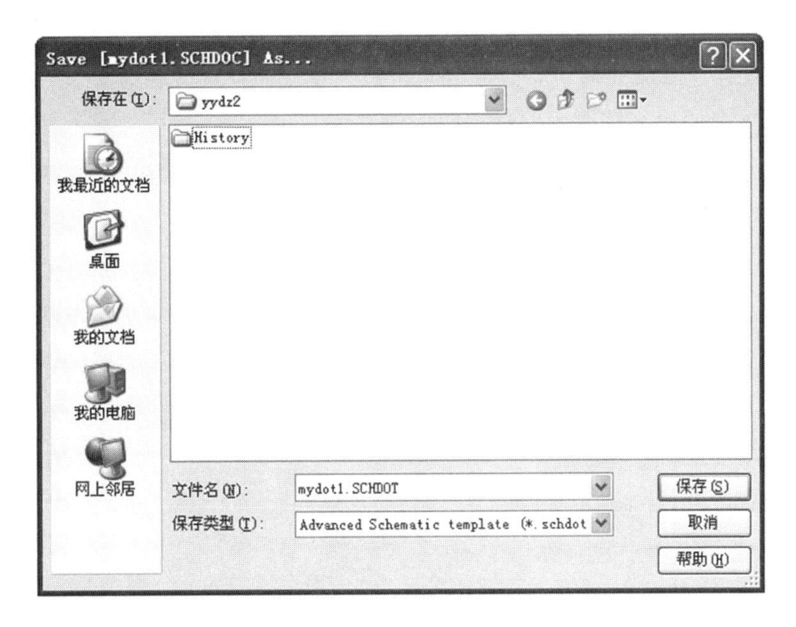

图 6－22　保存模板文件

6.1.3　原理图模板调用

（1）利用系统调用原理图模板的方法。

单击菜单“工具→原理图优先设定”，选择“Schematic”下拉菜单下的“General”右边最下面的“默认”选项框模板，单击“浏览”按钮，选择建立模板的位置，单击“确认”。下次建立原理图时，就会调用自己建立的文档模板了，如图 6－23 所示。

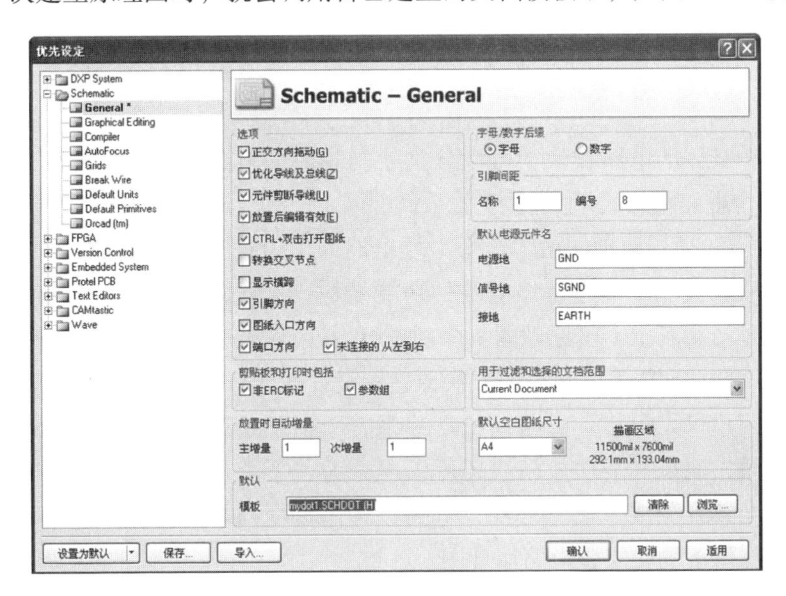

图 6－23　调用模板

注意：

先建立模板再建立原理图，系统才会调用自己建立的模板文件。

（2）利用单个原理文档调用原理图模板的方法。

单击菜单“设计→模板→设定模板文件名”，在弹出的对话框里选择要套用的模板即可。

（3）删除当前模板的方法。

单击菜单“设计→模板→删除当前模板”，如图 6－24 所示。选择文档范围后，单击“确认”按钮就可以把当前模板删除了。

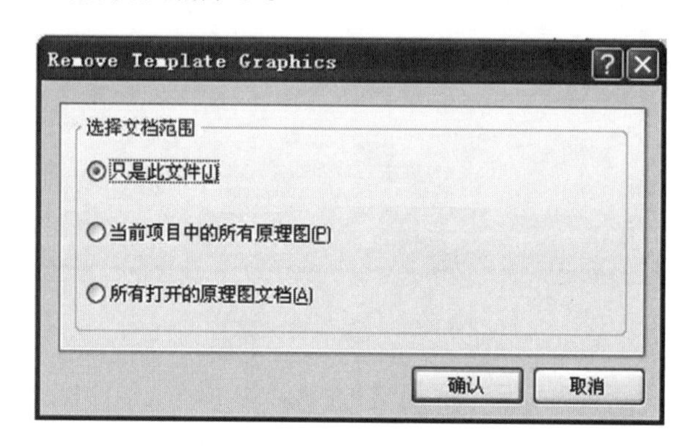

图 6－24　删除模板

6.2　原理图设计与提高绘制能力

层次原理图的设计理念是将实际的总体电路进行模块划分，原则是每一个电路模块都应该有明确的功能特征和相对独立的结构，而且还要有简单、统一的接口便于模块彼此之间的连接。

针对每一个具体的电路模块，可以分别绘制相应的电路原理图，该原理图一般称为“子图”；而各个电路模块之间的连接关系则是采用一个顶层原理图来表示（也称“主图”或“父图”）。顶层原理图由若干个方块电路即图纸符号组成，用来展示各个电路模块之间的系统联系关系，描述整体电路的功能结构。这样，我们就可以把整个系统电路分解成顶层原理图和若干个子原理图来分别进行设计。

Protel DXP 2004 SP2 系统提供的层次原理图设计功能非常强大，能够实现多层的层次化设计功能。用户可以将整个电路系统划分为若干个子系统，每一个子系统可以划分为若干个功能模块，而每一个功能模块还可以再分为若干个基本的小模块，这样依次细分下去，就把整个系统分成了多个层次，电路设计由繁变简。理论上，同一个项目中，可以包含无限分层深度的无限张电路原理图。

6.2.1　层次原理图

一般电路原理图的基本设计方法，是将整个系统的电路绘制在一张原理图纸上。这种方法适用于规模较小、逻辑结构也比较简单的系统电路设计。而对于大规模的电路系统来说，由于所包含的对象数量繁多，结构关系复杂，很难在一张原理图纸上完整地绘制出来，其错综繁杂的结构也极不利于电路的阅读分析与检测。

因此，对于大规模的复杂系统，应该采用另外一种设计方法，即电路的模块化设计。将整体系统按照功能分解成若干个电路模块，每个电路模块能够完成一定的独立功能，具有相对的独立性，可以由不同的设计者分别绘制在不同的原理图纸上。这样，电路结构清晰，同时也便于多人共同参与设计，加快工作进程。

6.2.2　层次原理图设计方法

根据上面讲的层次原理图的模块化结构，我们知道，层次电路原理图的设计，实际上就是对顶层原理图和若干子原理图分别进行设计的过程。设计过程的关键在于不同层次间的信号如何正确地传递，这一点主要就是要通过在顶层原理图中放置图纸符号、图纸入口，同时在各个子原理图中放置相同名称的输入/输出端口来实现的。

基于上述的设计理念，层次电路原理图设计的具体实现方法有两种：一种是自顶向下的层次原理图设计，另一种是自底向上的层次原理图设计。

6.3　自顶向下的层次原理图设计

自顶向下的层次原理图设计方法，是工程实际中进行层次化电路设计最常用的方法。首先用户应对整体电路系统进行层次划分，根据功能和结构的要求，从宏观上划分为若干个功能模块，并把它们正确连接起来，即先绘制出层次原理图中的顶层原理图，再按照顶层原理图中的图纸符号来分别创建与之相对应的子原理图，然后去具体实现各个功能模块的功能，完成子原理图的绘制。

在这里，以“计算机辅助设计高级绘图员技能鉴定样题（电路类）”的层次电路设计为例，详细介绍层次电路的具体设计过程。

6.3.1　自顶向下的层次原理图设计的基本结构

采用层次电路的设计方法，该电路划分为 5 个电路模块：控制模块、电源模块、输入模块、指示模块和输出模块。首先绘制层次原理图中的顶层原理图，然后再分别绘制出每一电路模块的具体原理图。

6.3.2　自顶向下的层次原理图设计的设计流程

1. 绘制顶层原理图

（1）在 Windows XP 操作系统中，执行命令“开始→程序→Altium SP2→Protel DXP 2004 SP2”，或者直接双击桌面上的 Pratel DXP 2004 SP2 的图标，即可启动 Protel DXP 2004 SP2。

（2）打开“Files”面板，在“新建”栏中单击“Blank Project（PCB）”，则在“Projects”面板中出现了一个新建的项目，另存为“demo. PrjPCB”。

（3）在项目文件“demo. PrjPCB”上单击鼠标右键，执行项目命令菜单中的命令“追加新文件到项目中→Schematic”，则在该项目中新建了一个电路原理图文件，另存为“Demo. SchDoc”，并完成图纸相关参数的设置。

（4）执行放置图纸符号的菜单命令“放置→图纸符号”后，光标变为“+”字形并带有一个方块形状的图纸符号。

（5）移动光标到需要放置的位置处，单击鼠标可以确定方块的一个顶点，移动鼠标到适当位置，再次单击确定方块的另一个顶点即可完成图纸符号的放置，如图 6 - 25 所示。

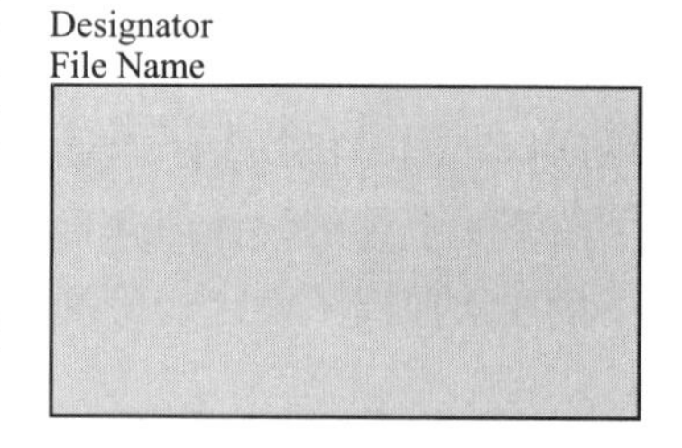

图 6 - 25　放置图纸符号

此时放置的图纸符号并没有什么具体的意义，需要进一步进行设置，包括其标识符、所表示的原理图文件，以及一些相关的参数等。

（6）双击需要设置属性的图纸符号（或在放置状态下，按 <Tab> 键），系统将弹出如图 6 - 26 所示的图纸符号属性设置对话框，在该对话框内可以设置图纸符号的相关属性。

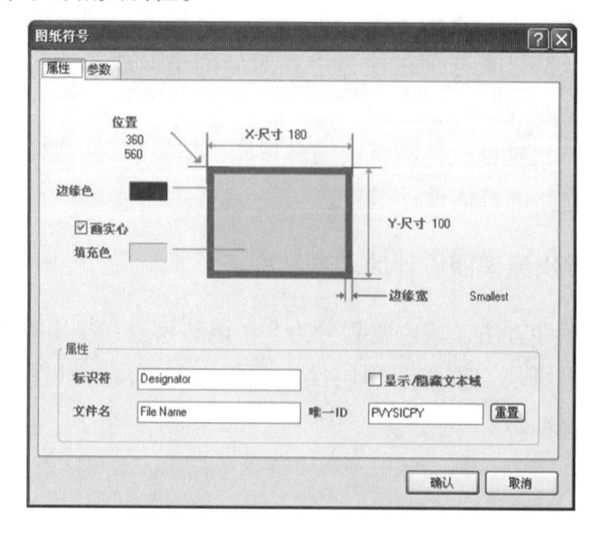

图 6 - 26　“图纸符号”对话框

图纸符号属性中的主要参数如下：

- 位置：表示图纸符号在原理图上的 X 轴和 Y 轴座标，可以输入设置。
- X－尺寸、Y－尺寸：表示图纸符号的宽度和高度，可以输入设置。这里设置宽为 180、高为 100。
- 边缘色：图纸符号边框颜色的设置。
- 填充色：图纸符号内部填充颜色的设置。
- 边缘宽：图纸符号边框宽度设置，有 Smallest、Small、Medium 和 Large 四种选择。
- 标识符：该文本栏用来输入相应图纸符号的名称，其作用与普通电路原理图中的元件标识符相似，是层次电路图中用来标识图纸符号的唯一标志，不同的图纸符号应该有不同的标识符。在这里，我们输入“键盘输入模块”。
- 文件名：该文本栏用来输入该图纸符号所代表的下层子原理图的文件名。在这里，我们输入“输入模块 . SchDoc”。
- “显示/隐藏文本域”复选框：用来选择显示还是隐藏图纸符号的文本域。

（7）单击图 6－27 中的“参数”选项卡，可以执行添加、删除、编辑图纸符号的其他有关参数的操作。

图 6－27　“参数”选项卡

（8）单击“追加”按钮后，会弹出如图 6－28 所示的追加参数的属性设置对话框。在此对话框中，可以设置追加参数的名称、数值等属性。

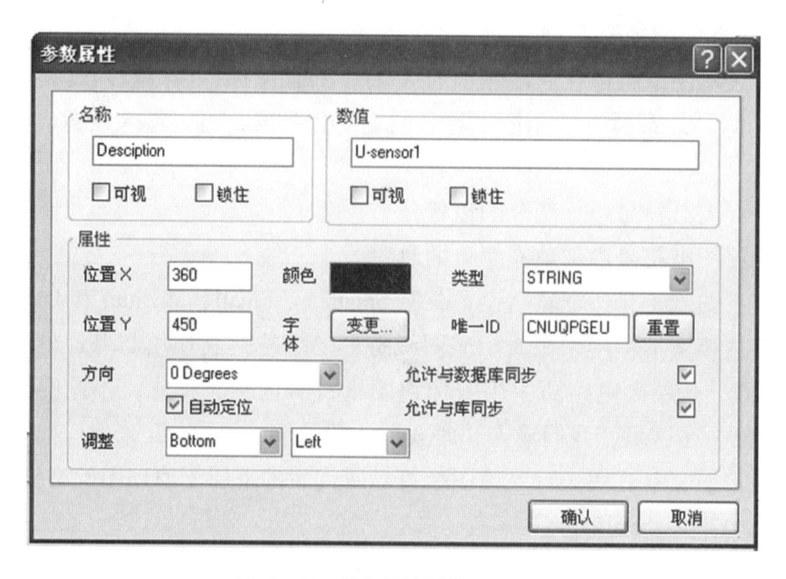

图 6-28 “参数属性”对话框

(9) 在“名称”文本框中输入“Description”，在“数值”文本框中输入“键盘输入模块”，并选中下面的“可视”复选框，单击“确认”按钮退出。此时，追加了参数的“参数”选项卡如图 6-29 所示。

图 6-29 追加了参数的“参数”选项卡

注意：

在顶层原理图的绘制中，参数的追加只是作为一项附加的操作，以便对图纸符号进行一些说明，并不是必需的。一般情况下，对图纸符号的文本标注，只要标明了标识符、文件名表示的子原理图文件名就可以了。

（10）单击“确认”退出，设置好属性的图纸符号如图6－30所示。

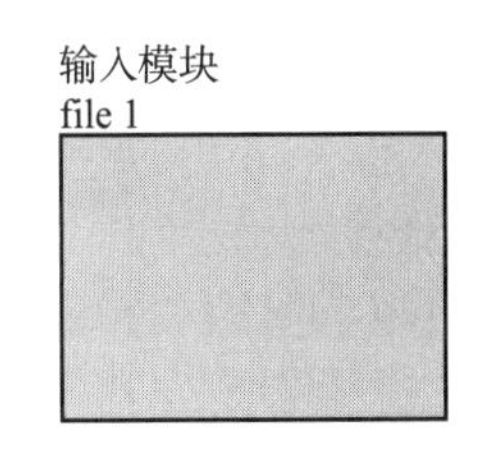

图6－30　设置好的图纸符号

（11）用同样的方法放置另外4个图纸符号：输出模块、电源模块、控制模块、指示模块，并设好相应属性，如图6－31所示。

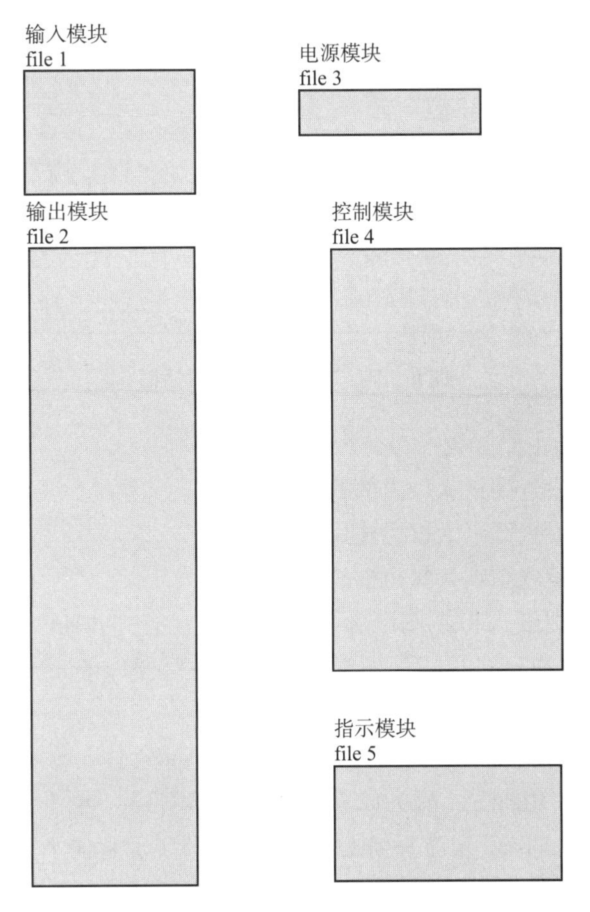

图6－31　设置好5个图纸符号

放置好图纸符号后，需要在上面放置图纸入口。图纸入口是图纸符号之间（即相应的子原理图之间）进行电气连接的通道。

（12）执行放置图纸入口的菜单命令“放置→图纸入口”后，光标变为“＋”字形。

（13）把光标移动到图纸符号内部的边框上移动，在适当的位置再次单击鼠标，即可完成图纸入口放置，如图6－32所示。

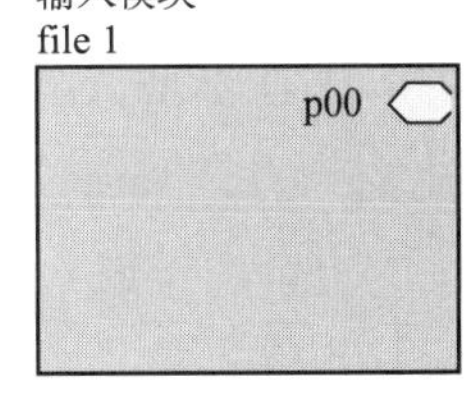

图6－32　放置图纸入口

（14）双击需要设置属性的图纸入口（或在放置状态下，按<Tab>键），系统将弹出如图6－33所示的“图纸入口”属性设置对话框，在该对话框内可以设置图纸入口的相关属性。

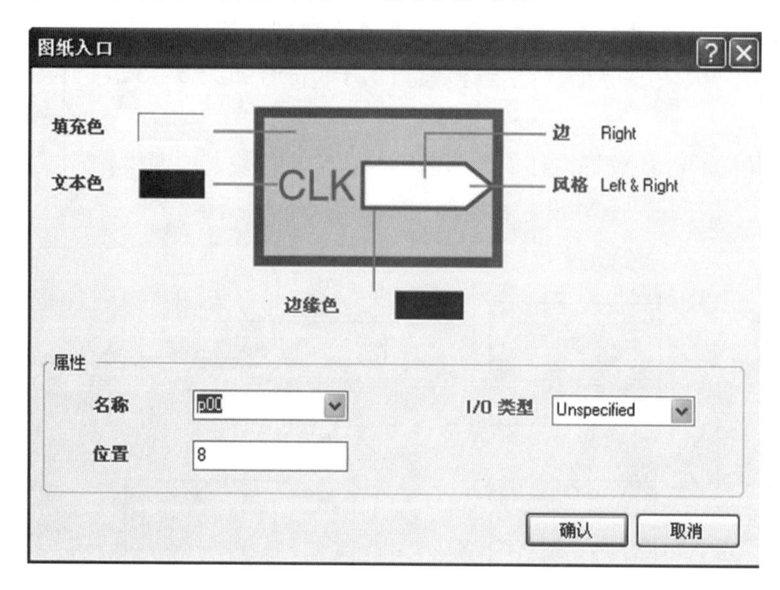

图 6－33 “图纸入口”对话框

图纸入口属性中的主要参数：

- 填充色：用来设置图纸入口内部的填充颜色。
- 文本色：用来设置图纸入口标注文本的颜色。
- 边缘色：用来设置图纸入口边框的颜色。
- 边：用来设置图纸入口在图纸符号内的位置。有“Right”（图纸符号的右侧）、“Left”（图纸符号的左侧）、“Top”（图纸符号的顶端）、“Bottom”（图纸符号的底端）4 个选项。这里设置为“Right”。
- 风格：用来设置图纸入口的外形风格。有“None（Horizontal）”（水平无方向）、“Left”（箭头向左）、“Right”（箭头向右）、“Left&Right”（水平双向）、“None（Vertical）”（垂直无方向）、“Top”（箭头向上）、“Bottom”（垂直向下）、“Top&Bottom”（垂直双向）8 个选项。这里设置为“Right”。
- 名称：该文本用来输入图纸入口的名称，该名称应该与子原理图中相应的端口名称相同。这里输入为“p00”。
- 位置：用来设置该图纸入口与图纸符号上边框的距离。这里设置为 10。
- I/O 类型：用来设置图纸入口的输入输出类型，表示信号的流向，有“Unspecified”（未定义端口）、“Output”（输出端口）、“Input”（输入端口）、“Bidirectional”（双向端口）4 个选项。这里设置为“Output”。

设置完毕，单击【确认】按钮，结果如图 6－34 所示。

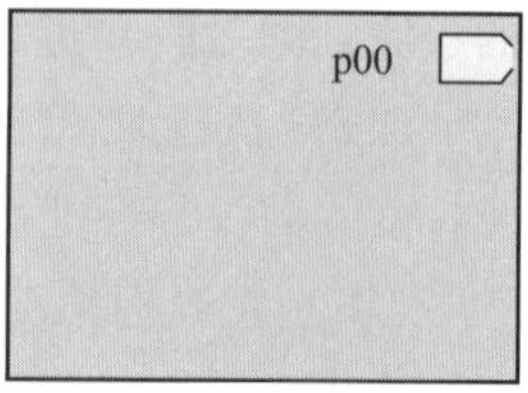

图 6－34 设置图纸入口属性后的图纸符号

（15）按照同样的方法，把所有的图纸入口放在合适的位置，并一一设置好它们的属性。使用导线或总线把每一个图纸符号上的相应图纸入口连接起来，并放置好接地符号，完成顶层原理图的绘制，如图 6－35 所示。

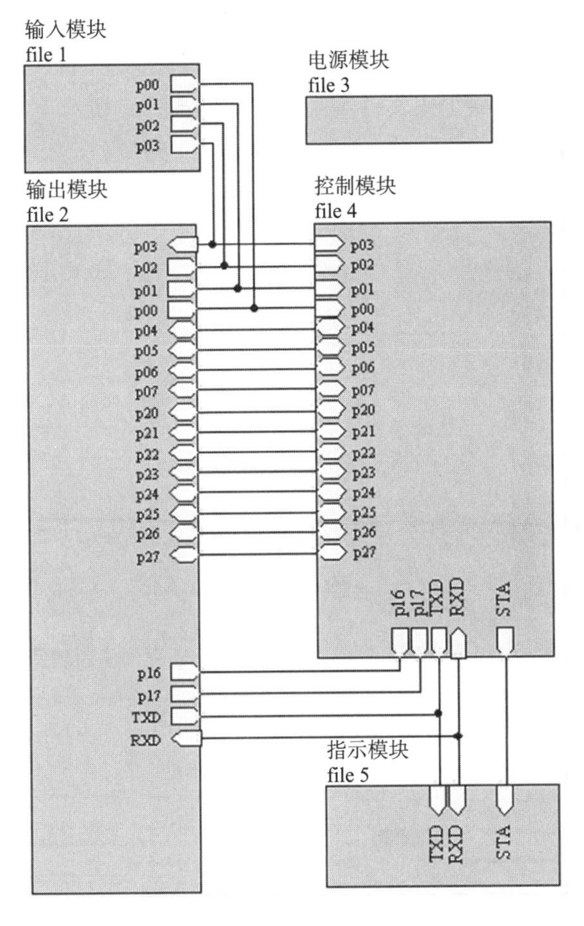

图 6－35　绘制好的顶层原理图

根据顶层原理图中的图纸符号，把与之相对应的子原理图分别绘制出来，这一过程就是使用图纸符号来建立子原理图的过程。

2. 绘制图纸符号代表的子原理图

（1）执行菜单“设计→根据符号创建图纸”，光标变为“＋”字形，移动光标至一图纸符号内部。

（2）把光标放在标识符为“输入模块”的图纸符号内，单击鼠标左键，会弹出一个如图 6－36 所示的“Confirm”提示框。

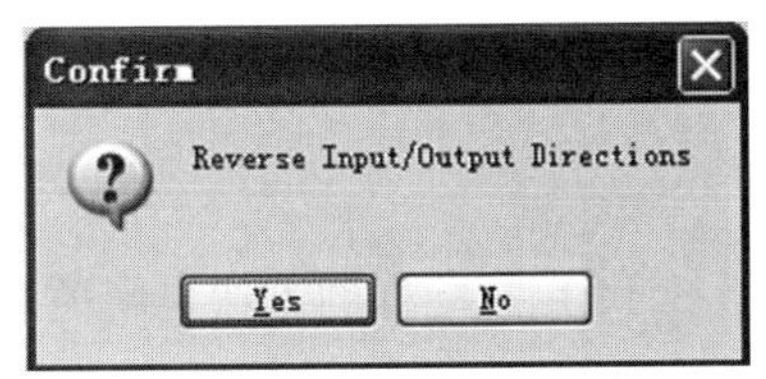

图 6－36　端口方向确认提示框

该提示框用来询问在欲建立的子原理图中是否翻转输入/输出端口的方向。如果单击“Yes”按钮，则在建立的子原理图中，输入输出端口的方向会与相应的图纸符号中的图纸入口的方向相反；如果单击“No”按钮，则在建立的子原理图中，输入输出端口的方向与相应的图纸符号中图纸入口的方向相同。为了使子原理图中的输入输出的方向与相应的图纸符号中图纸入口的方向保持一致，我们选择单击“No”按钮。

（3）单击“No”按钮后，系统自动生成了一个新的原理图文件，名称为“file1. SchDoc”。与相应图纸符号所代表的子原理图文件名一致，如图 6 – 37 所示。可以看到，在该原理图中，已经自动放置好了 4 个输入端口。

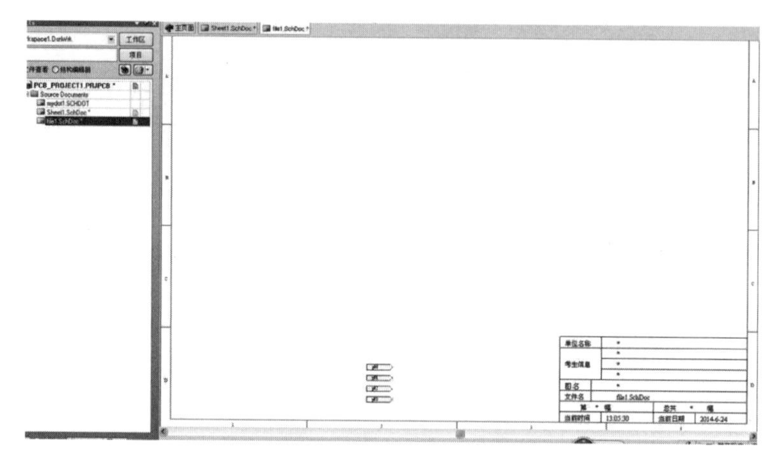

图 6 – 37　由图纸符号“输入模块”建立的子原理图

（4）使用普通电路原理图的绘制方法，放置各种所需要的元器件并进行电气连接，完成子原理图的绘制，如图 6 – 38 所示。

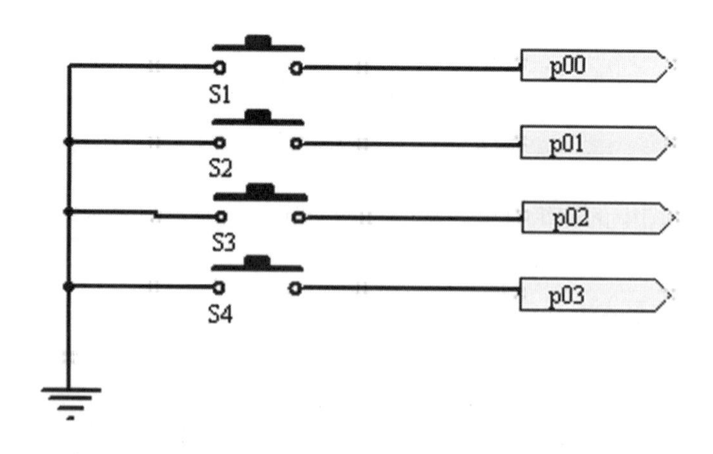

图 6 – 38　子原理图 file1. SchDoc

（5）按同样的方法，由顶层原理图中的另外 4 个图纸符号“输出模块”“电源模块”“控制模块”“指示模块”建立相应的 4 个子原理图“File 2. SchDoc”“File 3. SchDoc”“File 4. SchDoc”“File 5. SchDoc”，并分别绘制出来，如图 6 – 39、图 6 – 40、图 6 – 41、

图 6－42 所示。

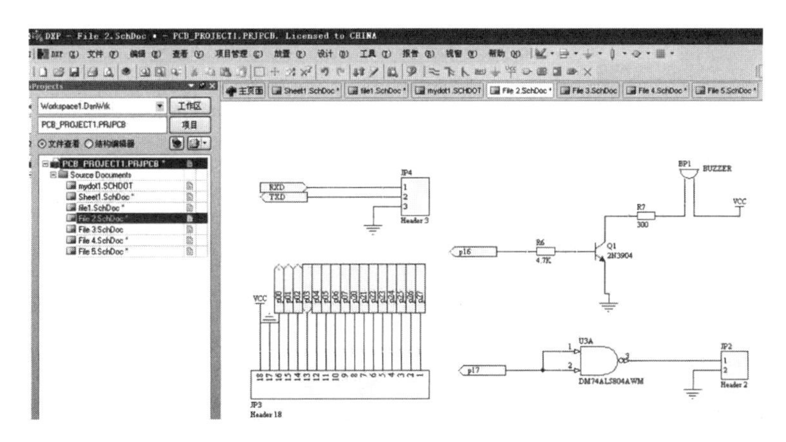

图 6－39　输出模块子图

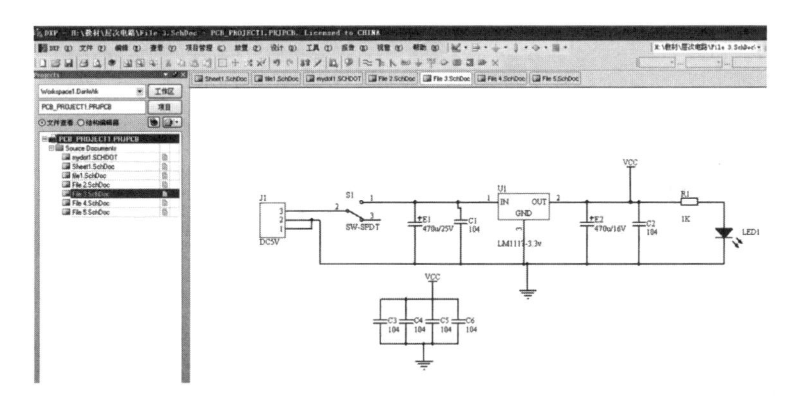

图 6－40　电源模块子图

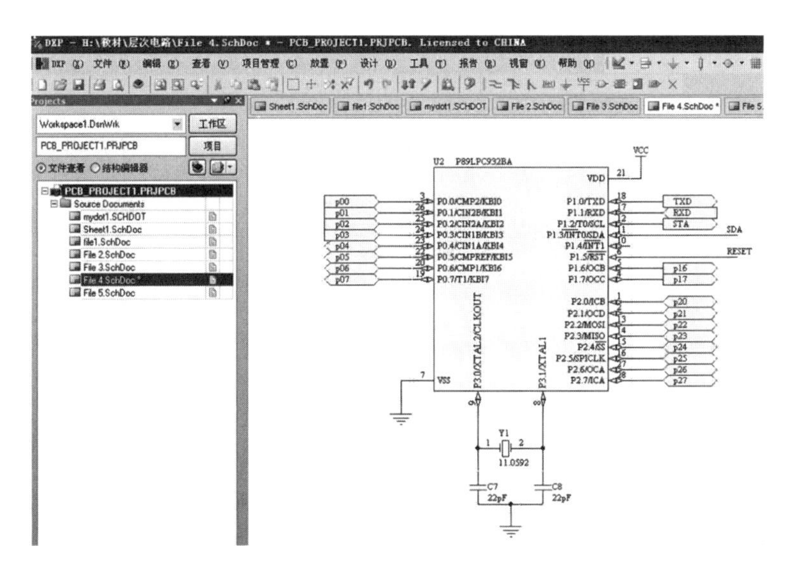

图 6－41　控制模块子图

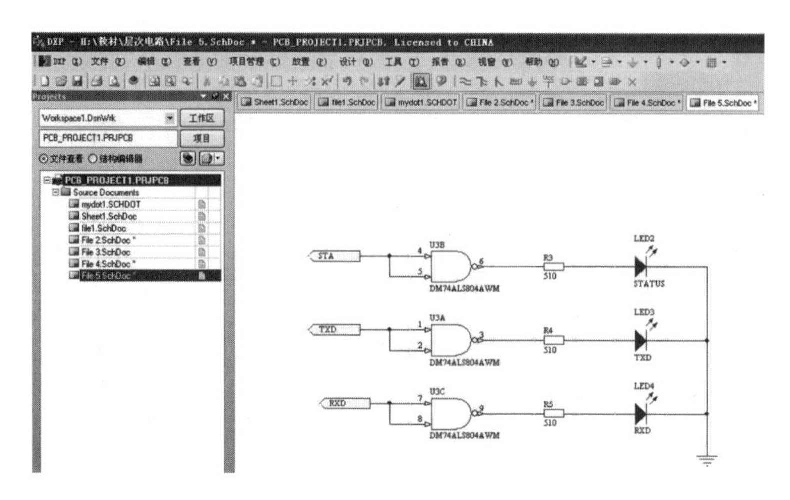

图 6－42　指示模块子图

（6）用鼠标右键单击“项目→编译项目”，如图 6－43 所示。生成的层次电路如图 6－44所示。

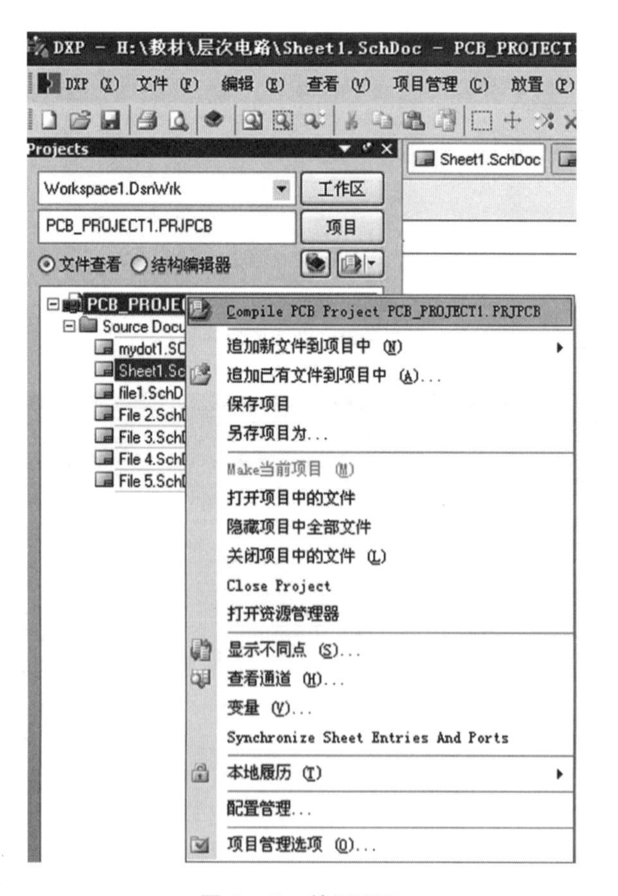

图 6－43　编译项目

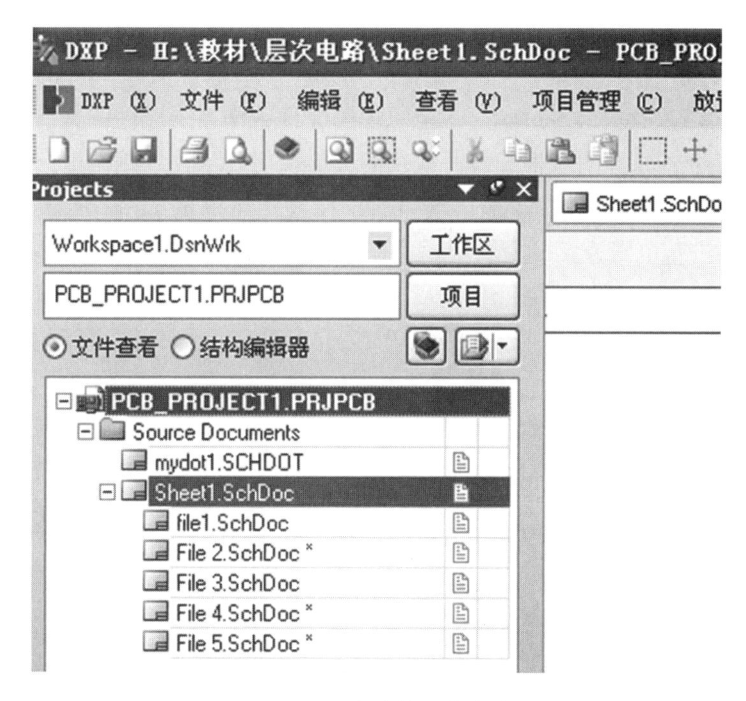

图 6－44　生成的层次电路

6.4　自底向上的层次原理图设计

6.4.1　自底向上的层次原理图设计的基本结构

对于一个功能明确、结构清晰的电路，使用自顶向下的设计流程，能够清楚地表达设计者的理念。但有些情况下，特别是在电路的模块设计过程中，不同电路模块的不同组合，会形成功能完全不同的电路系统。用户可以根据自己的具体设计需要，选取若干个现有的电路模块，组合产生一个符合设计要求的完整电路系统，此时，该电路系统可以使用自底向上的层次原理图设计流程来形成。

所谓自底向上的层次原理图设计方法，就是先根据各个电路模块的功能，一一绘制出子原理图，然后由子原理图建立起相对应的图纸符号，最后完成顶层原理图的绘制。

下面我们仍然以“计算机辅助设计高级绘图员技能鉴定样题（电路类）”的层次电路为例，介绍自底向上进行层次电路设计的具体步骤。

6.4.2　自底向上的层次原理图设计的设计流程

1. 绘制各个子原理图

（1）新建项目和电路原理图文件。

由前面的分析知道，该电路由“控制模块”“电源模块”“输入模块”“指示模块”

和“输出模块”5 个电路模块组成。我们可以新建一个项目“demo. PrjPCB”，并在该项目中新建“输入模块 . SchDoc”“输出模块 . SchDoc”“电源模块 . SchDoc”“控制模块 . SchDoc”和“指示灯模块 . SchDoc”5 个原理图文件，作为子原理图文件。

（2）绘制各个子原理图。根据每一模块的具体功能要求，绘制出电路原理图。

（3）放置各子原理图的输入/输出端口。子原理图中的输入/输出端口是子原理图与顶层原理图之间进行电气连接的重要通道，应根据具体设计要求加以放置。

例如，在原理图“控制模块 . SchDoc”中，分别通过单片机 PO 口的 8 个引脚、P2 口的 8 个引脚和 P1. 0、P1. 1、P1. 2、P1. 6、P1. 7 与其他 4 个原理图之间的信号传递通道，放置了输入/输出端口的原理图“控制模块 . SchDoc”与图 6 - 41 完全相同。

同样地，在子原理图“输入模块 . SchDoc”“输出模块 . SchDoc”“电源模块 . SchDoc”和“指示灯模块 . SchDoc”中放置与“控制模块 . SchDoc”对应的输入/输出端口。

放置了输入/输出端口的 4 个子原理图“输入模块 . SchDoc”“输出模块 . SchDoc”“电源模块 . SchDoc”和“指示模块 . SchDoc”，分别如图 6 - 38、图 6 - 39、图 6 - 40 和图 6 - 42 所示。

2. 绘制顶层原理图

（1）在项目中新建一个原理图文件“demo. SchDoc”，以便绘制顶层原理图。

（2）打开原理图文件“demo. SchDoc”，执行菜单“设计→根据图纸创建图纸符号”，将弹出如图 6 - 45 所示的选择文件放置对话框。

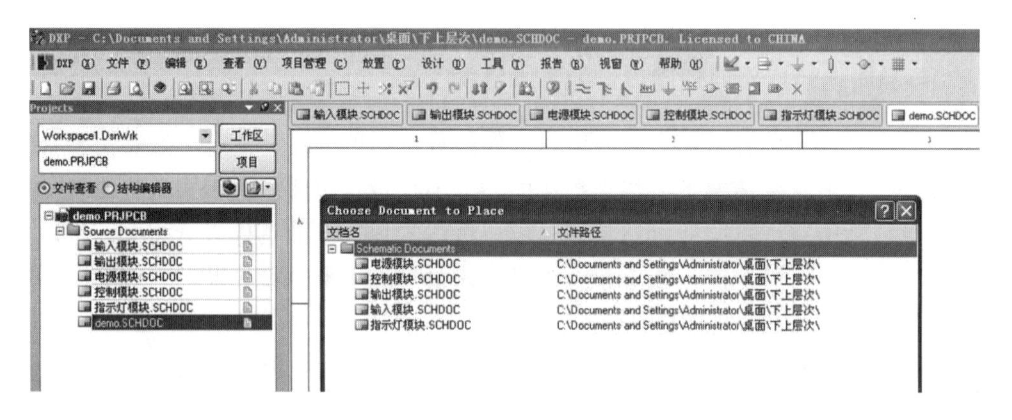

图 6 - 45　选择文件放置对话框

单击“确认”按钮会弹出一个“Confirm”提示框，如图 6 - 46 所示。选择“No“按钮，则在顶层原理图建立图纸符号，连接各个端口后顶层原理图见图 6 - 35。

（3）后续步骤与自顶向下的设计方法完全一致，此处不再赘述。

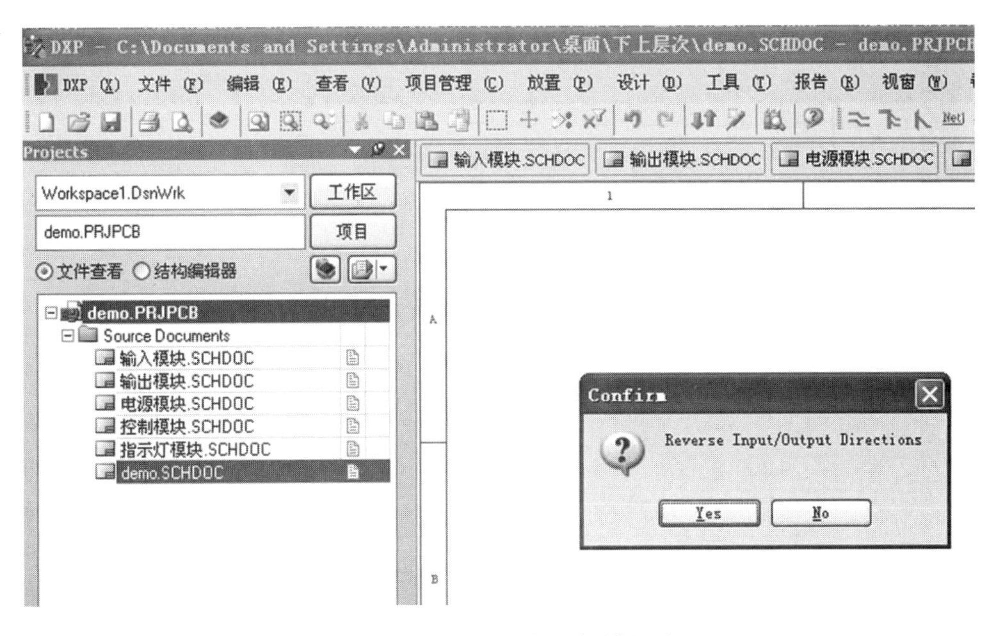

图 6-46　图纸入口方向确认提示框

6.5 习　　题

（1）请将图 6-47 改成层次电路并制作 PCB。

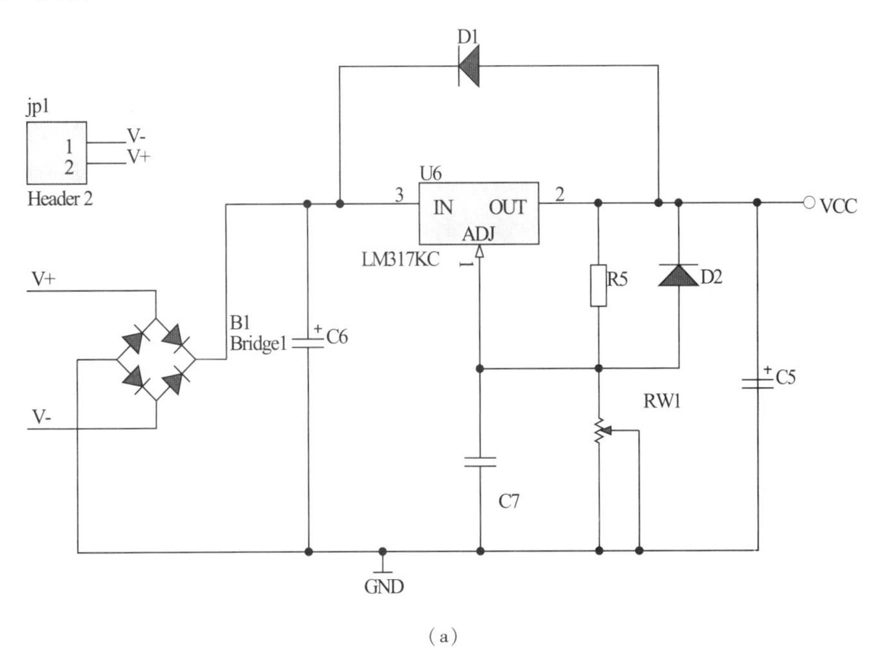

（a）

图 6-47　习题 1

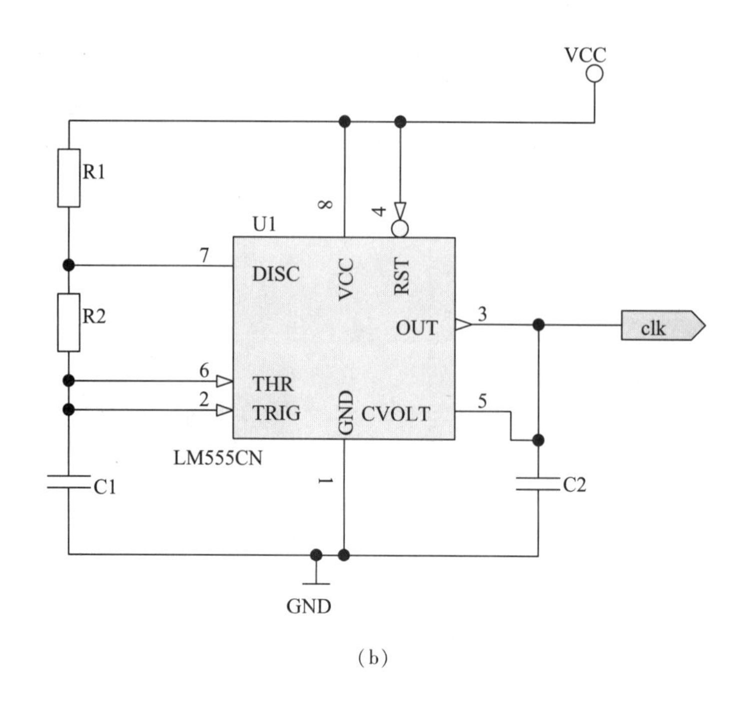

(b)

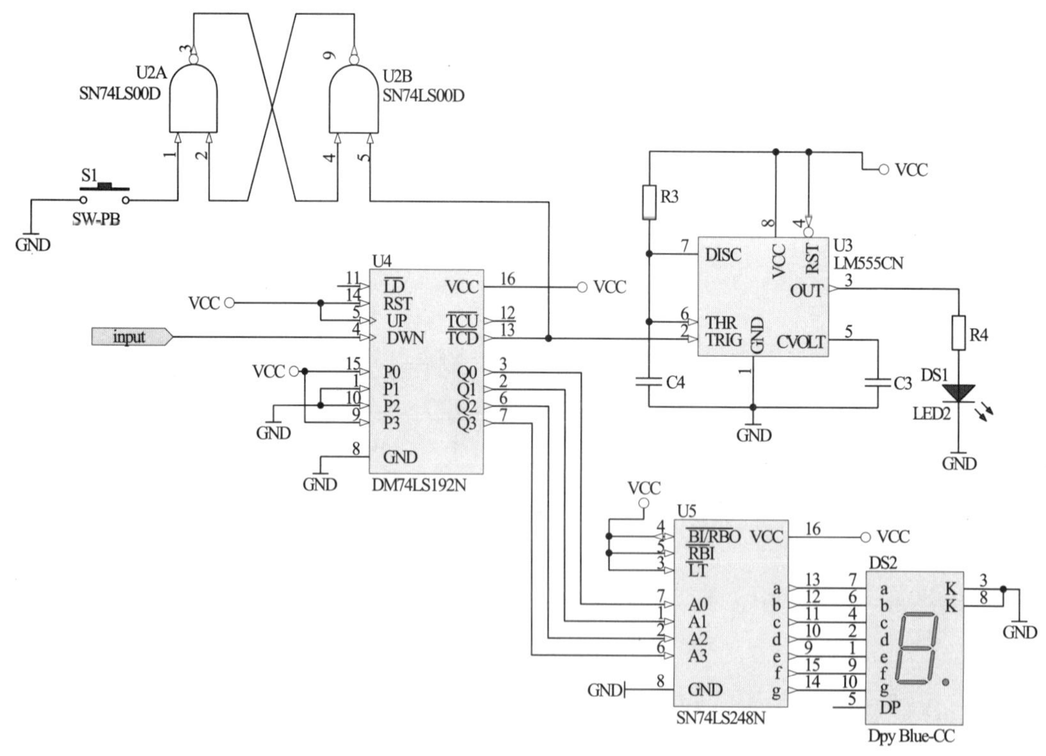

(c)

图 6－47　习题 1（续）

(a) 电源子图；(b) 秒脉冲产生电路；(c) 计数、显示、报警延时、控制子图

（2）请将图 6－48 改成层次电路并制作 PCB。

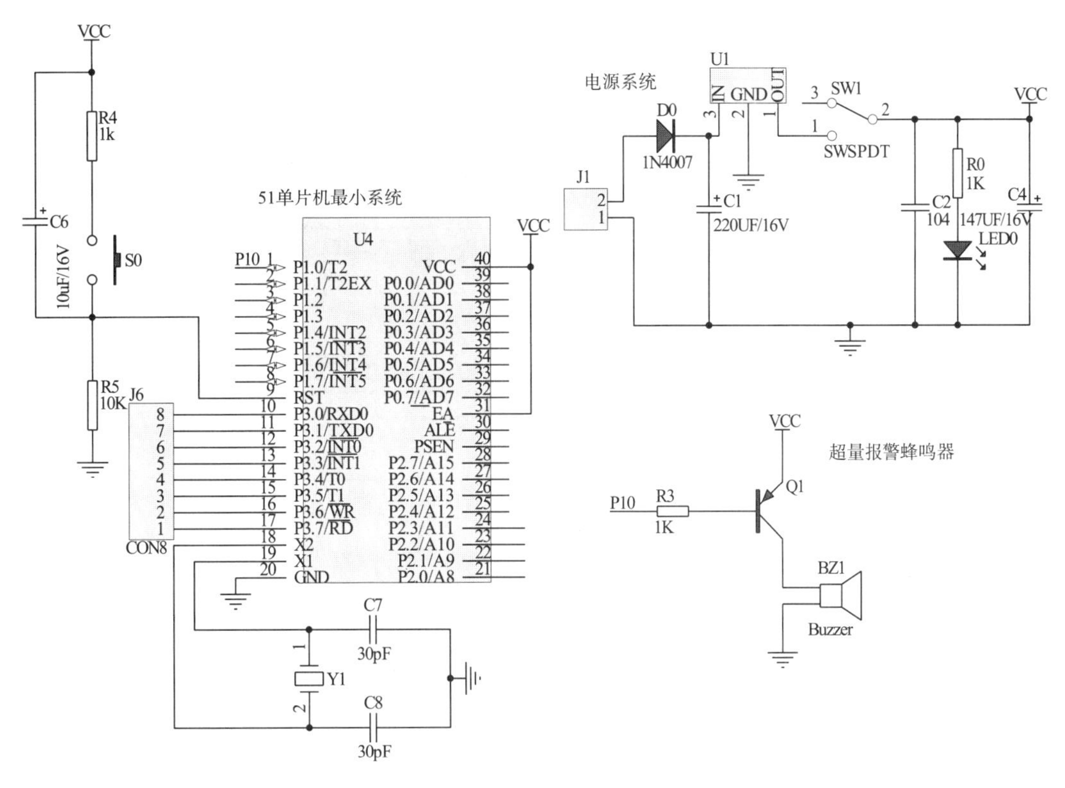

图 6－48　习题 2

（3）请将图 6－49 电路改成层次电路并制作 PCB。

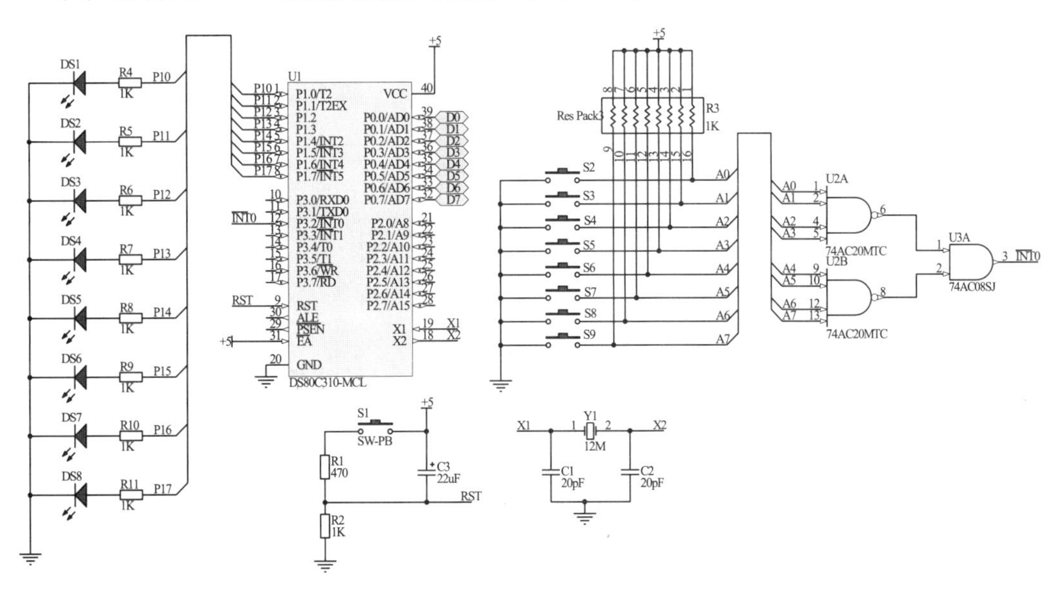

图 6－49　习题 3

（4）请将图 6－50 电路改成层次电路并制作 PCB。

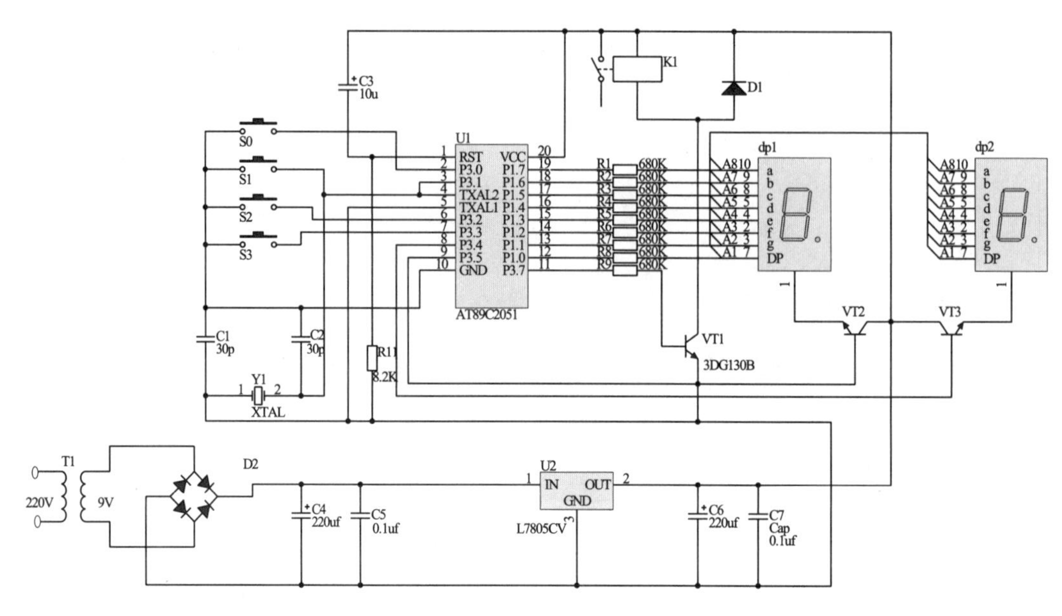

图 6－50　习题 4

（5）请将图 6－51 电路改成层次电路并制作 PCB。

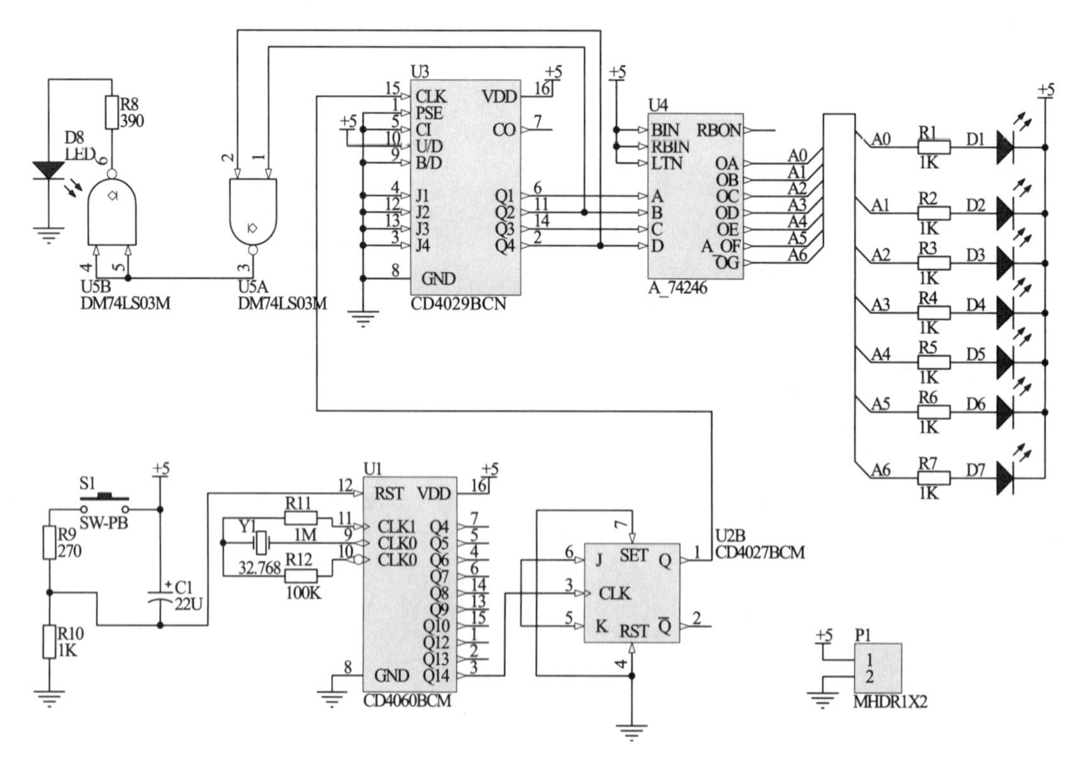

图 6－51　习题 5

（6）请将图 6 – 52 电路改成层次电路并制作 PCB。

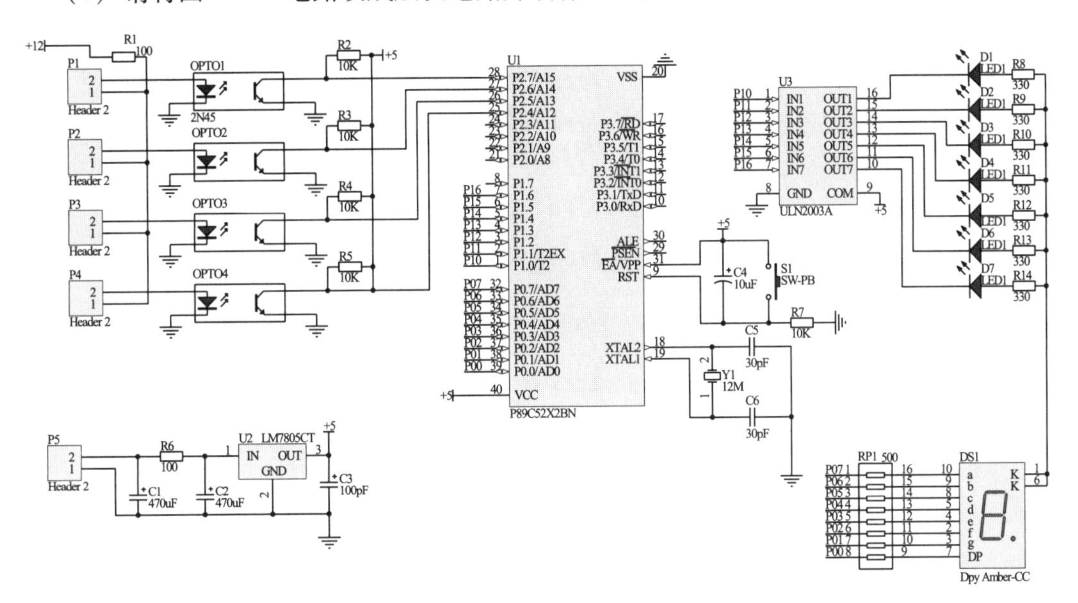

图 6 – 52　习题 6

第7章　电路板制作

抄板是一项既专业又实用的电子技能，在实际工作中，“抄板”往往是考查技术人员识读电子电路能力的标准。

7.1　印制电路板技术术语

印制电路板由以下几部分组成。

（1）铜箔走线：由铜箔组成的电路走线。

（2）焊盘：印制电路板上的焊接点。

（3）焊盘孔：印制电路板上安装元器件插孔的焊接点。

（4）定位孔：用于固定电路板的孔。

（5）绿油：覆盖在电路板上的绿色涂层，也称阻焊剂。

（6）丝印：指元器件形状、标号或其他信息的印刷文字。

（7）底层：单面印制电路板中铜箔板的板面。

（8）顶层：单面印制电路板中安装元器件的板面。

（9）跳线：单面印制电路板布线时有布不通的线要用跳线将其连通。

7.2　抄画 PCB 流程

（1）用游标卡尺（或其他工具）测量各个元器件（封装）的参数。包括：引脚直径（焊盘内径）、引脚间距（焊盘间距）、两排引脚间距或两排焊盘的间距（对双排引脚的元器件）、元器件（封装）的长和宽等。

（2）计算焊盘参数。外径：2×内径值；内径：1.67×引脚直径。

（3）建立封装库并根据测量及计算结果画出各个元器件的封装。

（4）建立 PCB 文件。

（5）将所建封装库中的封装按要求放置 PCB 上。

（6）建立网络，确定各焊盘的连接关系。

（7）按要求布线。

（8）用硫酸纸（或透明胶片）打印 PCB 图。

（9）将 PCB 图附在感光板上用感光机进行感光处理。

（10）将感光板放置在显影剂中显影。

(11) 放入蚀刻剂中成型。

以下是教学实践中学生抄画制板的过程，供读者参考。

7.3　实训项目报告

任务：抄画 PCB 图与 PCB 制作

要求：熟练 Protel DXP 2004 软件操作，遵守安全操作规则

准备：PCB 图纸、游标卡尺、PCB 制作相关材料及器材

任务目的：通过亲自动手实操 PCB 制作，提高对 Protel DXP 2004 软件操作的认识，了解 PCB 制作流程，巩固知识技能。

7.3.1　制作步骤

(1) 运用 Protel DXP 2004 软件新建工程项目及 PCB 库文件。

(2) 按实际图纸封装尺寸绘制好所有 PCB 元器件封装。

(3) 建立 PCB 文件，放置所有绘制好的元器件封装并合理布局。

(4) 根据抄画图建立所有电气网络并连接导线。

(5) 按相关电路要求及电压电流分配关系对具体连接导线加粗或覆铜。

(6) 检查无误后（镜像）打印出绘制好的 PCB 图纸。

(7) PCB 的制作（包括感光板附图纸曝光、显影液显影、蚀刻液蚀刻、附焊盘图进行绿油曝光、焊接元件、实验、完成）。

本次制作的 PCB 图为“电子秤抄画图”，如图 7－1 所示。

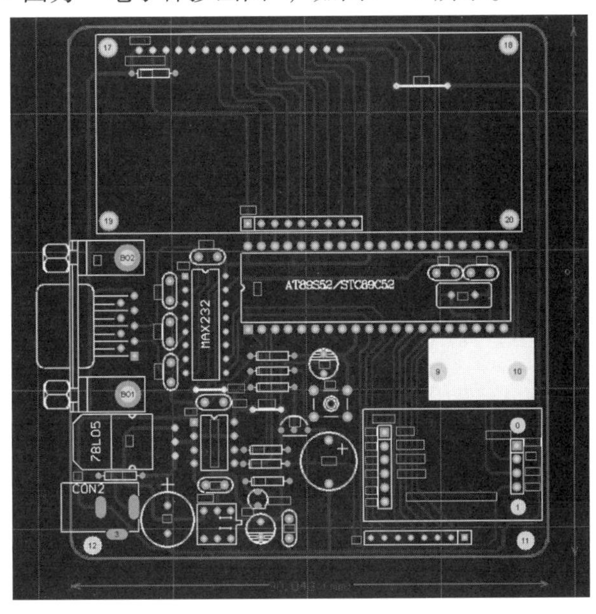

图 7－1　电子秤抄画图

7.3.2 具体操作流程

（1）新建一个以“抄画电子秤 PCB”为名的文件夹，如图 7－2 所示。

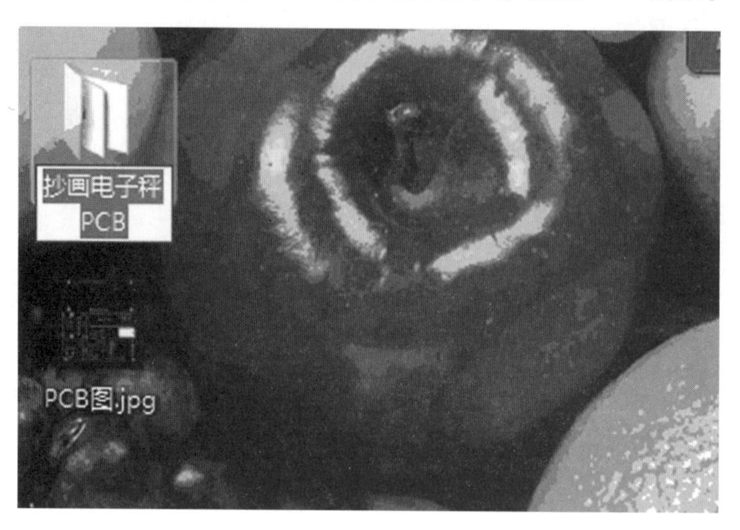

图 7－2 新建文件夹

（2）打开 Protel DXP 2004，新建一个以“抄画电子秤 PCB”为名字的工程项目文件，并保存在新建立的文件夹中，如图 7－3、图 7－4 所示。

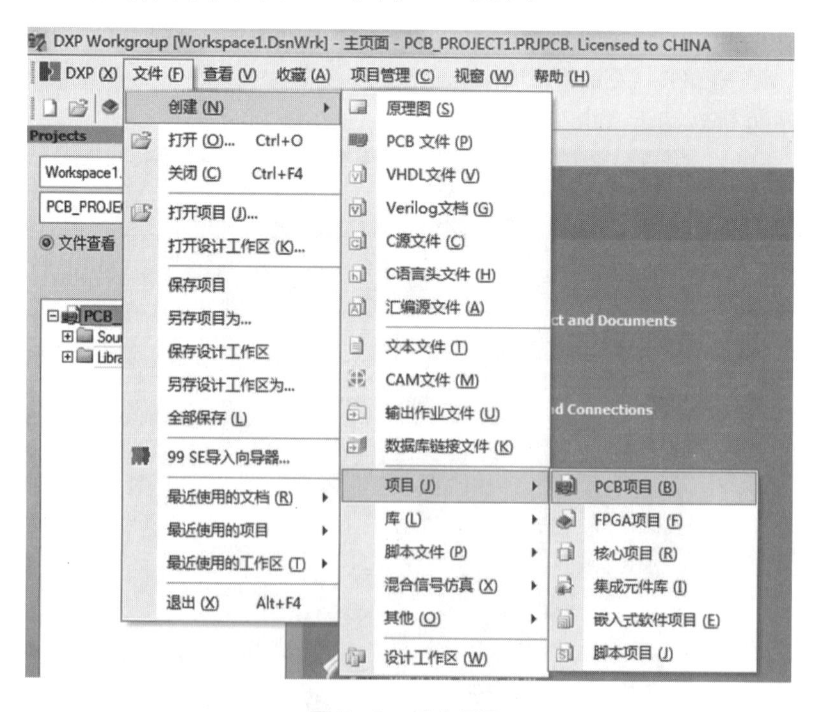

图 7－3 新建项目

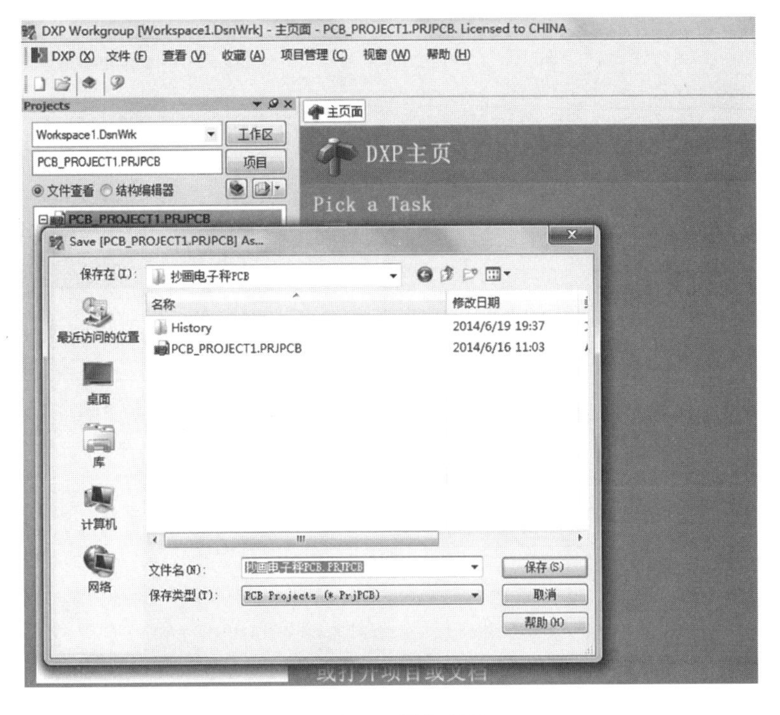

图 7－4　保存项目

（3）新建一个 PCB 库文件并保存，如图 7－5、图 7－6 所示。

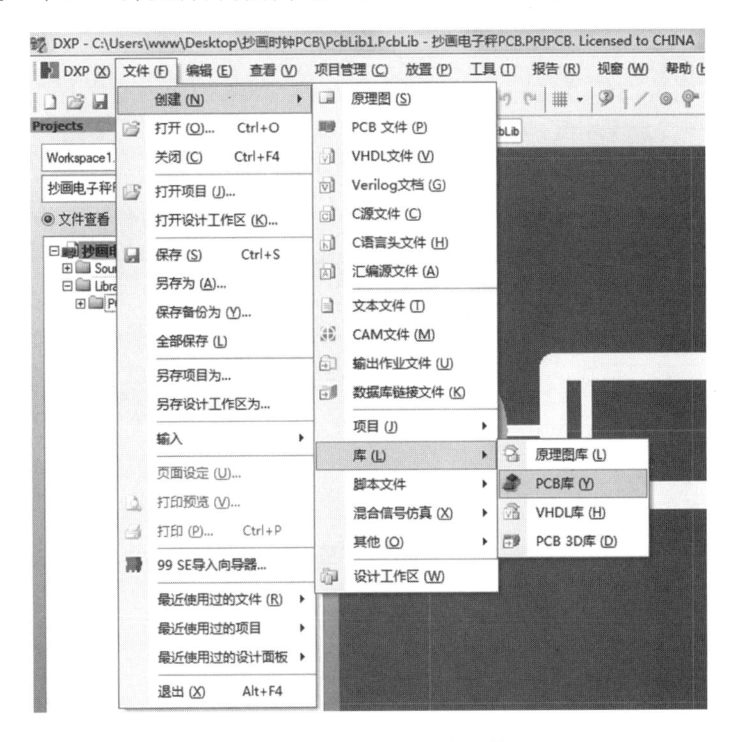

图 7－5　新建 PCB 库文件

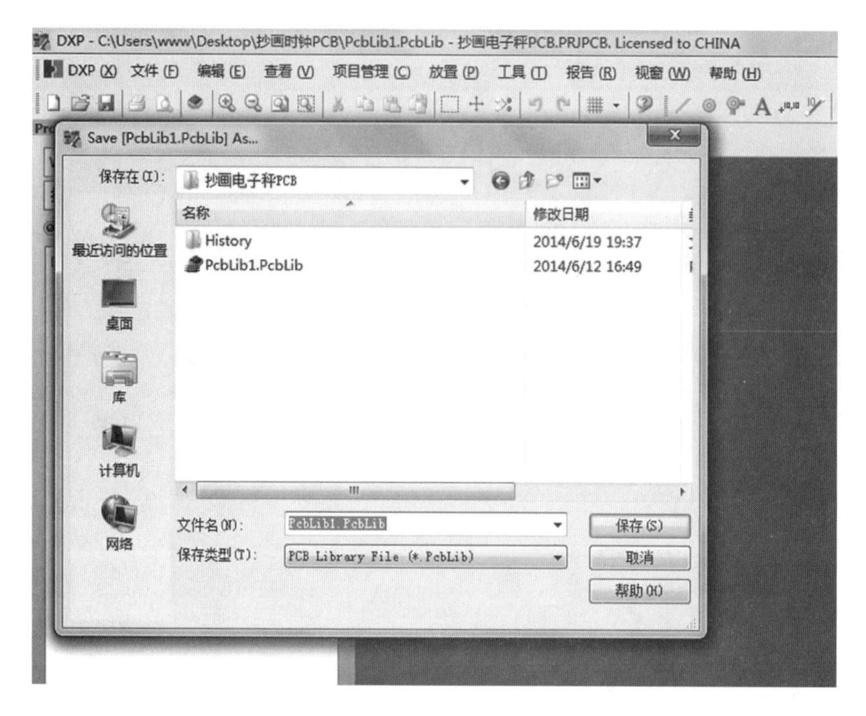

图 7－6　保存 PCB 库文件

（4）选择新建好的 PCB 库，单击操作页面左下角的 PCB Library 选项卡，如图 7－7 所示。

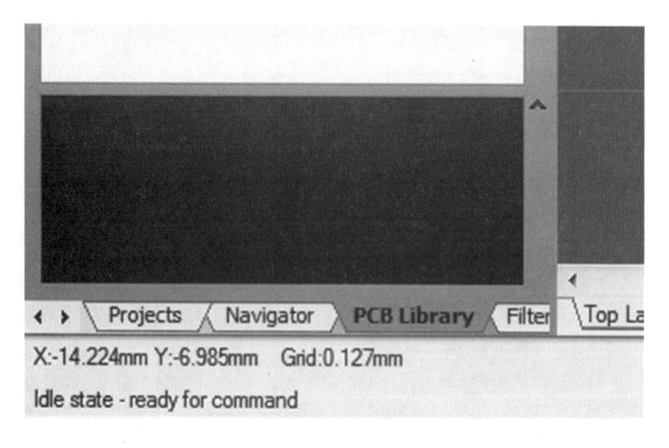

图 7－7　进入封装库编辑器

（5）执行菜单“工具→新元件”，然后根据情况决定是否选用向导。本次取消向导，如图 7－8、图 7－9 所示。

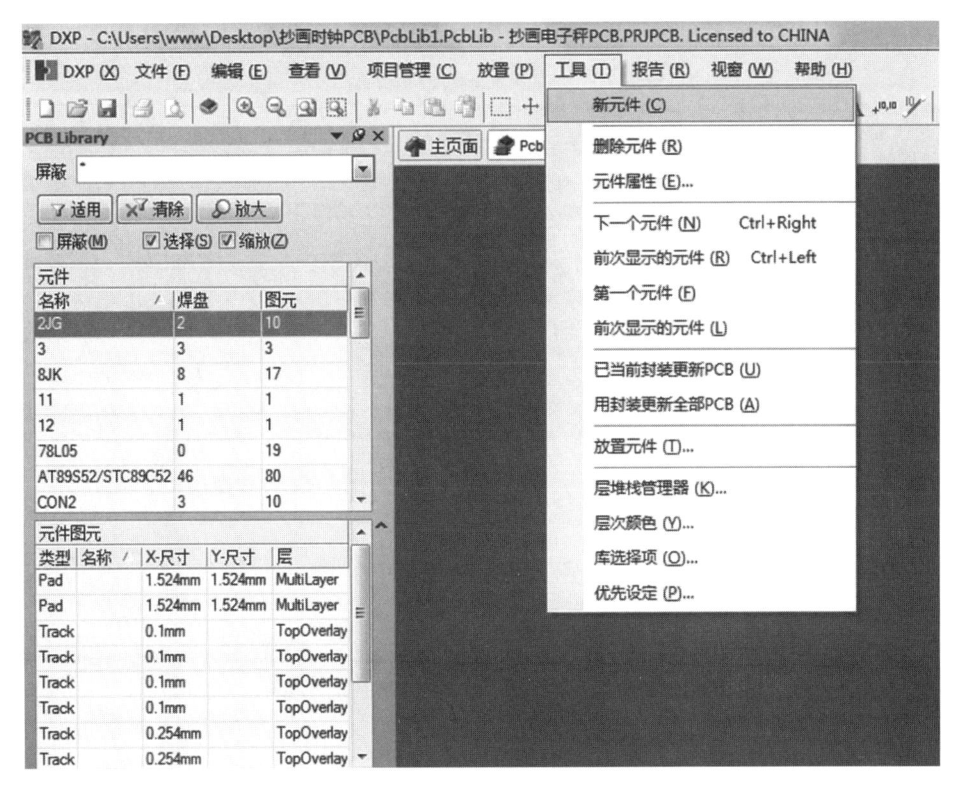

图 7－8　新建元件

图 7－9　不使用向导制作封装

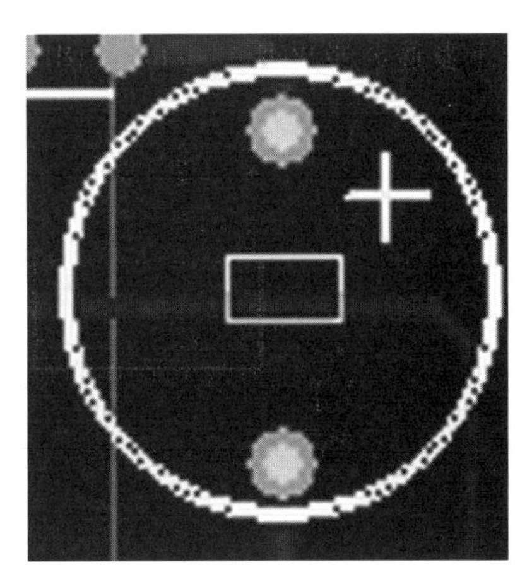

图 7－10　电容封装

（6）在工作区绘制封装，本次以原图中一个电解电容为例，如图 7－10 所示。

1）首先用游标卡尺测量出该元件两个焊盘中心点间的距离为 8mm。

2）开始绘制，放置第一个焊盘→双击放置的焊盘，坐标改为（0，0）→放置第二个焊盘→双击放置的焊盘，坐标改为（0，8）→画丝印→保存→完成，如图 7－11 ~ 图 7－16所示。

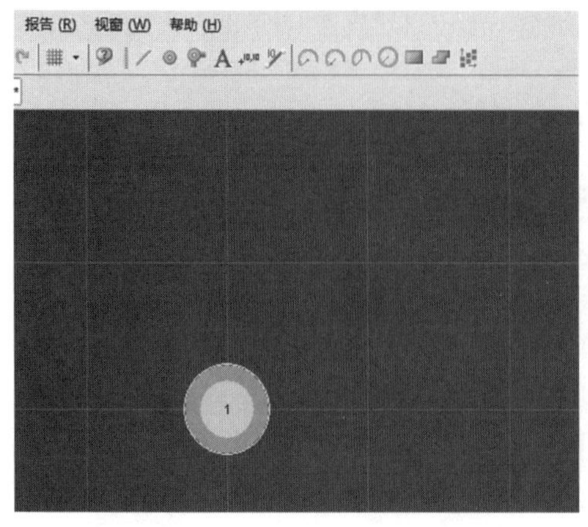

图 7－11　放置焊盘 1

图 7－12　设备第 1 个焊盘

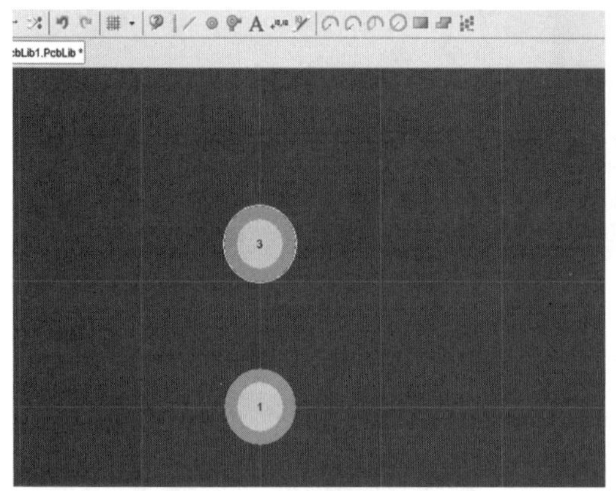

图 7－13　放置焊盘 2

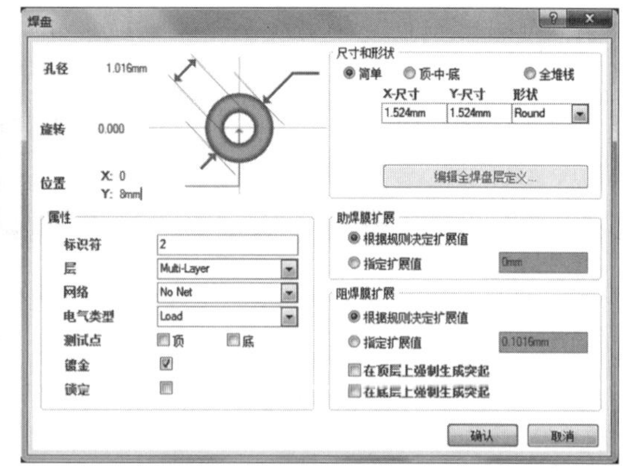

图 7－14　设置第 2 个焊盘

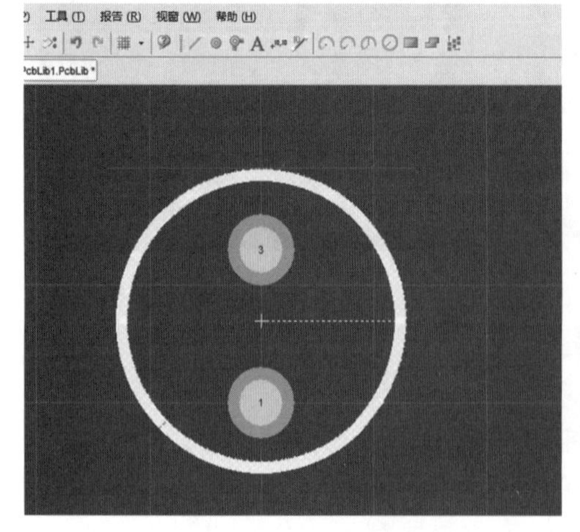

图 7－15　画丝印

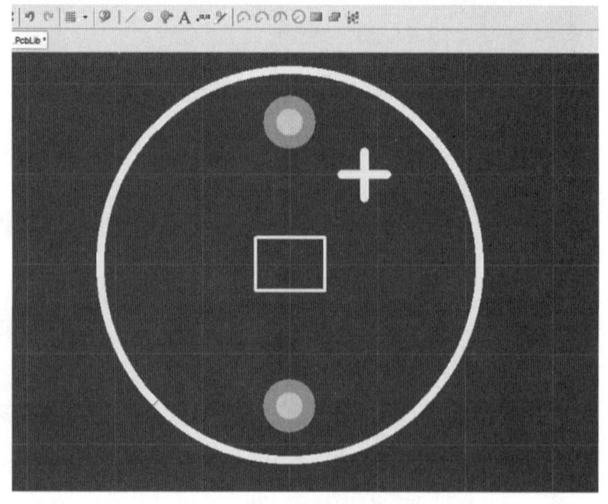

图 7－16　焊盘绘制完成

（7）重新命名新建的元件封装名称，双击新建好的新元件 PCB 封装名称，在弹出的命名界面输入新的名称，然后单击“确认”并保存，如图7－17、图7－18 所示。

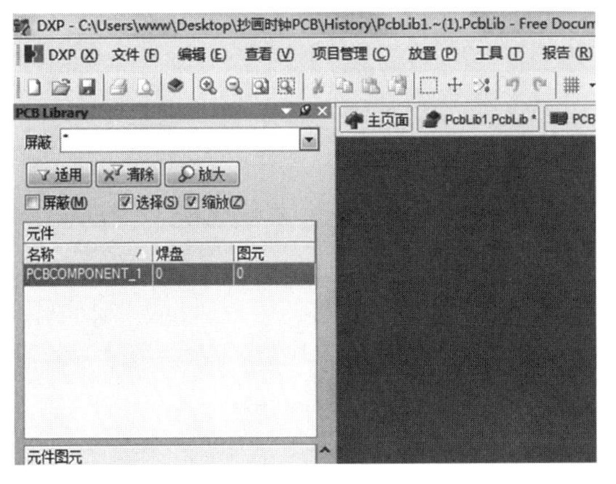

图7－17　选中新元件 PCB 封装

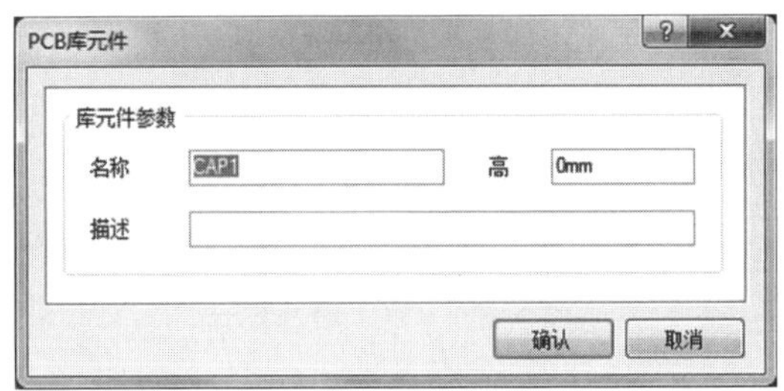

图7－18　重新命名

（8）下面以绘制名为 AT89S52 的元件封装为例，开始用另一种方法（利用向导）绘制元件封装。

1）首先用游标卡尺测量出图7－1 中 AT89S52 元件同一排相邻两个焊盘（如1号引脚与2号引脚）中心点间的距离为2.54mm，然后测出两排焊盘（如1号引脚与40号引脚）中心点的距离为16mm。

2）执行菜单“工具→新元件”，在弹出的“元件封装向导”对话框中单击“下一步”（见图7－19），选择“DIP”模式，长度单位选择 mm（见图7－20）。在图7－21 中适度修改焊盘宽度与长度，在图7－22 中调整焊盘间距，并使用轮廓默认宽度（见图7－23），将焊盘数改为40（见图7－24），并将元件名称改为 AT89S52（见图7－25），单击“Next”按钮，在图7－26 中单击“Finish”按钮，得到元件的封装，如图7－27 所示。

图7－19　使用向导

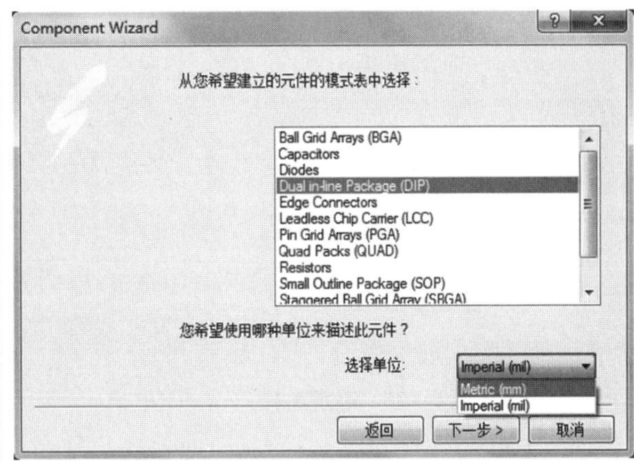

图7－20　选择模式和长度单位

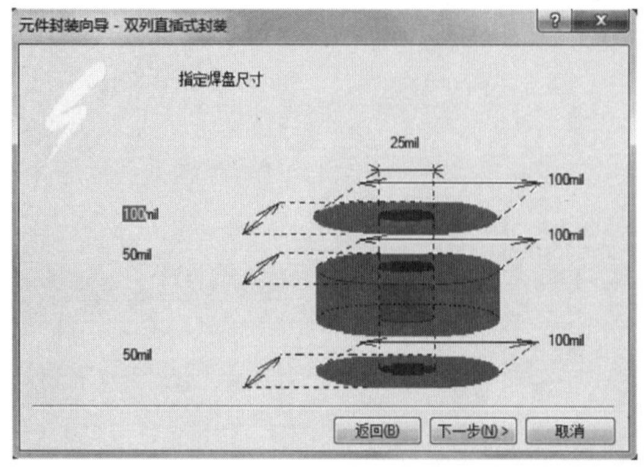

图 7－21　指定焊盘尺寸

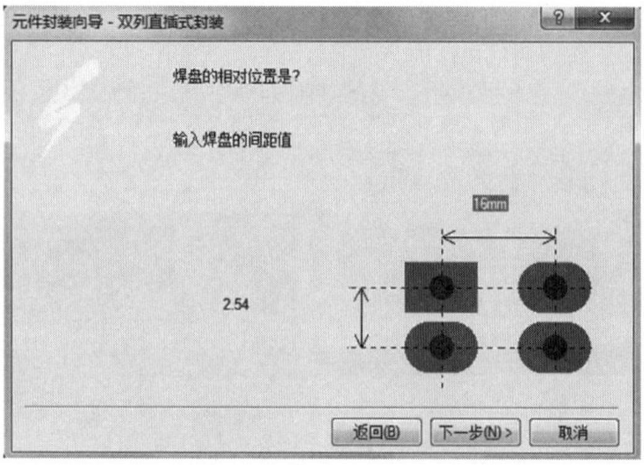

图 7－22　调整焊盘间距

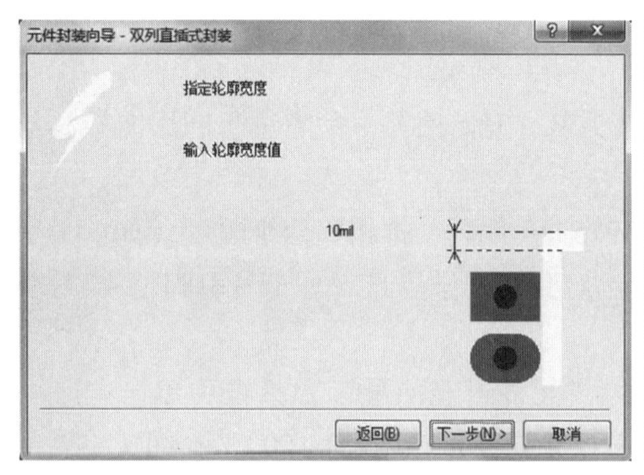

图 7－23　调整轮廓宽度

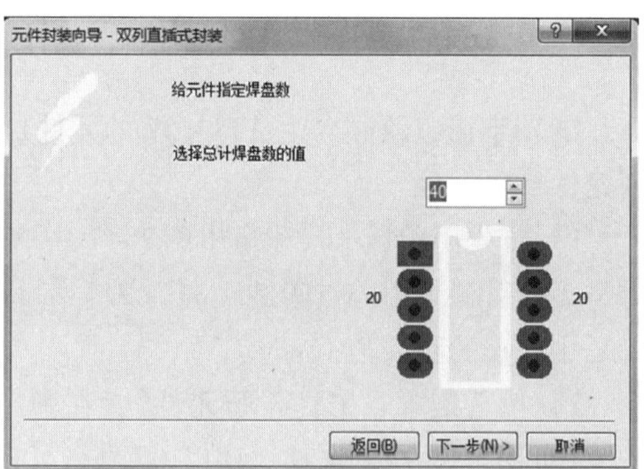

图 7－24　调整焊盘数

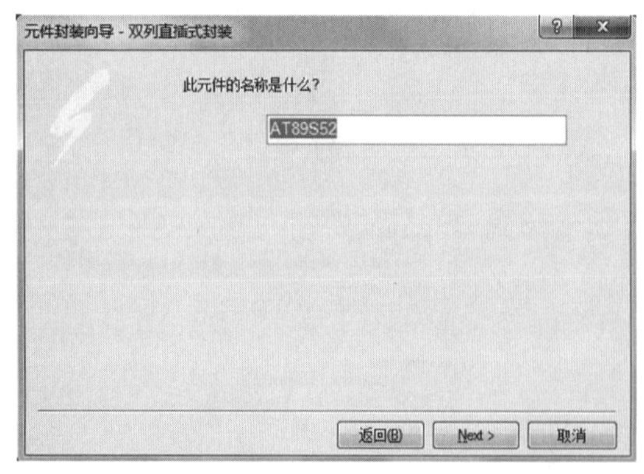

图 7－25　确定名称

图 7－26　向导完成

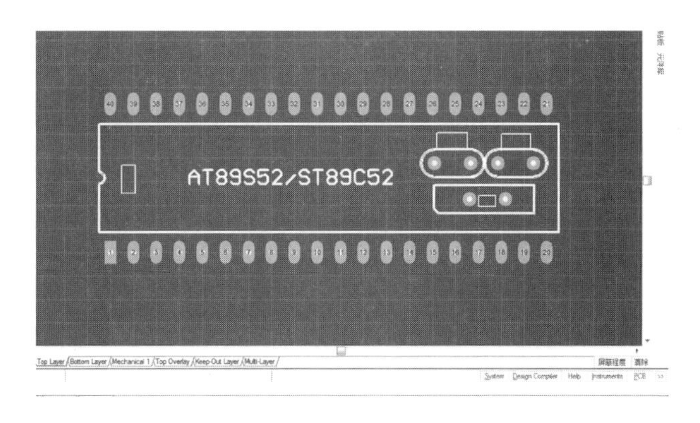

图 7 – 27　AT89S52 的封装

（9）运用上述的两种绘制封装方法（向导与非向导）逐一参照原 PCB 图纸，把所有的封装绘制好，如图 7 – 28 所示。

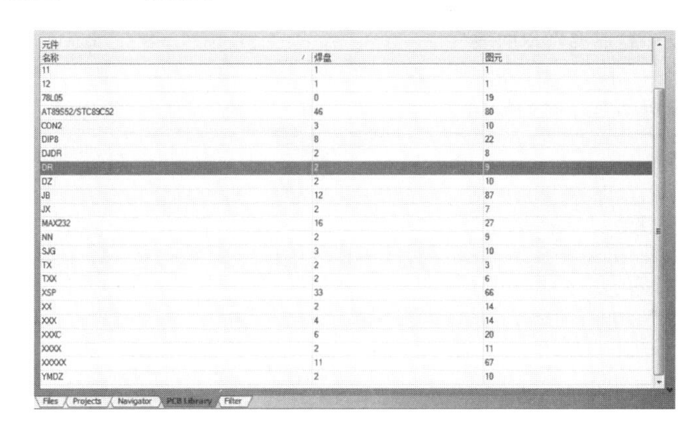
元件

名称	焊盘	图元
11	1	1
12	1	1
78L05	0	19
AT89S52/STC89C52	46	80
CON2	3	10
DIP8	8	22
DJDR	2	8
DR	2	9
DZ	2	10
JB	12	87
JX	2	7
MAX232	16	27
NN	2	9
SJG	3	10
TX	2	3
TXX	2	6
XSP	33	66
XX	2	14
XXX	4	14
XXXC	6	20
XXXX	2	11
XXXXX	11	67
YMDZ	2	10

图 7 – 28　全部封装

（10）返回工程项目，建立一个 PCB 文件，并保存在工程文件项目下，如图 7 – 29、图 7 – 30 所示。

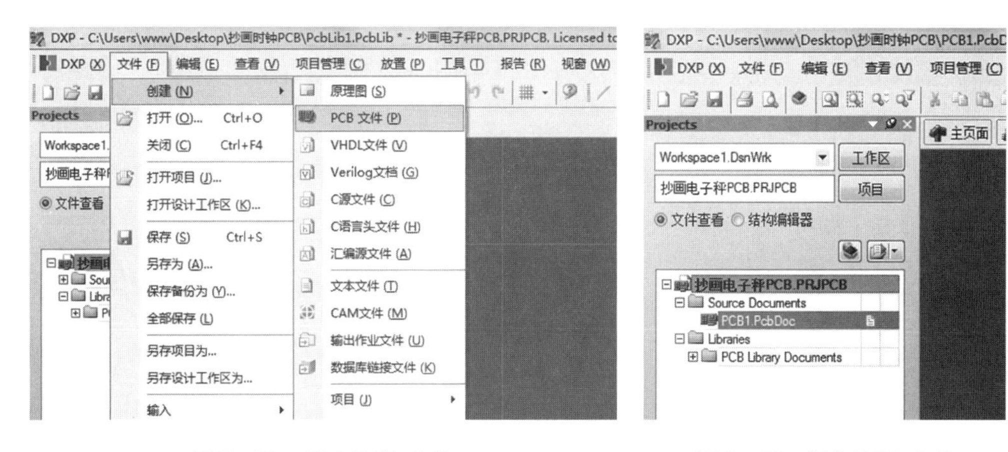

图 7 – 29　新建 PCB 文件　　　　图 7 – 30　保存 PCB 文件

（11）按照抄画图纸的尺寸，利用向导重新设置新建的 PCB 尺寸及形状，尺寸不能大于原图纸给定的尺寸，如图 7－31 至图 7－41 所示。

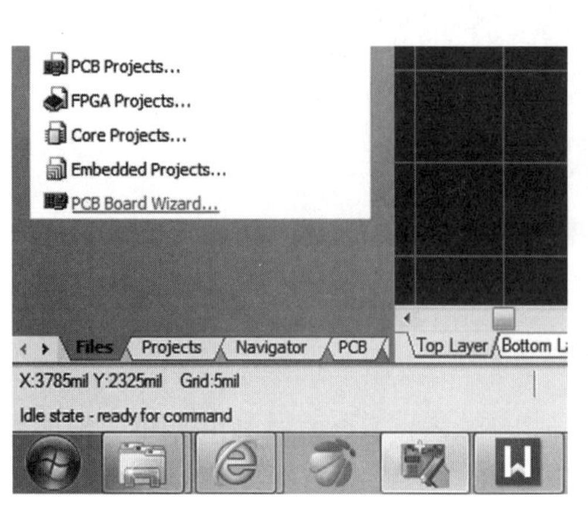

图 7－31　选择“新建电路板向导”

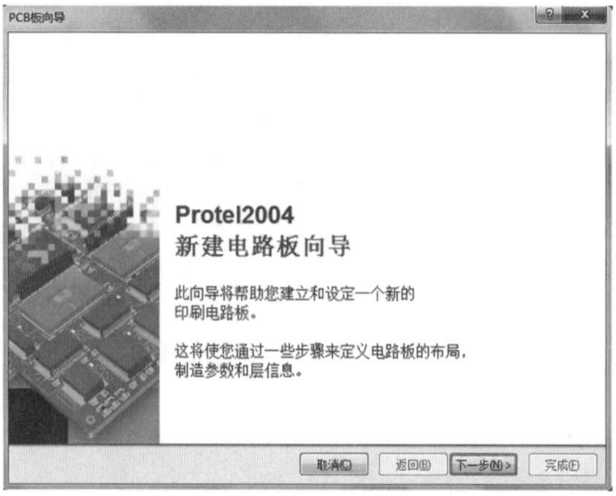

图 7－32　进入向导界面

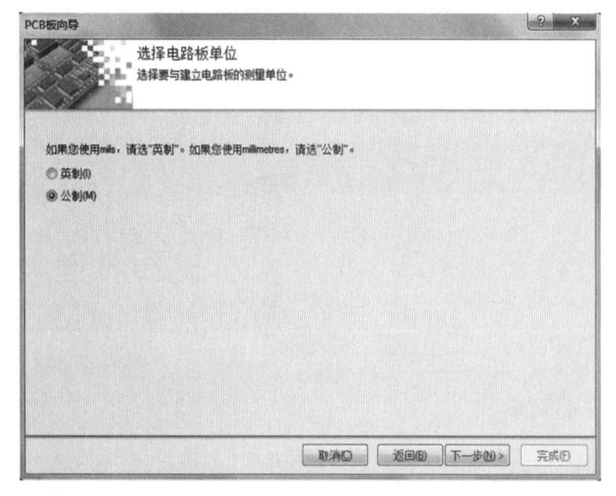

图 7－33　选择电路板单位

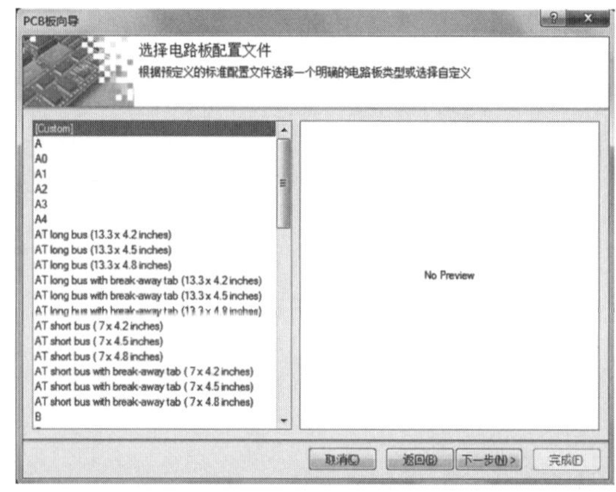

图 7－34　选择配置文件

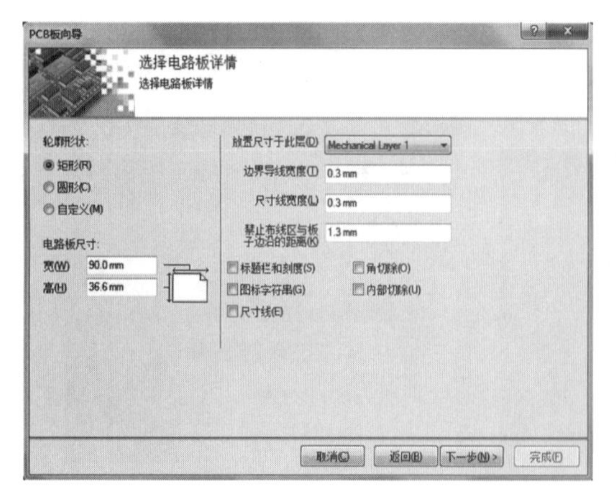

图 7－35　选择详细情况

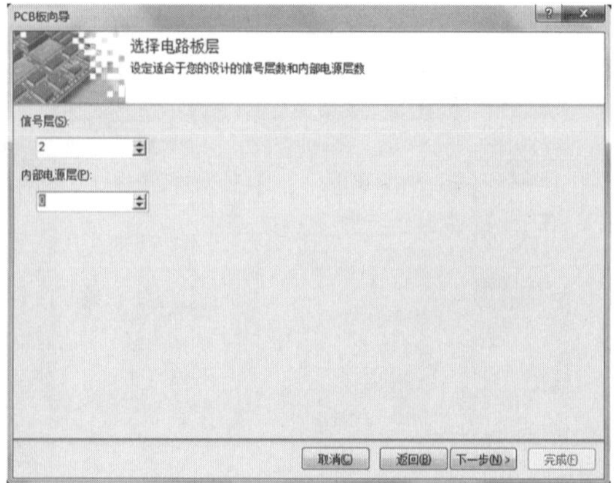

图 7－36　确定电路板层

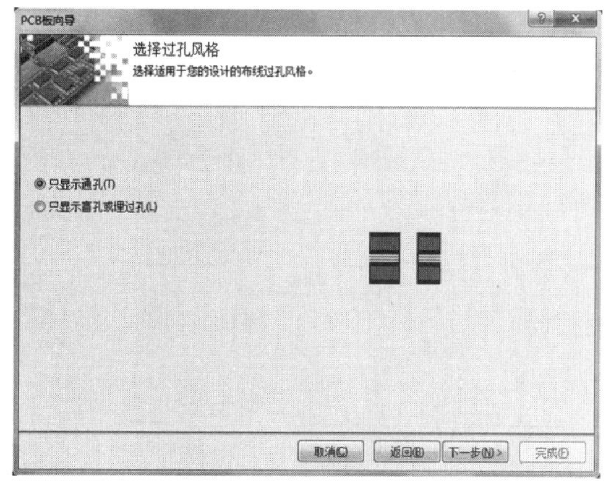

图 7－37　设置过孔风格

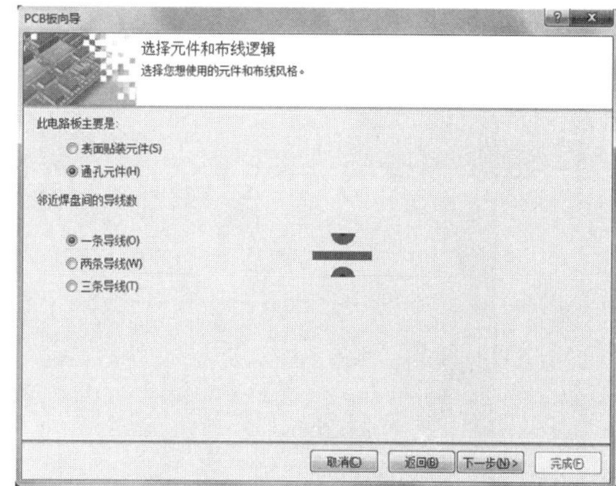

图 7－38　选择元件和布线逻辑

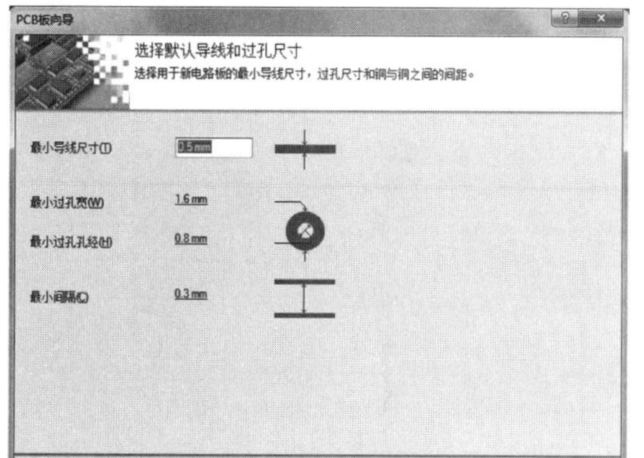

图 7－39　设置导线、过孔参数

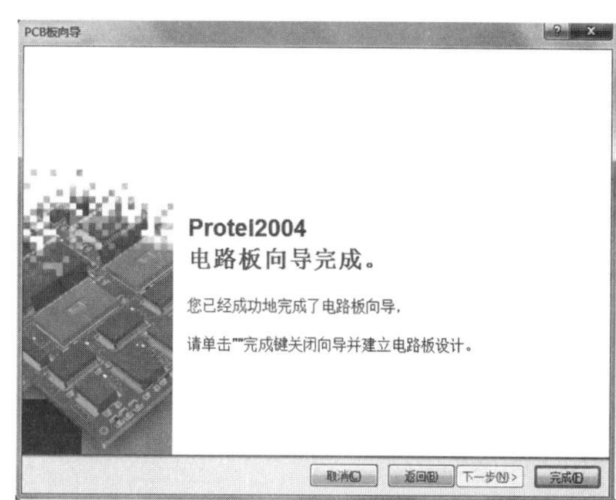

图 7－40　完成向导

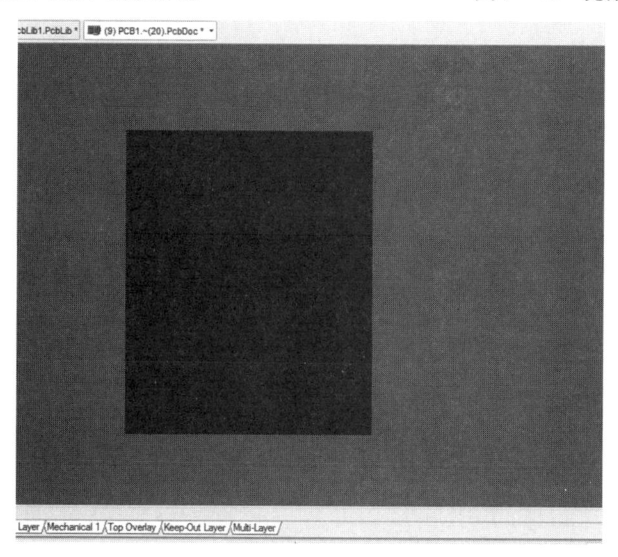

图 7－41　新建电路板完成

（12）按照原 PCB 图纸把所有封装摆放入新建立的 PCB 工作区，封装间距尽可能合理，如图 7－42 所示。

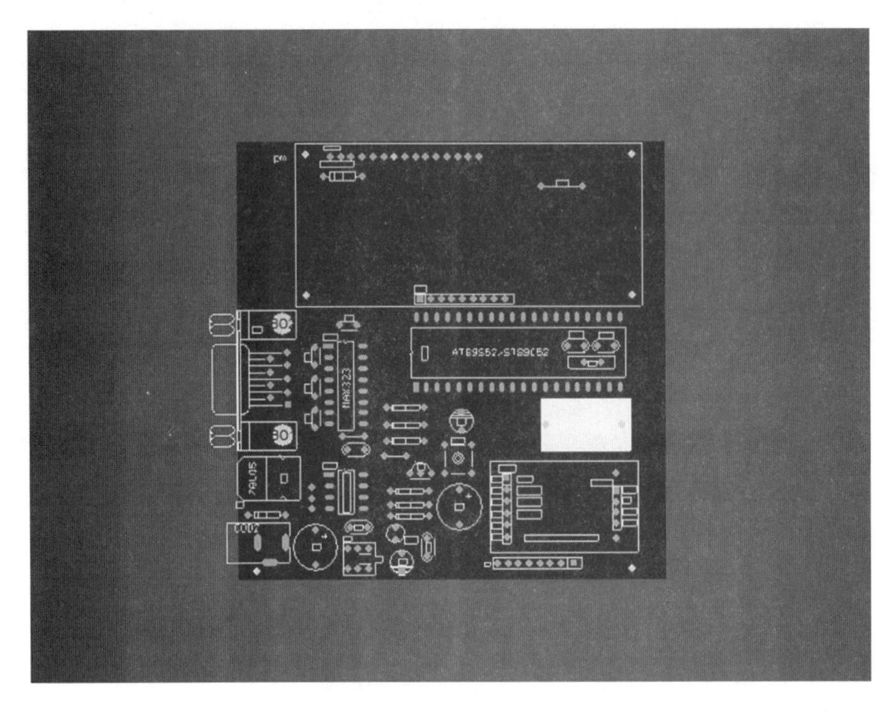

图 7－42　布局

（13）按照抄画图纸中的电性连接编辑网络，如图 7－43～图 7－47 所示。

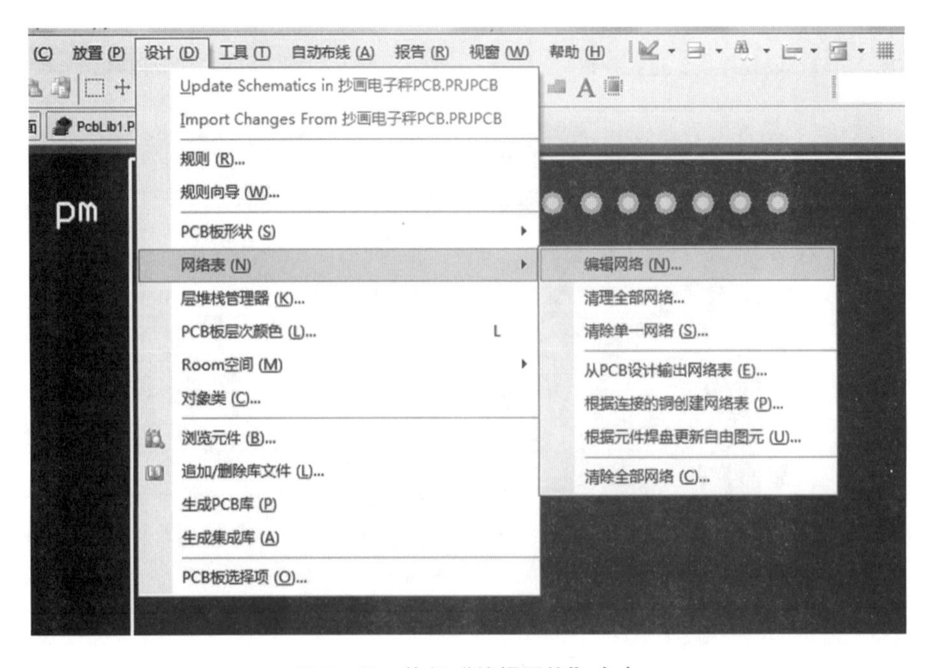

图 7－43　执行“编辑网络”命令

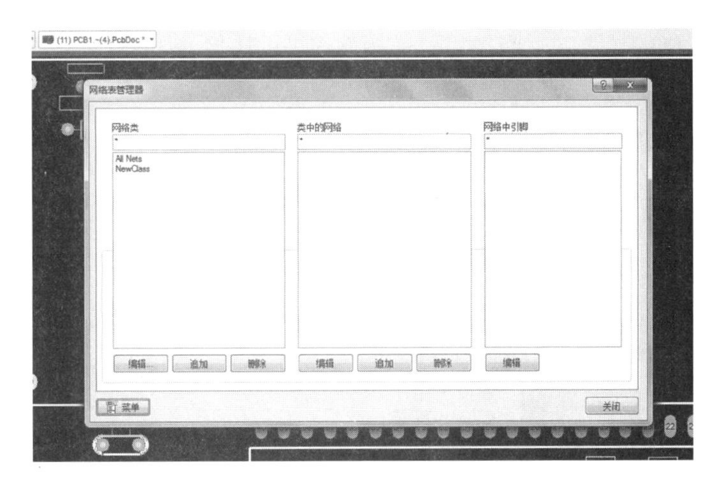

图 7－44　“网络表管理器”对话框

图 7－45　“编辑网络”对话框

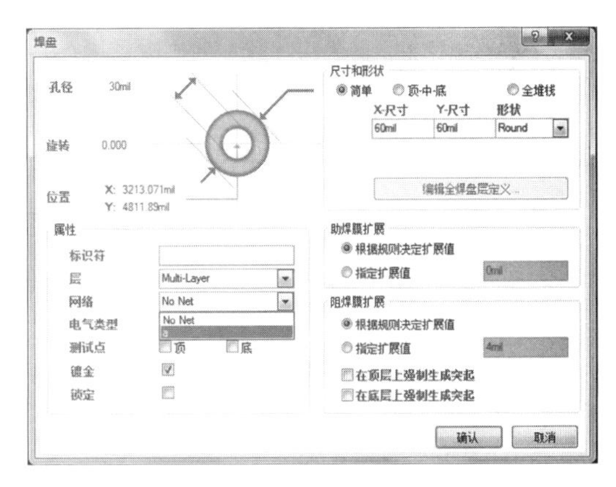

图 7－46　设置焊盘属性

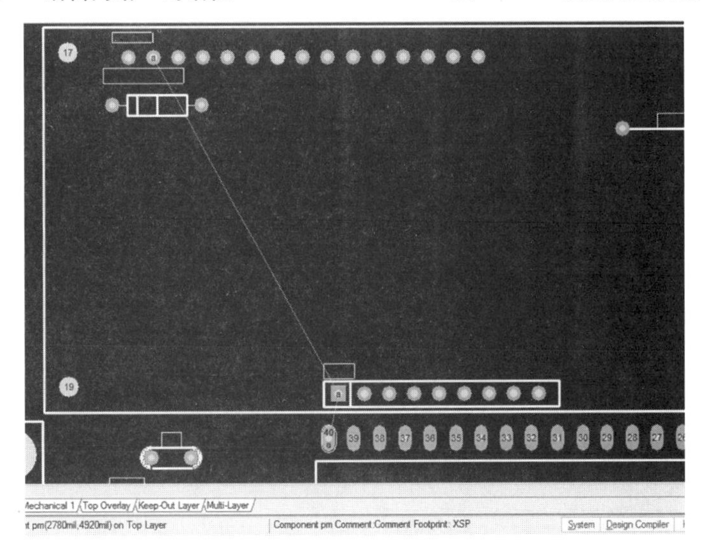

图 7－47　网络设置完成

（14）按照抄画的导线（适当加粗）连接方式进行连接，如图 7－48 至图 7－51 所示。

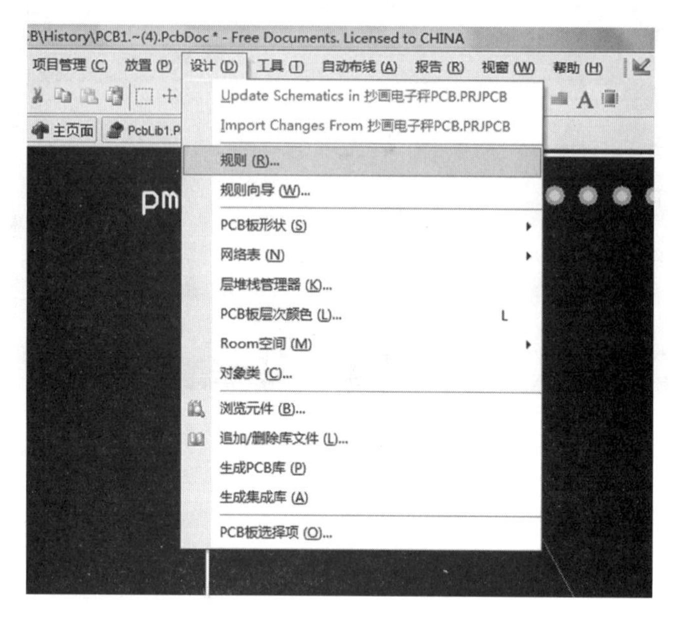

图 7－48　执行“规则”命令

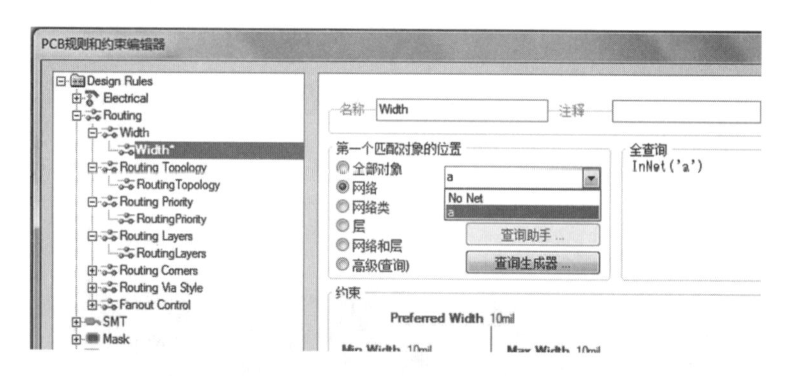

图 7－49　“PCB 规则和约束编辑器”对话框

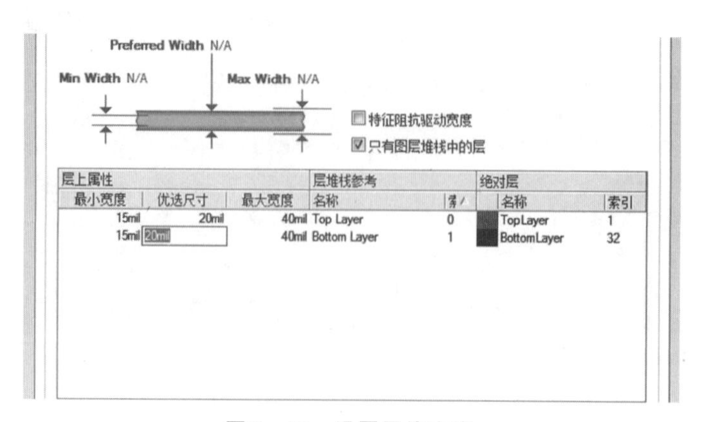

图 7－50　设置导线宽度

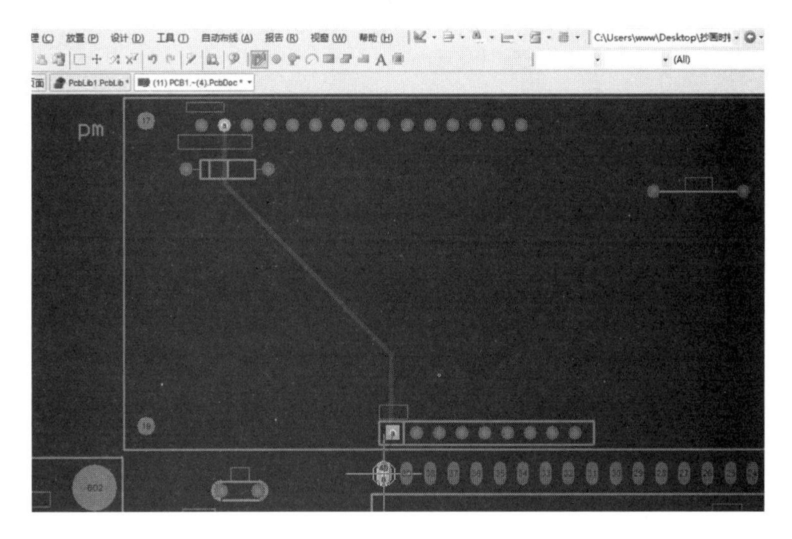

图 7－51 导线设置结果

（15）按照上述网络编辑、导线设置及连接方法对抄画图逐一进行网络编辑与布线，注意，导线拐角处不要成直角。完成后如图 7－52 所示。

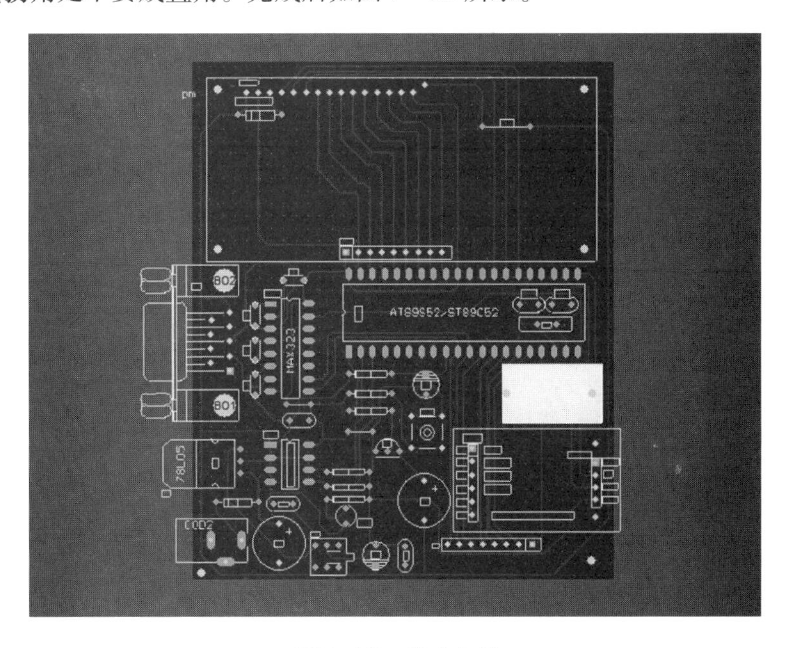

图 7－52 完成布线

（16）完成全部布线后，根据具体的电路电压、电流分配关系及 PCB 的美观工艺，对导线逐一覆铜加粗，覆铜不到的死角用导线补空，导线拐角处不要成直角，如图 7－53 至图 7－57 所示。

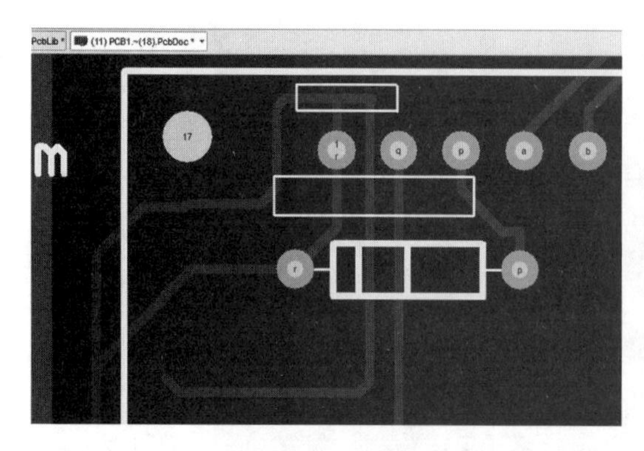

图 7－53　覆铜 1

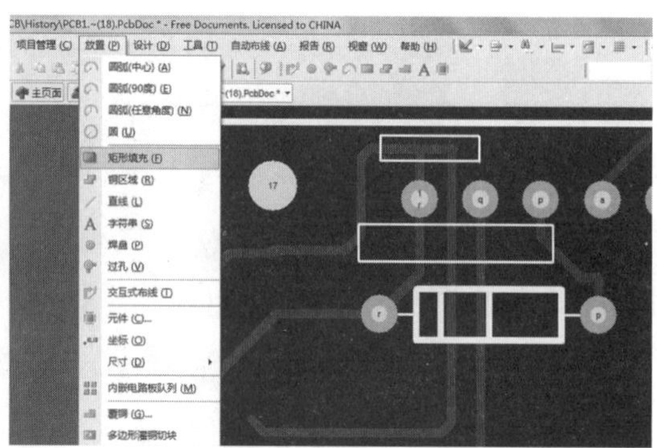

图 7－54　覆铜 2

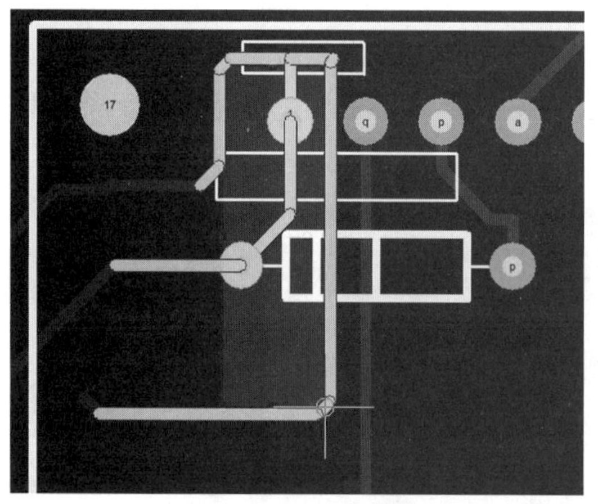

图 7－55　覆铜 3

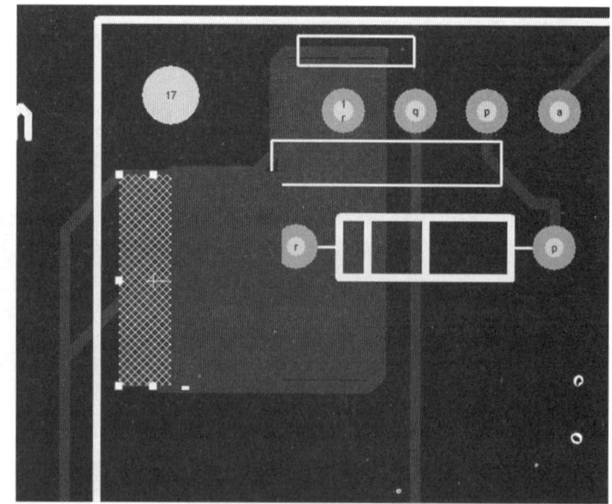

图 7－56　覆铜 4

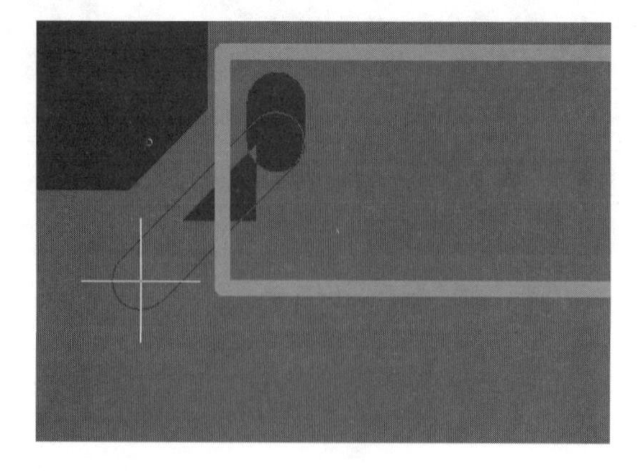

图 7－57　覆铜 5

（17）依照上述方法覆铜及加粗部分导线完成后，如图 7－58 所示。

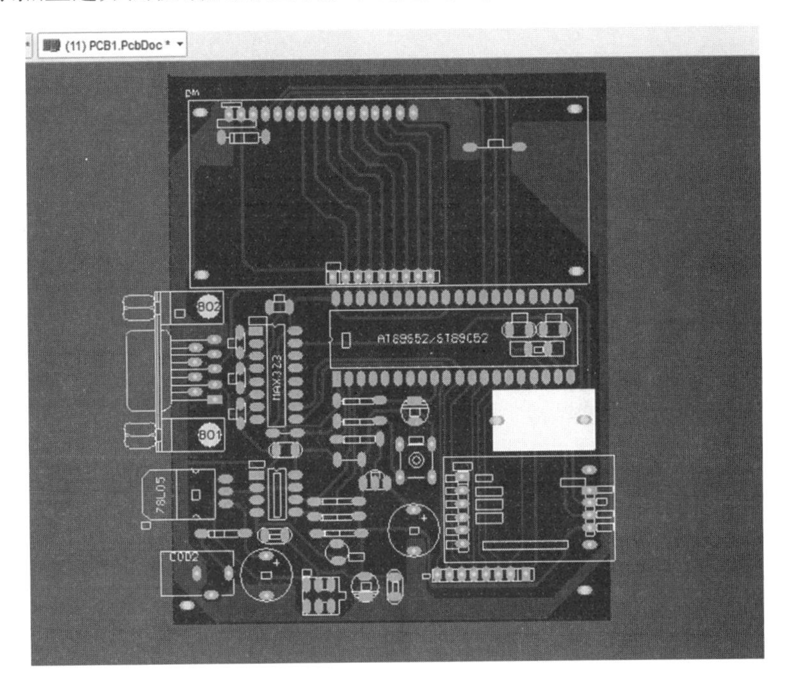

图 7－58　覆铜完成

（18）对完成的图 7－58 进行焊盘补泪滴，用于加固焊盘，如图 7－59 至图 7－61 所示。

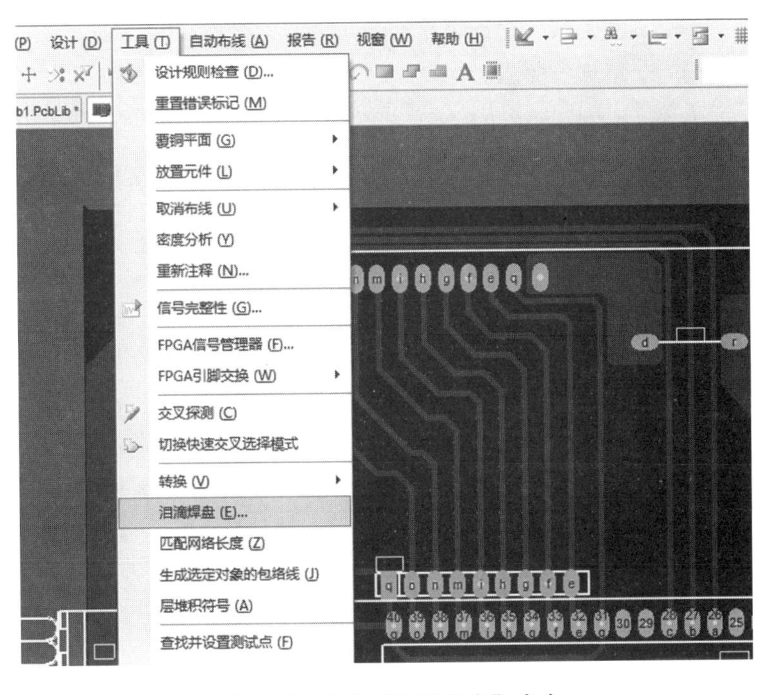

图 7－59　执行“泪滴焊盘”命令

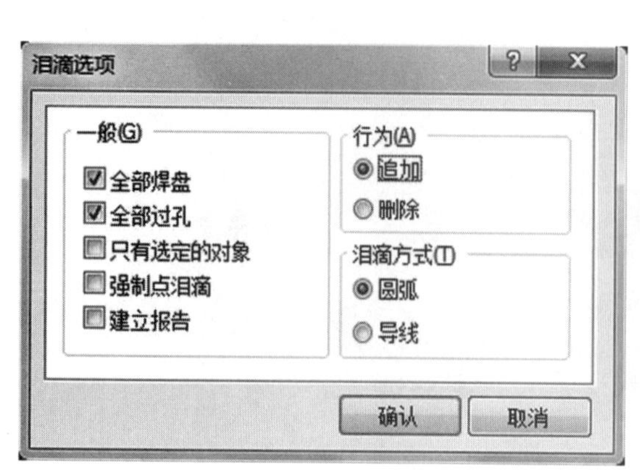

图 7－60　设置泪滴属性

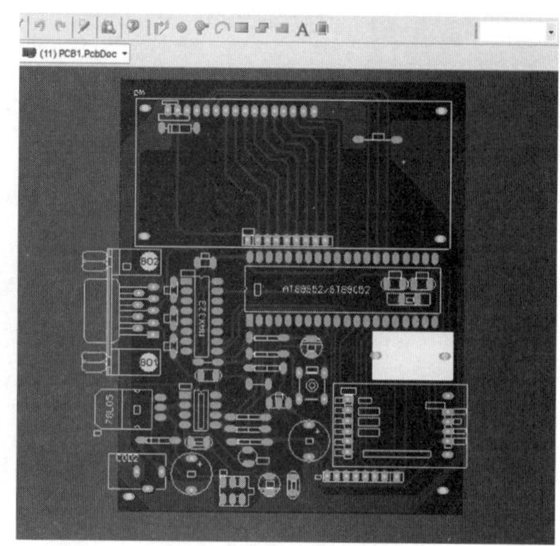

图 7－61　补泪滴完成

（19）下面进行 PCB 电路板的制作。首先把完成的 PCB 图 7－61 打印出来，先用一张 A4 普通纸，检查布线与焊盘是否有问题。本部分用项目完成后的实拍图片（见图 7－62）进行讲述。

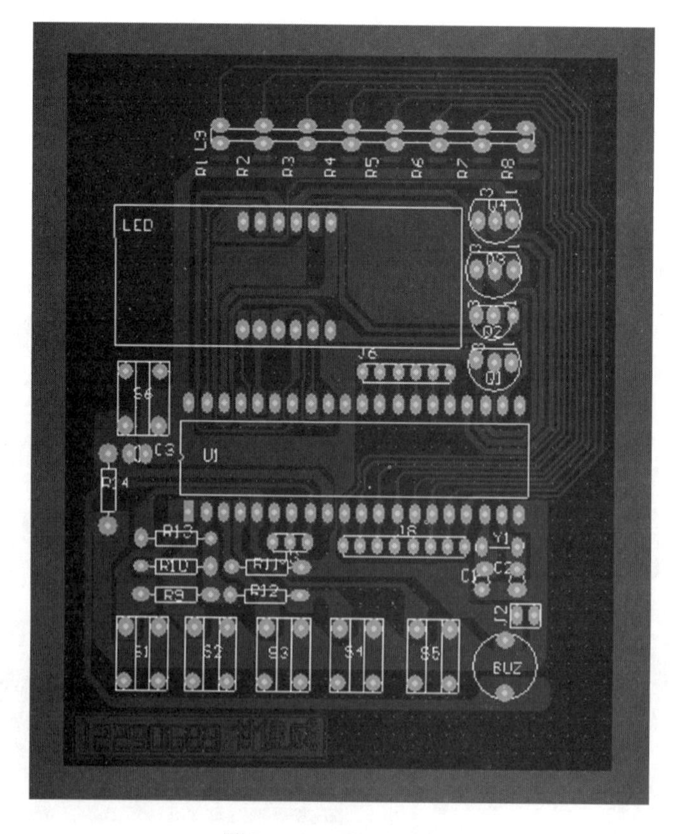

图 7－62　项目实物图

(20) 检查图纸进行修改，确认无误后，将其打印在一张透明硫酸纸上，纸张一定要保存干净及平整，如图7－63所示（本图为示范图，所以有划过的痕迹，实际打印不能有污点）。

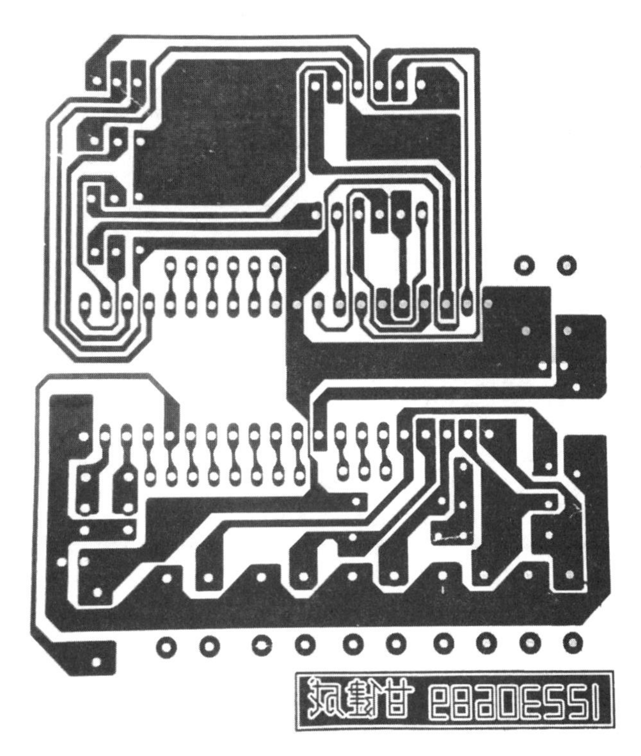

图7－63　打印效果

(21) 取出感光PCB，按照说明书的使用方法进行图纸曝光（具体要求详见感光板说明书），曝光时图纸有印刷的一面务必紧密贴合PCB感光面，感光面朝下对着紫外灯进行曝光，曝光时间详见说明书，如图7－64所示。

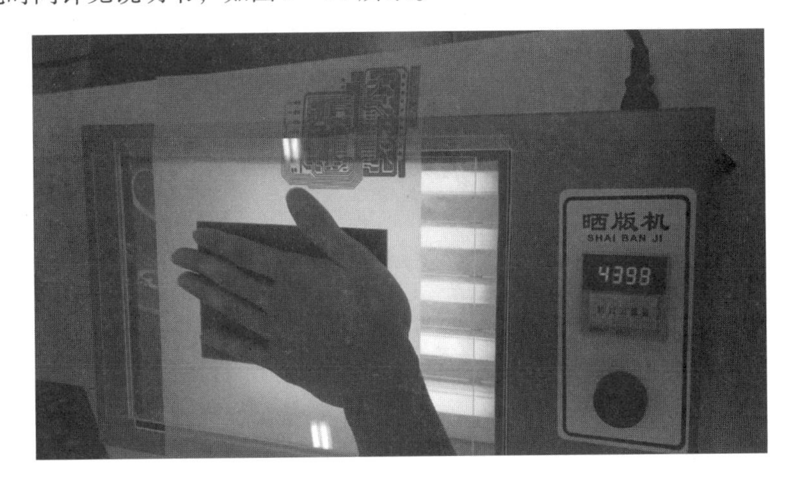

图7－64　图纸曝光

（22）曝光完成后，进行显影，如图 7－65 所示。显影液是用显影剂与水按比例配置好的，具体配置及显影时间详见显影剂包装及使用说明书。

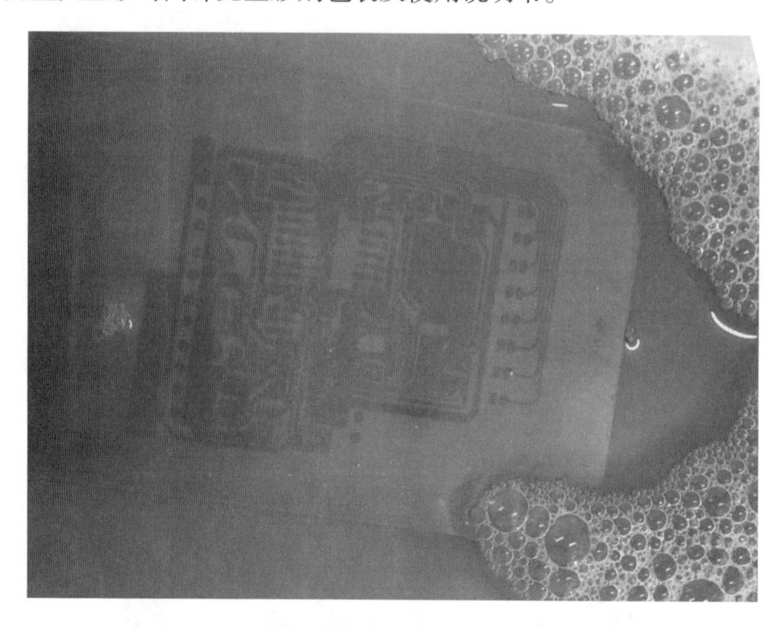

图 7－65　显影

（23）显影完成后，用自来水将板子冲洗干净，如图 7－66 所示。

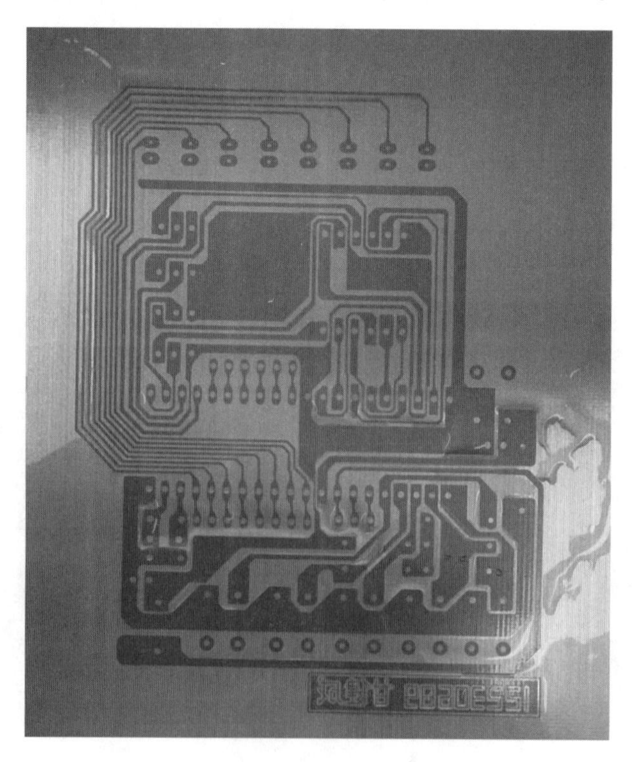

图 7－66　冲洗

（24）加热蚀刻液恒温至 60℃左右，对完成显影的 PCB 板子进行蚀刻，如图 7－67 所示。蚀刻液是用蚀刻剂与水按比例先配置好的，具体详见说明指导书。

图 7－67　蚀刻

（25）经过一定时间的蚀刻后，目测全部蚀刻完后取出板子，用自来水冲洗干净，如图 7－68 所示。

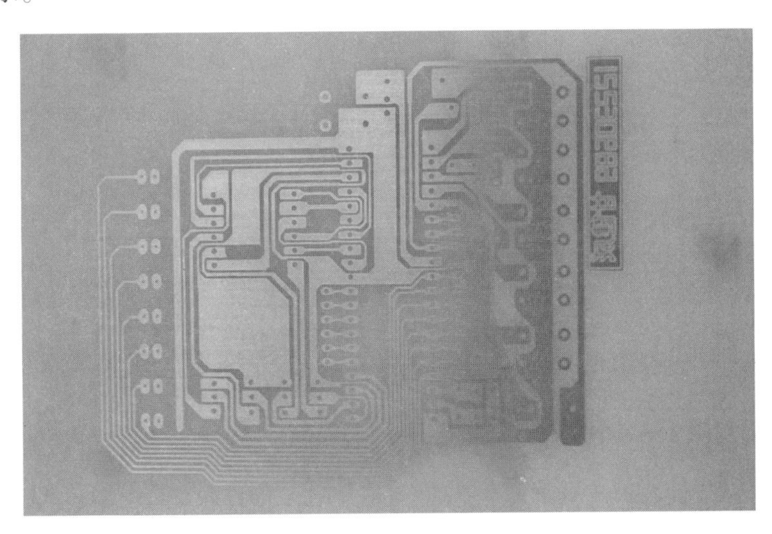

图 7－68　蚀刻完成

（26）完成蚀刻后，用专用打孔机对 PCB 板子进行钻孔，钻孔的钻头务必小于焊盘的尺寸。

（27）完成钻孔后，对板子覆绿油，方法如下。

1）往 PCB 覆铜面滴加适量绿油，然后用刷子把绿油均匀刷平。

2）用一张很薄的透明胶制纸打印出焊盘图，同曝光原理相同，印制面紧贴板子涂有绿油一面。切记：焊盘图与板子焊盘位置要对准。

3）与感光板曝光原理相同，对上绿油的板子进行紫外光照射（时间看绿油的说明书）。

（28）完成上绿油后，取适量酒精把没有紫外光照射的焊盘绿油擦拭掉。

（29）按照图纸对完成的 PCB 进行元器件插装及焊接，完成后如图 7 - 69 所示。

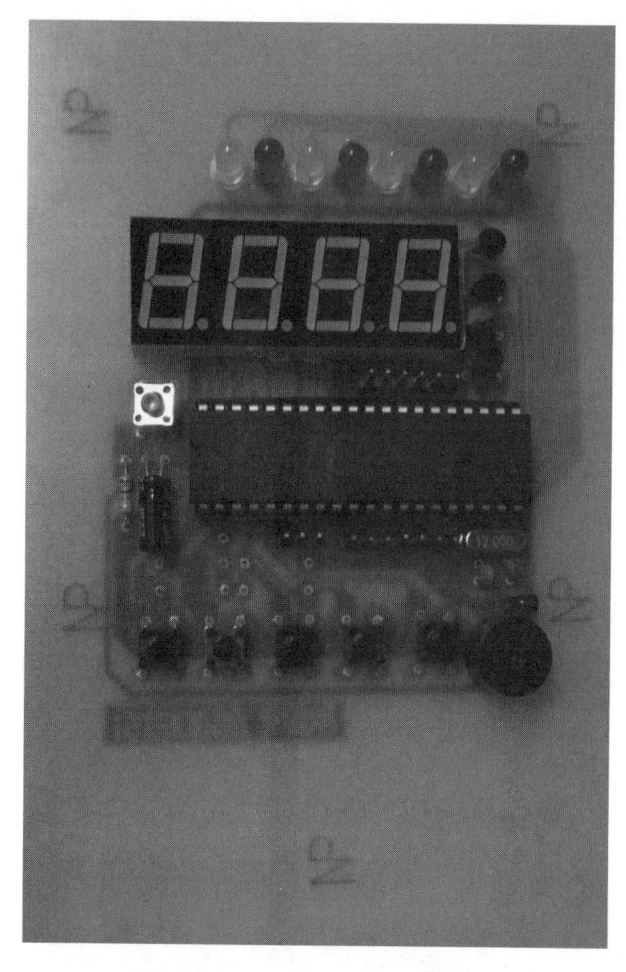

图 7 - 69 焊接完成的 PCB

（30）编写程序，对完成的板子进行功能测试，测试完好，本项目的板子成功完成，如图 7 - 70、图 7 - 71 所示。

总结：

（1）通过亲自动手完成本项目，加强了实践动手能力。

（2）项目过程复杂，步骤繁多，容易出错，通过反复修改与补救，使发现问题与处理问题的思维得到加强锻炼。

（3）Protel DXP 2004 软件有很多未被发现及未被运用的资源与方法，通过本项目的练习，学会很多新的运用技巧及方法。

（4）从不认识 PCB 到亲自动手做出实实在在的板子，增强了学习的动力。

（5）板子的预想与完成后调试的结果一样，无形中对该课程的学习及以后的就业增加信心。

图 7－70　测试 1

图 7－71　测试 2

7.4　习　　题

（1）抄画图 7－72 中的 PCB。

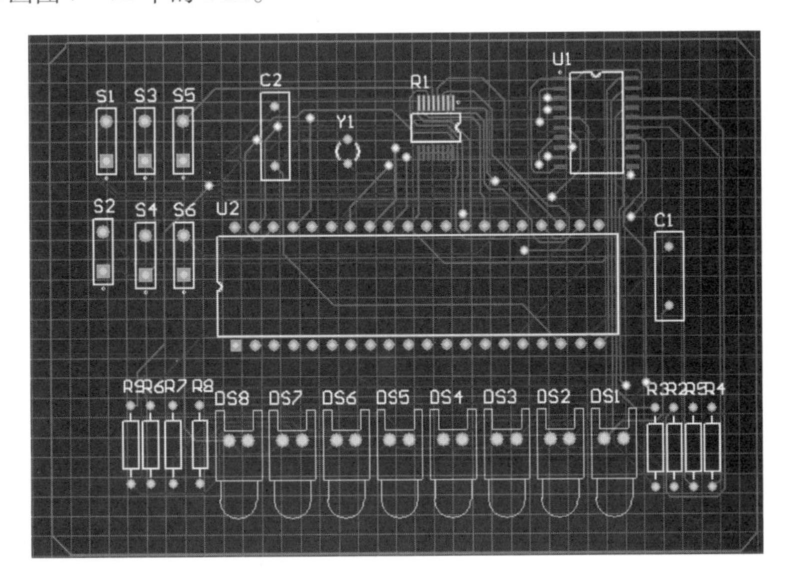

图 7－72　习题 1

（2）抄画图 7－73 中的 PCB。

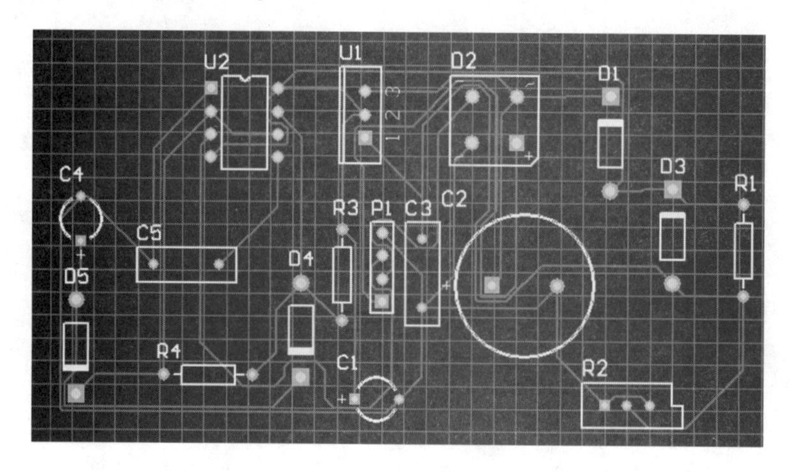

图 7－73　习题 2

（3）抄画图 7－74 中的 PCB。

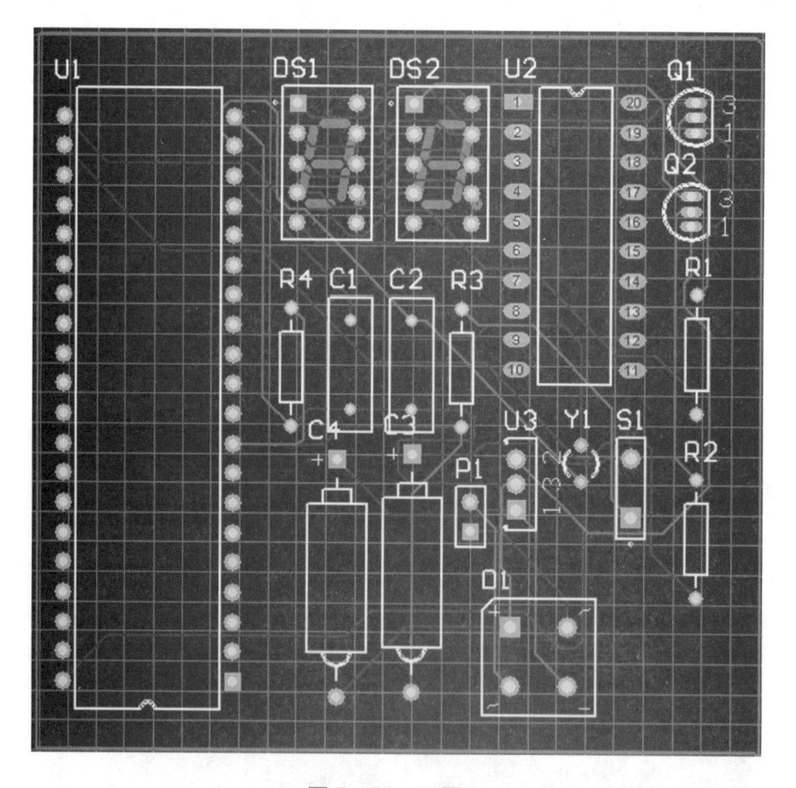

图 7－74　习题 3

附录A　计算机辅助设计中级绘图员技能鉴定试题（电路类）

说明

共4道试题，考试时间为3小时。

上交考试结果方式：

（1）用软盘保存考试结果的考生，需将考试所得到的文件存入软盘的根目录下，再在软盘的根目录下建立名为BAK的文件夹（子目录），并将考试结果文件的备份存入BAK文件夹内。

（2）将考试结果存放于磁盘，并由老师统一用光盘保存并上交考试结果的考生，先在硬盘C盘根目录下或网络用户盘根目录下，以准考证号为名建立文件夹，将考试所得到的文件存入该文件夹。

第一题　原理图模板制作

在指定根目录下新建一个以考生的准考证号后8位命名的文件夹，然后新建一个以自己名字拼音命名的PCB项目文件。例，考生陈大勇的文件名为CDY. PrjPCB；然后在其内新建一个原理图设计文件，命名为mydot1. SchDot。

设置图纸大小为A4，水平放置，工作区颜色为18号色，边框颜色为3号色。

绘制自定义标题栏如图A1所示。其中边框直线为小号直线，颜色为3号，文字大小为12磅，颜色为蓝色，字体为仿宋_GB2312。

70	110	60	60	30	20
考生姓名		题号		成绩	
准考证号码		出生年月日		性别	
身份证号码					
评卷姓名					

（行高：20，20，20，20）

图A1

第二题　原理图库操作

图A2

（1）在考生的设计文件中新建一个原理图元件库子文件夹，文件名为Schlib1. SchLib。

（2）抄画图A2中的原理图元件，元件名为74LS524D，要求尺寸和原图保持一致，并按图示标称对元件进行命名，图中每小格长度为10mil。

第三题　PCB 库操作

（1）在考生设计文件中新建一个元件封装子文件，文件名为 Pcblib1. PcbLib。

（2）抄画图 A3 中的元件封装库，封装名为 DIP18 ，要求按图示标称对元件进行命名（尺寸标注的单位为 mil，不要将尺寸标注画在图中）。

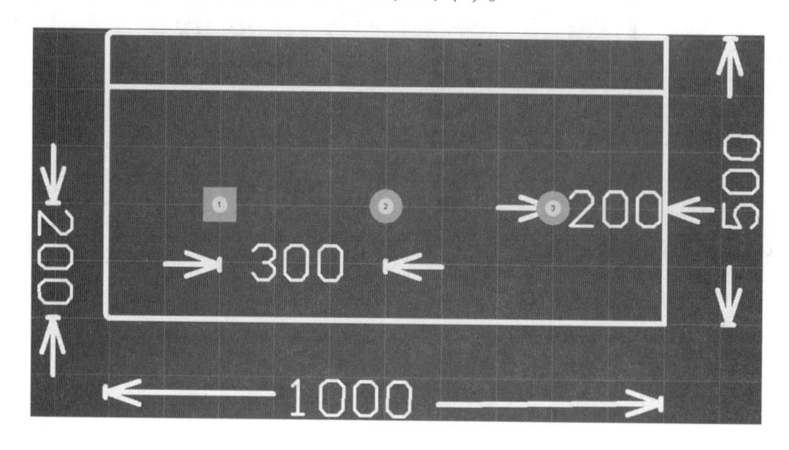

图 A3

第四题　制图

（1）按标题栏内容填写相应内容，要求文字大小为 12 磅，颜色为黑色，字体为仿宋_GB2312。

（2）按照图 A4 内容画图。要求调用第一题所做的模板 mydot1. schdot，保存结果时，原理图文件名为×××. SchDoc（×××为姓名缩写）。

（3）抄画图中的元件必须和样图一致，如果和标准库中的不一致或没有时，要进行修改或新建。

（4）将创建的元件库应用于制图文件。

（5）在考生项目文件中新建一个 PCB 子文件，文件名为 PCB1. PcbDoc。

（6）在 PCB1. PcbDoc 中制作电路板，将原理图生成合适的长方形双面电路板，规格为 X: Y =4: 3。

（7）将接地线和电源线加宽至 20mil。

（8）保存结果。修改文件名为×××. PcbDoc（×××为姓名缩写）。

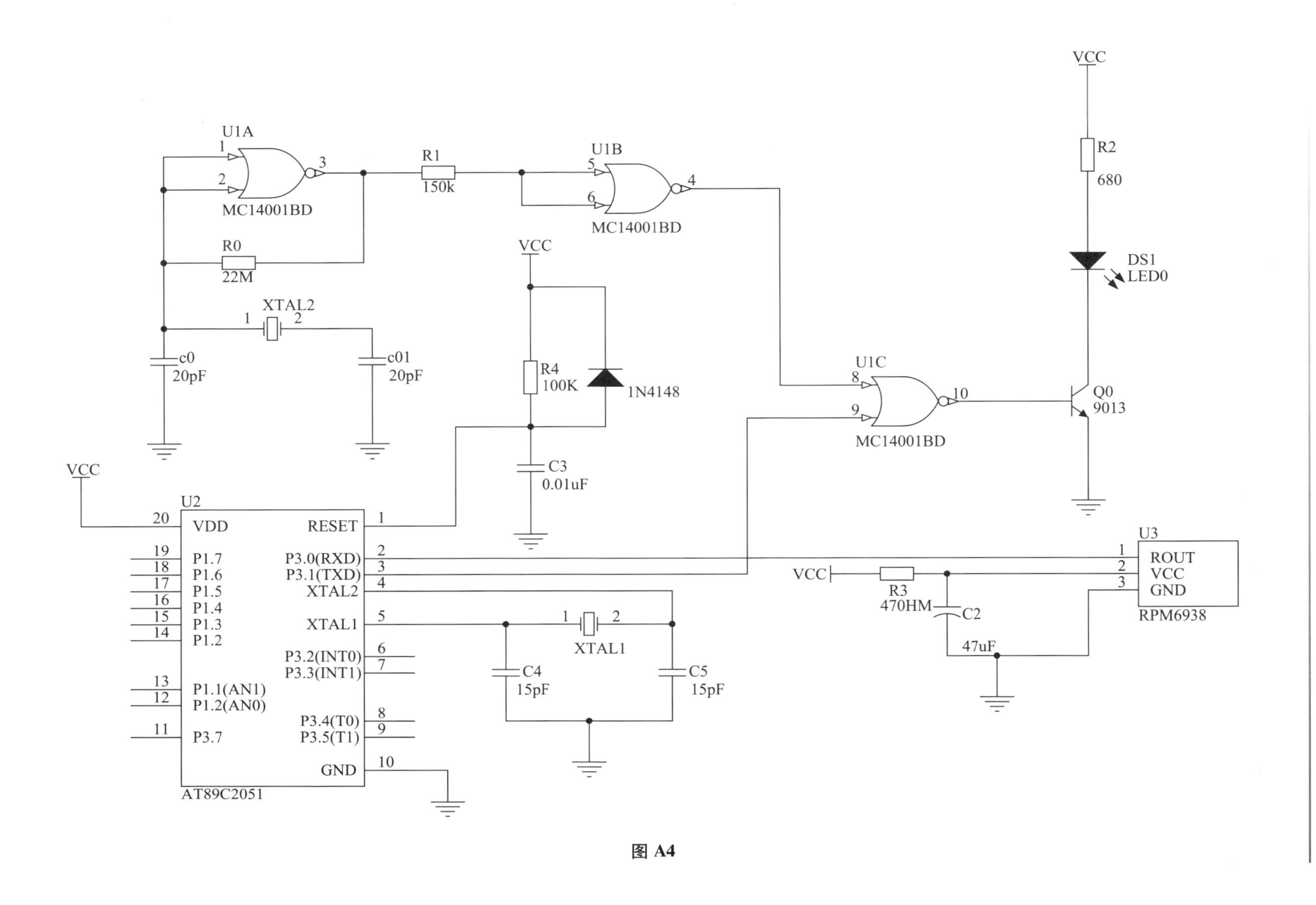

U1A
1
2
3
MC14001BD
R1
150k
U1B
5
6
4
MC14001BD
R0
22M
XTAL2
1
2
c0
20pF
c01
20pF
VCC
R4
100K
1N4148
C3
0.01uF
VCC
R2
680
DS1
LED0
U1C
8
9
10
MC14001BD
Q0
9013
VCC
U2
20
VDD
RESET
1
19
P1.7
18
P1.6
17
P1.5
16
P1.4
15
P1.3
14
P1.2
13
P1.1(AN1)
12
P1.2(AN0)
11
P3.7
P3.0(RXD)
2
P3.1(TXD)
3
XTAL2
4
XTAL1
5
P3.2(INT0)
6
P3.3(INT1)
7
P3.4(T0)
8
P3.5(T1)
9
GND
10
AT89C2051
XTAL1
C4
15pF
C5
15pF
VCC
R3
470HM
C2
47uF
U3
ROUT
VCC
GND
RPM6938

图 A4

附录 B 计算机辅助设计高级绘图员技能鉴定试题（电路类）

说明

共 4 道试题，考试时间为 3 小时，本试卷采用软件版本为 Protel DXP 2004 SP2。

上交考试结果方式：

（1）考生须在监考人员指定的硬盘驱动器下建立一个考生文件夹，文件夹名称以本人准考证后 8 位阿拉伯数字来命名（如：准考证 651212348888 的考生以“12348888”命名建立文件夹）。

（2）考生根据题目要求完成作图，并将答案保存到考生文件夹中。

第一题　原理图模板制作

（1）在指定根目录下新建一个以考生的准考证号后 8 位命名的文件夹，然后新建一个以自己名字拼音命名的 PCB 项目文件。例，考生陈大勇的文件名为 CDY. PrjPCB；然后在其内新建一个原理图设计文件，命名为 mydot1. schdot。

（2）设置图纸大小为 A4，水平放置，工作区颜色为 18 号色，边框颜色为 3 号色。

（3）绘制自定义标题栏如图 B1 所示。其中边框直线为小号直线，颜色为 3 号，文字大小为 12 磅，颜色为黑色，字体为仿宋_GB2312。

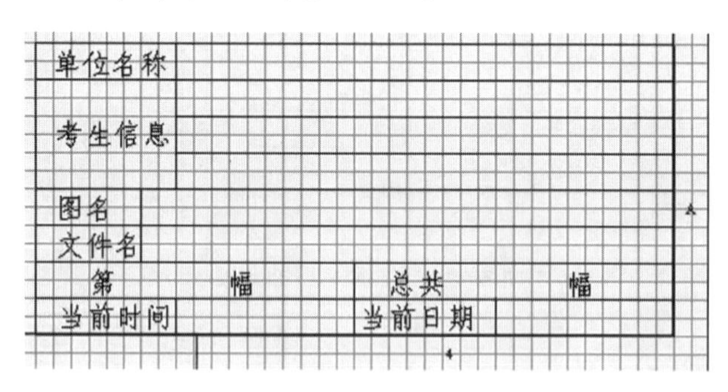

图 B1

第二题　原理图库操作

（1）在考生的 PCB 项目中新建原理图库文件，命名为 schlib1. SchLib。

（2）在 schlib1. SchLib 库文件中建立如图 B2 所示的带有子件的新元件，元件命名为 DM74LS04N。其中第 7、14 号引脚分别为 GND、VCC。

（3）在 schlib1. SchLib 库文件中建立如图 B3 所示的的新元件，元件命名为 TLC7135CN。

（4）保存操作结果。

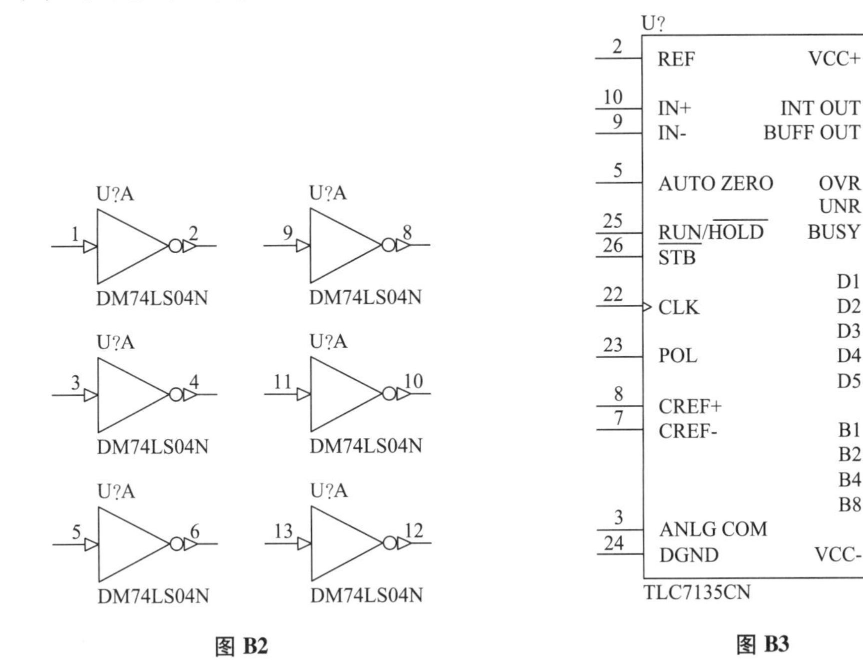

图 B2　　　　**图 B3**

第三题　PCB 库操作

（1）在考生的设计文件中新建 PCBLIB1. PcbLib 文件，根据图 B4（a）给出的相应参数要求创建 DM74LS04N 的 PCB 元件封装，命名为 SOP14。单位：inches（millimeters）。

（2）根据图 B4（b）给出的相应参数要求在 PCBLIB1. PcbLib 文件中继续新建元件 TLC7135CN 的 PCB 元件封装，命名为 DIP28。

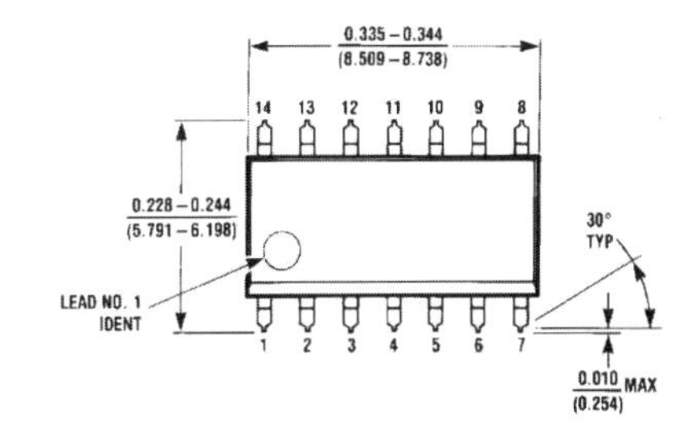

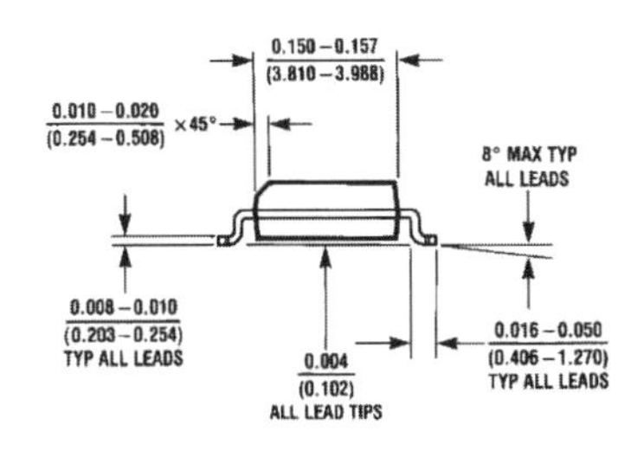

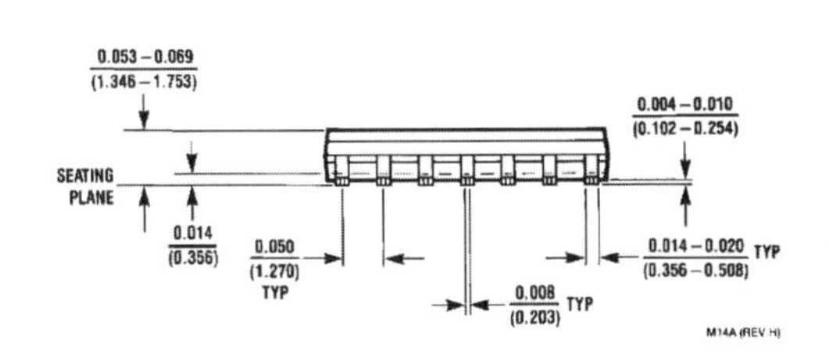

（a）

图 B4

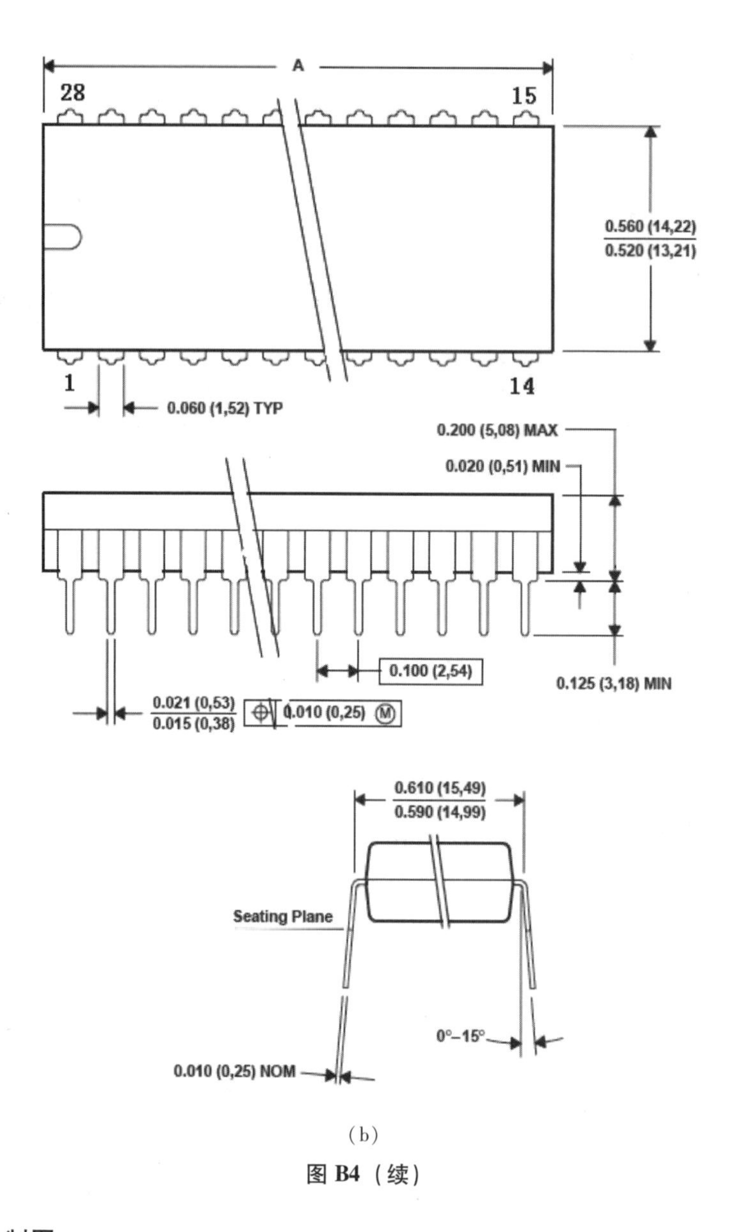

(b)

图 B4（续）

第四题　制图

（1）将图 B5 所示的原理图改画成层次电路图，要求所有父图和子图均调用第一题所做的模板 mydot1. schdot，标题栏中各项内容均要从文档选项参数选项卡中输入或自动生成，其中在 organization 中输入单位名称，address1 中输入考生姓名，address2 中输入身份证号码，address3 中输入准考证号码等。图名为“数字电压表”，不允许在原理图中用文字工具直接放置。

（2）保存结果时，父图文件名为“数字电压表 . SchDoc”，子图文件名为模块名称。

（3）抄画图中的元件必须和样图一致，如果和标准库中的不一致或没有时，要进行修改或新建。

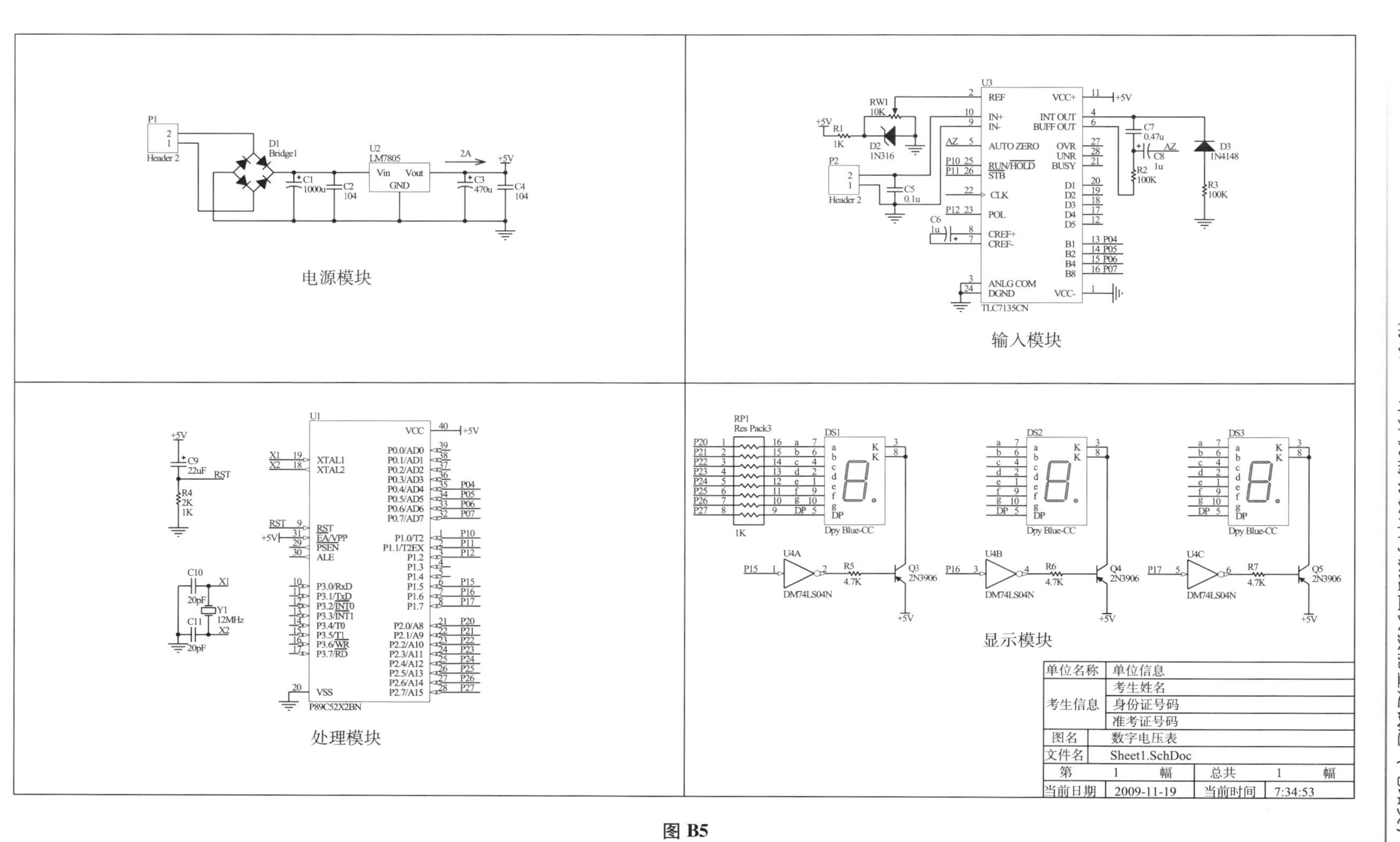
电源模块
输入模块
处理模块
显示模块
单位名称
单位信息
考生信息
考生姓名
身份证号码
准考证号码
图名
数字电压表
文件名
Sheet1.SchDoc
第
1
幅
总共
1
幅
当前日期
2009-11-19
当前时间
7:34:53
TLC7135CN
LM7805
P89C52X2BN
DM74LS04N
2N3906
Dpy Blue-CC
Res Pack3
Header 2
Bridge1
1N4148
1N316
12MHz

图 B5

（4）选择合适的电路板尺寸制作电路板，要求一定要选择国家标准。

（5）在 PCB1. PcbDoc 中制作电路板，要求根据电路给出的电流分配关系与电压大小，选择合适的导线宽度和线距。

（6）要求选择合适的管脚封装，如果和标准库中的不一致或没有时，要进行修改或新建。

（7）将创建的元件库应用于制图文件中。

（8）保存结果。修改文件名为“数字电压表 . PcbDoc”。

附录C 书中非标准符号与国标对照表

元器件名称	书中符号	国标符号
电解电容	 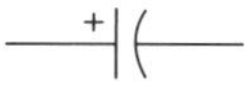 + +	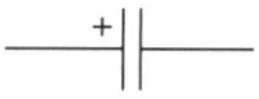 +
普通二极管		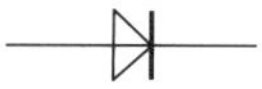
稳压二极管		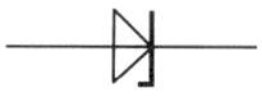
可控硅	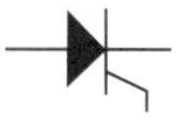	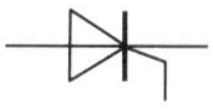
线路接地		
滑动触点电位器	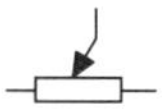 	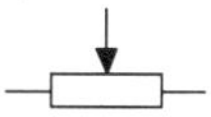
与门	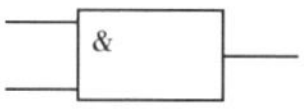 &	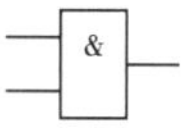 &
与非门	 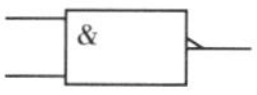 &	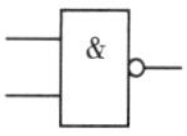 &
非门	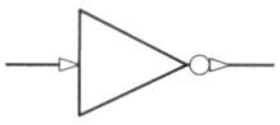	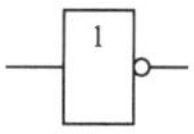 1
或门	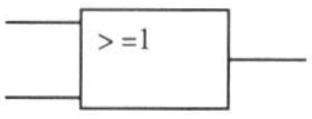 >=1	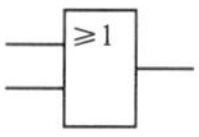 ≥1

参考文献

[1] 龙马工作室. Protel 2004 完全自学手册 [M]. 北京：人民邮电出版社，2005.
[2] 陈兆梅. Protel DXP 2004 SP2 印刷电路板设计实用教程 [M]. 北京：机械工业出版社，2012.
[3] 杨旭方. Protel DXP 2004 SP2 实训教程 [M]. 北京：电子工业出版社，2011.
[4] 杨亭. 电子 CAD 职业技能鉴定教程 [M]. 广州：广东科技出版社，2009.
[5] 赵明富. EDA 技术与实践 [M]. 北京：清华大学出版社，2005.